南京稀见文献丛刊

国立中央研究院概况（上） （民国）国立中央研究院 编

审校 杨颖奇

南京出版传媒集团
南京出版社

图书在版编目（CIP）数据

国立中央研究院概况 / 国立中央研究院编 . -- 南京：
南京出版社，2023.8
　　（南京稀见文献丛刊）
　　ISBN 978-7-5533-4149-1

　　Ⅰ . ①国… Ⅱ . ①国… Ⅲ . ①中央研究院—概况
Ⅳ . ① G322.23

中国国家版本馆 CIP 数据核字（2023）第 110229 号

丛 书 名：南京稀见文献丛刊
书　　名：国立中央研究院概况
作　　者：（民国）国立中央研究院
出版发行：南京出版传媒集团
　　　　　南 京 出 版 社
　　社址：南京市太平门街 53 号　　　　邮编：210016
　　网址：http://www.njcbs.cn　　　　电子信箱：njcbs1988@163.com
　　联系电话：025-83283893、83283864（营销）　025-83112257（编务）

出 版 人：项晓宁
出 品 人：卢海鸣
责任编辑：严行健
装帧设计：王　俊
责任印制：杨福彬

排　　版：南京新华丰制版有限公司
印　　刷：南京工大印务有限公司
开　　本：890 毫米 × 1240 毫米　　1/32
印　　张：17.125
字　　数：332 千
版　　次：2023 年 8 月第 1 版
印　　次：2023 年 8 月第 1 次印刷
书　　号：ISBN 978-7-5533-4149-1
定　　价：85.00 元（全二册）

用微信或京东
APP 扫码购书

用淘宝APP
扫码购书

学术顾问

茅家琦　蒋赞初　梁白泉

编委会

总　序

  南京是我国著名的七大古都之一，又是国务院首批公布的 24 座历史文化名城之一。有将近 2500 年的建城史，约 450 年的建都史，号称"六朝古都""十朝都会"。南京的地方文献是中华历史文化资源的一个重要组成部分，是研究我国政治、经济、军事、文化和民风民俗的重要资料。为了贯彻落实党的十九大精神和习近平新时代中国特色社会主义思想，配合南京的经济发展与城市建设，深度挖掘历史文化资源，做好历史文献整理出版工作，不仅有利于传承、弘扬南京历史文化，提升南京品位，扩大南京影响力，也有利于推动物质文明、政治文明、精神文明、社会文明、生态文明协调发展。

  长期以来，南京地方文献还没有系统地整理出版过，大量的南京珍贵文献散落在全国各地的图书馆和民间。许多珍贵的南京文献被束之高阁，无人问津，有的随着岁月的流逝而湮没无闻。广大读者想要查找阅读这些散见的地方文献，费时费力，十分不便。为开发和利用好这一祖先留给我们的文化瑰宝，充分发挥其资治、存史、教化、育人功能，南京出版传媒集团（南京出版社）与南京市地方志编纂委员会办公室组织了一批专家和相关人员,致力于搜集整理出版南京历史上稀有的、珍贵的经典文献,并把"南京稀见文献丛刊"精心打造成古都南京的文化品牌和特色名片。为此,我们在内容定位上是全方位、多视角地展示南京文化的深层内涵和丰富魅力;在读者定位上是广大知识分子、各级党政干部以及具有中等以上文化程度的人;在价值定位上,丛书兼顾学术研究、知识普及这两者的价值。这套丛书的版本力求是国内最早最好的版本,点校者力求是南京地方文化方面的专家学者,在装帧设计印刷上也力求高质量。

　　总之,我们力图通过这套丛书的出版,扩大稀见文献的流传范围,让更多的读者能够阅读到这些文献;增加稀见文献的存世数量,保存稀见文献;提升稀见文献的地位,突显稀见文献所具有的正史史料所没有的价值。

　　　　　　　　　　　　"南京稀见文献丛刊"编委会

导　读

　　值国立中央研究院成立 20 周年之际,该院编了一部颇富历史与资料价值的著作,即《国立中央研究院概况(中华民国十七年六月至三十七年六月)》,于 1948 年中印行。

　　国立中央研究院(以下简称中研院)于 1928 年筹备成立,为中华民国历史上的一个重大事件。该书以详实资料,比较系统地记述了中研院之 20 年历史及相关之历史文献资料。

　　全书分为三个部分。第一部分,包括《序》以及由中研院人员撰写的《国立中央研究院概况》一文;第二部分,为中研院现行系列重要法规文件,以及中研院的组织机构与重要人事变动;第三部分,为现行中研院各所之领导、工作人员及研究成果介绍等。

一

　　《国立中央研究院概况》之序,为时任国立中央研究院院长朱家骅所撰,虽为简略,但确是提纲挈领地概述了中研院的筹备与发展宗旨。其中点评了首任院长蔡元培为创设中研院所作出的重要贡献,称其"以毕生精力尽瘁院务",并称现编此书,意在"缅怀既往,用励来兹",以"使本院能以研究所得,协助国家建设之发展,促使人类文明之进步"。此寥寥数语,点明编本书的蕴意所在。

继序之后,为《国立中央研究院概况》一文,主要讲述中研院之"简史""组织之沿革"及"研究"成果。

在"简史"部分,首要说明中研院之缘起为1924年冬,"国父孙中山先生北上,主张召开国民会议,以解决国事,并拟设中央学术院为全国最高学术研究机关,以立革命之基础"。随后国民政府于1927年春定都南京后即开始筹备,推蔡元培等为筹备委员。初在中华民国大学院内"设立中央研究院",确定其为中华民国最高科学研究机关,以大学院院长蔡元培兼任本院院长,先行筹设理化实业、社会科学、地质研究所及观象台四研究机构,以杨铨(杨杏佛)任本院秘书长(后改为总干事)。

接着,"简史"概述了中研院的成立过程。称1928年4月,依国民政府修正后的组织条例,改"中华民国大学院中央研究院"为"国立中央研究院"。特任蔡元培为院长。其间,将原设之4个研究机构分拆为9个组(不久改为研究所),分设于南京、上海,再于广州设置历史语言研究所(后迁南京)。各所成立后即开展工作。另设立总办事处,办理中研院日常事务行政工作。当年6月9日,为中研院成立之始。11月,根据国民政府公布的《国立中央研究院组织法》,确定其直隶于国民政府。后中研院增设自然历史博物馆(1934年秋改为动植物研究所)于南京;设心理研究所于北京(后迁南京)。1935年冬,中研院总办事处及社会科学研究所新厦在南京落成。

以上所述为中研院从发起至成立，以及初创期的各所成立情况，条理明晰，脉络清楚。随之，简要介绍了中研院评议会于1935年9月成立之情况，该评议会定性为"全国最高学术评议机关"，职责是"联络国内研究机关讨论一切研究问题，谋国内外研究事业之合作"，本院院长为评议会议长。

之后，"简史"以较多篇幅，介绍了因日军于1937年7月发动全面侵华战争，淞沪战起，中研院被迫开始"西迁"之过程。

因中研院在全国的特殊重要学术地位，故其"各研究所之图书、仪器、标本，在国内首称丰富，而古物善本之搜集收藏，尤为国内外学者所珍视"，为免京沪战事日急而遭毁损，乃决计将此启运西迁。文中对各所的具体迁徙情况，都有简要叙述。后因国民政府迁都于重庆，故中研院总办事处于1938年春迁至重庆。此后根据实际需要，亦增设或分拆开数个研究所。

中研院各研究所在战火中涉险西迁，途中既要保护人员安全，也要保护珍贵仪器与资料等安全，其艰危困难程度可想而知。同时，战争环境及人与物的颠沛流离，也打断或迟缓了有关研究工作的正常开展。待各所终于冲破障碍迁至西南地区暂栖后，遂结合各所及当地情况，勉为其难地开展研究工作，且在多学科领域取得一些重要成就。

1945年8月，中国抗战终获胜利。此后中研院开始复员,并获准接办前上海自然科学研究所、北平人文科学研究所与近代科学图书馆。"简史"称,是时将中研院总办事处,评议会秘书处,天文、气象、地质、历史语言、社会五研究所,仍留驻南京;体质人类学研究所筹备处之正进行中工作,仍由历史语言研究所办理;其余数学、物理、化学、动物、植物、医学、心理学、工学八研究所,则设驻上海。时中研院总办事处为便于处理全院事务行政,设驻沪办事处,就近承办在沪各所共同之事务。

"简史"叙述了中研院体制之完成。称在1946年10月,评议会召开二届三次年会,确定中研院:"内为学术之进步,外为国际之合作,金以应完成国家学院之体制,以院士为本院之构成分子。"1948年3月,评议会二届五次年会,选举姜立夫等81人为中研院院士。同时明确此后各届评议会之聘任评议员,依法由院士会议选举,"于是本院主持者为院长,构成之主体则为院士,学术评议之责属于评议会,而从事学术研究者,则为各研究所"。至此,国家学院之体制,于中研院成立20年之际,"乃告完成"。

"简史"对中研院成立20年来之艰难复杂历史,作了简明扼要的叙述。到1948年,国内形势已发生重大变化,国民党统治已逐渐陷入各种危机,而这也必不可免地影响到中研院研究之正常开展。至于之后中研院的命运若何,势将遭遇重大抉择,而这些在"简史"以至全书中,是无法预测与叙述的。

"简史"后,为20年来中研院"组织之沿革"的情况。

在"组织之沿革"篇目中,以系列法规为依据,概括介绍了中研院之定名演化、隶属关系之变动、性质之不同表述、任务之先后界定等;称其研究范围自成立后续有扩大,相应地增设有关研究所,至成立20年,已有数学等12个研究所及医学研究所筹备处;依例所设之院评议会,是为全国最高科学评议机关;依法于1947年设立院士制度。

在"组织之沿革"篇目中,还就中研院人事制度之演化作了简要说明,其中:(一)本院院长由国民政府特任,主持全院行政事宜;置总干事一人,承院长命处理全院行政事宜;另设秘书、总务、会计主任各一人,秘书、干事各数人。(二)评议会置秘书一人,至于出版之学术汇刊及科学纪录,则由评议会推请二人分别担任总编辑,编纂发行。(三)各研究所所长,由院长聘任,综理所务,并指导研究事宜。所设研究员、副研究员,分为专任、兼任及通信三者,由院长聘任;各所依研究科目性质,得分组研究,组设主任一人。另设助理研究员、助理员、研究生,以考试选拔。各所除设编纂、技正、技士等外,另设管理员,专司各项事务。

关于本院经费,以适应研究业务为主,其用于经常行政者甚微,此处还特别点出,国家教育文化机关之经费,向不充裕,本院自非例外;并称本院初成立时,对于研究基金之筹集,即有法案规定,后"因战事影响,币值低落,已集之数,其值弥微"。此处可见,中研院虽作为全国最高学术研究机构,但受战争及币值贬低影响,实际经费明显不足,这势必阻碍科学研究之正常开展。

关于本院"研究"事项,明确称:本院业务以研究学术为工作中心,其工作项目及其成就均有纪录。之下简要地介绍了数学等 12 个研究所及医学研究所筹备处之成立、沿革情况,以及现有重要设备、图书资料及重要研究项目等。

至此,从"简史""组织之沿革""研究"三个方面,简要介绍了中研院 20 年来历史。从中可窥见其研究之困境、创获之艰难、经费之匮乏,莫不与国家社会的大环境密切相关。

<h2 style="text-align:center">二</h2>

全书之第二部分,收录有中研院现行重要法规及院领导与重要职员名单。其中重要法规有 10 项,分别是:

(一)《国立中央研究院组织法》。该法为中研院的组织大法,其对中研院之隶属关系、所承担任务、设所名称、院长设置与职责、院士设置及选举条件与规程、院重要职员及其职责与任命等,均作出明确规定。该法对中研院之组织与各项工作开展,具有全局性的统领作用,其他各规章、条例、细则等,大体均依据该法起草与发布。

(二)《国立中央研究院评议会条例》。该条例对于评议会设立之法律依据、评议员之选举与聘任、评议会之职权与会务等项,作了明确规定。

(三)《国立中央研究院研究所组织规程》。中研院各研究所是中研院的实体单位,承担着具体研究任务。《规程》明确了所长之聘任及其条件与职责,另对所内不同层级研究人员之聘任或考试选拔之条件与程序,作出明确规定,并对所内其他工作人员之编制、工作范围、选拔聘任等,亦做出明确规定。

（四）《国立中央研究院院士选举规程》《国立中央研究院评议会选举规程》《国立中央研究院院士会议规程》《国立中央研究院评议会议事规程》。这四项《规程》中前三项依据《国立中央研究院组织法》有关条款制定,第四项《规程》则依据《中央研究院评议会条例》中相关条目制定。此四项《规程》分别就院士选举、评议会选举、院士会议、评议会议事诸具体事宜,在制度与具体操作上作了明文规定。

另外,还收录有《蔡元培先生纪念办法》,因为首任院长蔡元培为中研院之成立与发展作出重大贡献,且在学术界享有崇高威望,故评议会通过此办法,以纪念蔡元培先生;收录有《国立中央研究院杨铨、丁文江奖金章程》与其《奖金施行细则》,杨、丁为已故中研院总干事,其二人对中研院之研究与发展有重要贡献,遂设此奖金,以奖励对于人文科学研究、自然科学研究之有新的贡献者。

中央研究院成立20年来,逐步建立和完善其法律体系,并以各项规程、章程、条例、办法、细则等,予以充实和细化。所有这些,使得中研院的创立与发展基本上有法可依,有章可循。

在第二部分中,除收录有中研院系列重要法规外,还收录有主要领导与重要职员变动名单,其中有:历任院长及总干事名单;院士81人名单,此皆为各学科领域名流大家;第一、第二届评议会组成人员名单,其中评议员名单与院士名单有较大重合;评议会秘书处及总办事处现职人员名单、人事管理委员会与设计考核委员会组成人员名单。

三

本书之第三部分,亦为书中的主体部分,是对当时中研院 12 个研究所及 1 个研究所筹备处之比较详细的介绍。12 个研究所包括:数学、天文、物理、化学、地质、动物、植物、气象、历史语言、社会、工学、心理学研究所,1 个研究所筹备处即医学研究所筹备处。共 13 个实体研究单位。

该部分在对各研究单位的介绍中,包括:(一)对该所"概况"的介绍,其中叙述该所筹备成立及变动过程,以及研究工作内容、人才培养等。(二)对现职人员名单的介绍,在现职人员名单中列明所长及专任、兼任研究员名单与专任副研究员、助理员、管理员名单。但各所在人员结构上有所差异。(三)对研究人员著作及论文目录的介绍,其中有对作者身份的介绍,所发表著论名称及其发表出处的介绍,此部分可谓详细,基本上涵盖了各所研究人员所有各类研究成果。同时亦从这部分著论目录中,看出各所主要研究人员对中国科学文化事业所作出的重要或重大贡献。

这里需要特别说明的是,就在中央研究院于 1948 年 6 月,为纪念其成立 20 周年而编本书之后,国内形势进一步发生重大变化。自当年 9 月中旬至 1949 年 1 月底,人民解放军相继发动辽沈、淮海、平津三大战役,之后兵锋直指长江岸边。在此情势下,国民党当局决定将在南京、上海的中研院各研究所搬迁台湾或其他沿海地区,但这一决定遭到大多数科研人员的抵制和反对。最后仅将中研院总办事处及历史语言研究所全部及数学研究所的少部分人员，连同 2000 多箱重要图书、文物、仪器、设备等运往台湾。其余则大部分留在了南京、上海。另外未迁走的研究所的绝大多数专家、学者，也以各种理由留了下来。在当时中研院的 81 位院士中，去台湾者不到 10 人，而留在内地的则多达 50 余位，包括如李四光、茅以升、华罗庚等蜚声中外的著名科学家。这批留下来的专家学者与保存下来的科研设备、资料等，为新中国成立后建立中国科学院和南京、上海的科研机构，奠定了重要基础。

最后，通过对本书的阅览，可知这是一本不可多得的历史记录与文献资料汇集。它为读者了解中研院，以及为研究工作者深入研究中研院历史，提供了很有价值的资料。今南京出版社将本书在"南京稀见文献丛刊"中出版，当是一件颇具意义的文化传承之举。

杨颖奇

國立中央研究院概況

中華民國十七年六月至三十七年六月

朱家驊 題

《国立中央研究院概况》1948 年版书影

序

　　國家建設。首重學術。近代各國。多有國家學院之設置。雖其制度或為學會性質。或為研究所之集合。或兼具二者。要皆為環望碩宿之所構成。專門從事于科學研究及指導聯絡獎勵學術工作。內應政府學術政策之顧問。外謀國際學術研究之合作。此其所同也。我國學術界同人及有識之士。早已有鑒於此。第於鼎革初期。軍閥割據。政治不安。秩序未定。迨民國十三年　國父北上。倡設中央學術院為全國最高學術研究機關。十六年奠都南京。中央聘派蔡了民先生等籌備中央研究院。以承其緒。蔡先生固以摩生精力盡瘁院務。即負責籌備者如孕石曾張靜江諸先生。組織擘劃。功亦不少。他如實國先進吳稚暉戴季陶諸先生。曁學術界同人。亦無不竭力翊贊。多方助成。自十七年六月九日正式成立。迄今二十載。雖中經空前國難。播遷萬里。然在萬分艱困之中。仍不斷進步。確立規模。最近院士之遴選。更完成本院之體制。此可告慰於國人者也。曩歲寀祥奉役蔡先生秉筆與籌備。二十五年春。應蔡先生之約。忝任總幹事。是冬。寀祥有浙江之命。致未能卑力於院事。次年。抗戰戰起。本院從容內遷。剛咨代理總幹事傅孟真先生與各所所長協力處理。其功靖賞不可沒。二十九年三月。蔡先生病逝於香港。是年九月。評議會雖選眾詠寬胡適之二先生與寀祥為院長候補人。旋奉國民政府令。特派寀祥主持院務。自維讓劣。不勝跼蹐。一再堅辭。未獲遂准。幸承本院同人及學術界諸時匡襄。多年以來。差免隕越。今值本院成立二十週年紀念。特有斯刊之輯。首為簡史。明創始之艱難。次及組織。敘歷年之沿革。次及工作。述各所設備及研究之項目。研究工作。為本院主要之任務。亦為同人等二十年來心血之結晶。所有研究剏程。已萃輯於各研究所著作目錄之內。並系以各所概況。以見大略。稽准既往。用勵來茲。既願與院內同人共相自勉。尤望學界人士時錫明教。使本院能以研究所得。協助國家建設之發展。促使人類文明之進步。則幸甚矣。

　　中華民國三十七年六月九日。朱家驊。

《国立中央研究院概况》1948年版书影

蔡故院长遗像

朱院长肖像

目　录

序

　　国家建设,首重学术。近代各国,多有国家学院之设置。虽其制度或为学会性质,或为研究所之集合,或兼具二者,要皆为环望硕宿之所构成,专门从事于科学研究及指导联络、奖励学术工作。内应政府学术政策之顾问,外谋国际学术研究之合作,此其所同也。我国学术界同人及有识之士,早已有鉴于此。第于鼎革初期,军阀割据,政治不安,秩序未定。迨民国十三年国父北上,倡设中央学术院为全国最高学术研究机关;十六年奠都南京,中央聘派蔡孑民先生等筹备中央研究院,以承其绪。蔡先生固以毕生精力尽瘁院务。即负责筹备者如李石曾、张静江诸先生,经始擘划,功亦不少。他如党国先进吴稚晖、戴季陶诸先生,暨学术界同人,亦无不竭力翊赞,多方助成。自十七年六月九日正式成立,迄今二十载。虽中经空前国难,播迁万里,然在万分艰困之中,仍不断进步,确立规模。最近院士之选举,更完成本院之体制,此可告慰于国人者也。曩岁家骅幸从蔡先生参与筹备。二十五年春,应蔡先生之约,忝任总干事。是冬,家骅有浙江之命,致未能专力于院事。次年,抗倭战起,本院从容内迁,则皆代理总干事傅孟真先生与各所所长协力处理,其功绩实不可没。二十九年三月,蔡先生病逝于香港。是年九月,评议会推选翁咏霓、胡适之二先生与家骅为院长候补人。旋奉国民政府令,特派家骅主持院务。自维谫劣,不胜艰巨;一再坚辞,未获邀准。幸承本院同人及学术界随时匡襄,多年以来,差免陨越。今值本院成立二十周年纪念,特有斯刊之辑。首为简史,明创始之艰难;次及组织,叙历年之沿革;次及工作,述各所设备及研究之项目。研究工作,为一院主要之任务,亦为同人等二十年来心血之结晶。所有研究创获,已专辑于各研究所著作目录之内,并系以各所概况,以见大略,缅怀既往,用励来兹。既愿与院内同人共相自勉,尤望学界人士时锡明教,使本院能以研究所得,协助国家建设之发展,促使人类文明之进步,则幸甚矣。

中华民国三十年六月九日,朱家骅。

一 国立中央研究院概况

（甲）简史

缘起 民国十三年冬，国父孙中山先生北上，主张召开国民会议，以解决国事，并拟设中央学术院为全国最高学术研究机关，以立革命之基础。

筹备 民国十六年春，国民政府定都南京，是年五月，中央政治会议第九十次会议，决议：设立中央研究院筹备处，并推定蔡元培、李煜瀛、张人杰等为筹备委员。七月，国民政府公布《中华民国大学院组织条例》；十月，大学院成立；依照组织条例第七条"本院设立中央研究院，其组织条例另定之"之规定，聘请中央研究院筹备员三十余人，十一月召开筹备会议，制定《中华民国大学院中央研究院组织条例》，确定本院为中华民国最高科学研究机关，以大学院院长蔡元培兼任本院院长。先行筹设理化实业研究所、社会科学研究所、地质研究所及观象台四研究机构。并以大学院教育行政处主任杨铨兼任本院秘书长。至是，国父所主张之全国学术研究最高机关，始有具体之筹备。

成立 民国十七年四月，国民政府修正本院组织条例，改"中华民国大学院中央研究院"为"国立中央研究院"，特任蔡元培为院长。十一月，改秘书长为总干事，仍由院长聘杨铨担任。筹备工作,逐渐告成。其间,为便利起见,分观象台为天文及气象二组,设于南京,旋各改为研究所;社会科学研究所分为法制、民族、经济、社会四组,分设于京沪;理化实业研究所分为物理、化学、工程三组,设于上海,旋各改为研究所;复以历史语言研究之重要,设置历史语言研究所于广州,旋迁北平;各所以全力延聘各学科专家主持研究工作,购置图书仪器,修建房屋,装置设备,规模粗具,并设总办事处,办理日常事务行政工作。是年六月九日开第一次院务会议,是为本院成立之始。

十一月,国民政府公布《国立中央研究院组织法》,确定本院直隶于国民政府。十八年春,增设自然历史博物馆于南京;夏,设心理研究所于北平。二十三年秋,自然历史博物馆改为动植物研究所,历史语言研究所新厦落成,由平迁京。二十四年冬,总办事处及社会科学研究所新厦落成,心理研究所由平迁京。

评议会 依本院组织法,设评议会,为全国最高学术评议机关。联络国内研究机关讨论一切研究问题,谋国内外研究事业之合作。民国十七年八月,第三次院务会议,曾就评议会之组织及人选,详加讨论,嗣以本院创办伊始,基础未固,稍事展缓。逮二十四年春,各研究所渐次充实,规模已备,经国民政府于五月修正《本院组织法》,同时并公布《本院评议会条例》。旋于六月二十日,依法召集全国各国立研究院院长、大学校长,在京举行首届聘任评议员选举会,选举李书华等三十人为聘任评议员,呈请国民政府聘任。本院院长为评议会议长,各研究所所长为当然评议员。于九月七日召集评议会首届成立大会,是为本院评议会正式成立之始。

西迁 民国二十六年秋,日军犯淞沪。本院各研究所之图书、仪器、标本,在国内首称丰富,而古物善本之蒐集收藏,尤为国内外学者所珍视,京沪密迩,战事日急,乃决计先将重要珍贵设备图籍,运赴南昌之莲塘。冬,奉命西迁,除一部分公物寄存汉口、香港等地外,余均设法启运,今日能迅速恢复,则初迁之工作完善,至可志念,此实出于当时代理总干事职务傅斯年所长,及各所所长与同仁,从容准备,爱物尽力之所致也。惟限于运输工具及交通困难,各所不得不分程迁徙。气象研究所经汉转渝;地质研究所经汉转桂林;物理、动植物、社会科学、心理四研究所,经湘转桂之阳朔;物理、心理二所复由阳朔迁往桂林;历史语言、工程、化学、天文四研究所经湘转昆明。未几,国民政府迁都于重庆。本院总办事处,于二十七年春亦迁重庆。二十八年春,社会科学研究所迁昆明。夏,敌机袭渝日频,气象研究所乃移设北碚。

二十九年三月五日,本院院长蔡元培先生在香港逝世,依法应由评议会选举院长候补人三人,呈报国民政府任命。并以首届评议员任满,应即改选。三月二十二日第一届评议会在重庆举行第五次年会,选举姜立夫等三十人为第二届聘任评议员,呈请国民政府聘任;同时选举翁文灏、朱家骅、胡适三人为院长候补人。九月十八日,国民政府令,特派朱家骅代理院长,即于二十日就职。

二十九年冬,动植物研究所自阳朔迁北碚,心理研究所移往桂林,同时历史语言、社会科学二研究所由昆明迁四川南溪之李庄。三十年三月,评议会在重庆举行第二届第一次年会,以数学为科学之基本学科,增设数学研究所筹备处于昆明。三十三年夏,动植物研究所因研究工作之便利,分为动物及植物二研究所,均仍设于北碚。历史语言研究所之人类学组,扩展为体质人类学研究所筹备处,仍设李庄。

三十三年六月,敌侵湘桂,在桂之地质、物理、心理三研究所,得锡业管理处、平桂矿务局、湘桂黔桂铁路局及交通部材料运输处、资源委员会运务处之助,自八月七日由桂启运,几经艰困,经筑抵渝。地质研究所移于沙坪坝,物理、心理二研究所则移于北碚。珍贵之图书仪器,幸获抢运保全;其物理研究所与美军合装黔桂路车公物四十吨,则全告炸毁。冬,增设医学研究所筹备处于歌乐山。三十四年一月,依国民政府修正公布之本院组织法,社会科学、工程、心理三研究所,分别改称为社会研究所、工学研究所及心理学研究所。

三十四年春,行政院调整现有机构,将中国医药研究所、两广地质调查所、敦煌艺术研究所、南洋研究所、国际学术文化资料供应委员会等,均裁并入本院。嗣准教育部函知,国际学术文化资料供应委员会、两广地质调查所,另案办理。其余三研究所,则以医药研究所之业务由化学研究所接办,南洋研究所之业务由历史语言研究所接办,至于敦煌艺术研究所,保管工作,至为重要,但不属于本院范围,暂予保留;旋经评议会第二届第三次年会决议,仍划由教育部主管。

复员 三十四年九月,抗战胜利,准行政院及教育部函,由本院接办前上海自然科学研究所及北平人文科学研究所与近代科学图书馆。此二者,原为我国庚子赔款日本退还部分所办之教育文化事业,其主权本属于我国国家,原非日人产业。经由本院京沪区特派员及历史语言研究所,会同教育部沪平两区特派员,分别接收其房产、图书、仪器、设备等。所有前上海自然科学研究所之业务,分别并入本院有关各所办理;至于前人文科学研究所及近代科学图书馆之图书册籍,由历史语言研究所设北平档案整理处,予以整理。

是时,准备东还,为免因运输困难,影响研究工作过久,经密切联系,幸得行程衔接,自渝东还,为时甚短,稍事整理,即行恢复工作。惟战时各所业务,均有相当之开展,人员及图书设备,均较战前为多,且复增设三所,故首感困难者,厥为房屋不敷;虽以总办事处,评议会秘书处,天文、气象、地质、历史语言、社会五研究所,仍就南京原址使用;体质人类学研究所筹备处,一时不易实充,暂停其业务,将其进行中之工作,仍由历史语言研究所办理;其余数学、物理、化学、动物、植物、医学、心理学七研究所,则设在前上海自然科学研究所地址之内;工学研究所之钢铁部分,暂留昆明,余则设于上海物理、化学、工程三研究所之旧址理工实验馆。前上海自然科学研究所房屋,虽不尽适合各所之需用,但实验室、宿舍、场圃等,尚称完备;惟当胜利之初,美十四航空队商借临时暂用一部分房屋,讵辗转交由励志社管理者尚有第16、28、29、30房屋四幢,中经几度洽请迁让,一再展期,迄未移还;以致工作之支配,至感局促。理工实验馆之设备,受损特甚,修配不易,且同仁等举室东归,租赁无地,不得不暂辟一部分房舍权充宿舍。一面规划陆续集中工作,故先积极在京购地修建物理、数学、化学三研究所所址,藉以减低当前之困难。惟忽忽三年,对于工作场所之恢复,职员宿舍之分配,未获理想解决,弥引为憾。上述上海之两址,于三十五年度院务会议,命名前上海自然科学研究所址为"在君实验馆",理工实验馆为"杏佛实验馆",用以纪念本院故前总干事杨铨、丁文江二先生在院之勤劳与贡献。总办事处为便于处理全院事务行政,设驻沪办事处于上海,就近承办在沪各所共同之事务。复员时,曾设留渝办事处,处理复员未完之事务;复员完毕,留渝办事处即告撤销。

体制之完成 三十五年十月,评议会第二届第三次年会,就全院组织及前途,与中国学术界整个情况,加以检讨,内为学术之进步,外为国际之合作,金以应完成国家学院之体制,以院士为本院之构成分子。呈奉国民政府修正公布《本院组织法》及《评议会条例》。规定院士之选举,应先由各大学、各独立学院、各专门学会及各研究机关提名;经三十六年十月评议会第二届第四次年会就被提名者四百余人中,依法选出一百五十人为院士候选人,并行公告;三十七年三月评议会第二届第五次年会,选举姜立夫等八十一人为本院院士;第二届评议会任期届满后,此后各届之聘任评议员依法由院士会议选举,于是本院主持者为院长,构成之主体则为院士,学术评议之责属于评议会,而从事学术研究者,则为各研究所,国家学院之体制,于本院成立二十年之今日,乃告完成。

（乙）组织之沿革

为说明本院二十年来组织上之沿革，可以法规为依据。本院之创立，溯源于民国十六年七月国民政府公布之《中华民国大学院组织条例》，其中第七条，规定："本院设立中央研究院，其组织条例另定之。"因是，十一月二十日公布《中华民国大学院中央研究院组织条例》（以后简称"十六年案"）。十七年四月十日国民政府公布《修正国立中央研究院组织条例》（以后简称"十七年案"）。十一月九日国民政府公布《国立中央研究院组织法》（以后简称"十七年法案"）。二十四年五月二十七日（以后简称"二十四年法案"），二十五年十一月六日（以后简称"二十五年法案"），三十二年十一月十七日（以后简称"三十二年法案"），三十六年三月十三日（以后简称"三十六年法案"），先后经国民政府修正本院组织法，并公布在案。

定名　十六年案，为"中华民国大学院中央研究院"，系大学院组织之一部门。十七年案，修正为"国立中央研究院"，确定本院为独立组织。十七年法案，修正明定本院"直隶于国民政府"，直垂至今。行宪后，则直隶于"总统府"。

性质　十六年案"为中华民国最高科学研究机关"。十七年法案修正"为中华民国最高学术研究机关"。三十六年法案修正"为中华民国学术研究最高机关"，迄无变更。

任务　十六年案"受中华民国大学院之委托，实行科学研究,并指导联络奖励全国研究事业"。十七年案,修正"实行科学研究,并指导联络奖励全国研究事业"。十七年法案,修正"实行科学研究,及指导联络奖励学术之研究",悉仍旧贯。

研究范围 十六年案设数学、天文学及气象学、物理学、化学、地质学及地理学、生物科学、农林学、社会科学、人类学与考古学、工程学等组。十七年案,修正为设天文、物理、化学、地质、动物、植物、气象、教育、历史语言、社会科学、工程、心理等研究所。十七年法案,增国文学、考古学二研究所。三十二年法案,增设数学、哲学、医学、药物学、体质人类学、地理、民族学、法律、经济等研究所,并将社会科学、工程、心理、教育、国文学各所名称,修正为社会、工学、心理学、教育学、中国文学等研究所。凡设所二十有三,于必要时,得依评议会之决议,增设其他研究所或研究室。其各所成立概况,已在前章中述及,迄至今日,已成立者,为数学、天文、物理、化学、地质、动物、植物、气象、历史语言、社会、工学、心理学等十二研究所及医学研究所筹备处。

学术评议 本院设评议会,为全国最高科学评议机关。十六年案,以院长聘任国内专门学者三十人组织之,院长为评议长,本院直辖之研究机关主任为当然评议员。二十四年法案,修正为"国立中央研究院设评议会,由国民政府聘任之评议员三十人及当然评议员组织之,中央研究院院长及其直属各研究所所长为当然评议员,院长为评议会议长"。同时国民政府制定《本院评议会条例》公布,关于聘任评议员,依法由国立大学及独立学院各院系之教授,按照学科,加倍选举候选人，经评议会选举，呈请国民政府聘任，任期五年。职掌为决定本院研究学术之方针，促进国内外学术研究之合作与互助，接受国民政府委托之学术研究事项，选举本院名誉会员，且于院长辞职或出缺时，推举院长候补人三人呈请国民政府遴任。三十二年十一月修正《本院评议会条例》，增列受考试院之委托，审查关于考试及任用人员之著作或发明事项。三十二年法案，亦修正增列本院总干事为当然评议员。三十六年法案，确定本院以院士为构成主体，由院士所选举之聘任评议员三十人至五十人及当然评议员组织评议会，故同时国民政府修正《本院评议会条例》，将聘任评议员产生方法，及选举名誉会员部分予以修正；并将任期改为三年。

院士 本院为完成国家学院之体制，以院士为构成主体，最近虽依据三十六年法案办理；但回溯于创立之始，十六年案，即特设有名誉会员，分为个人及团体名誉会员，暨外国名誉通讯员；十七年法案，将名誉通讯员修正为名誉会员，以资一律；三十二年法案，再修正为名誉会员及外国会员；其职权虽不尽如院士之重要，但重视学术专家及国家学院制度，实出一贯。故三十六年法案，对于院士选举，至为郑重，复明定职权，为选举院士及名誉院士暨评议员，议订国家学术之方针，受政府之委托办理学术设计调查审查及研究事项；并规定院士为终身名誉职。

人事 本院设院长一人，主持全院行政事宜。十六年案，系以大学院院长兼任。十七年案，修正由国民政府特任，以迄于今。

十六年案,本院设秘书一人,受院长之指挥,执行本院行政事宜,暂以大学院教育行政处主任兼任。十七年案,修正设秘书长及会计主任各一人,由院长聘任,承院长之命,执行本院行政事宜。十七年法案,修正设总干事一人,受院长之指导,执行全院行政事宜;干事三人至五人,分掌文书、会计、庶务,均由院长聘任。二十五年法案,修正会计员、统计员依主计法规受院长指导监督,并直接对主计处负责。三十二年法案,修正置总干事一人,承院长之命,处理全院行政事宜;秘书主任、总务主任各一人,秘书一人至三人,干事二人至五人均由院长聘任。会计员修正为会计主任。余均仍旧。

评议会置秘书一人,由全体评议员选举之。至于评议会秘书处,原拟设置文书及国际科学合作事业两组,暨编纂;因日常工作尚不过繁,随时商由总办事处办理,故尚未设立。至于出版之学术汇刊及科学纪录,则由评议会推请叶企孙、吴有训二先生分别担任总编辑,编纂发行。三十七年叶企孙先生辞去学术汇刊总编辑,由评议会另推谢家荣先生担任。

各研究所于筹设初期,设主任一人,主持所务;旋修正为所长,由院长聘任,综理所务,并指导研究事宜。设研究员、副研究员,分为专任、兼任及通信三者,依照规定,提经院务会议通过,由院长聘任;其未具备规定之资格,而在学术上有特殊贡献,合于标准者,得由所长提请院长转交评议会审查同意,院长得聘之为研究员或副研究员。各所依研究科目性质,得分组研究;组设主任一人,由所长就专任研究员中推荐,经院长聘任。设助理研究员,由所长推荐于院长函任。设助理员,由考试选拔经院长函任。设研究生,以考试选拔。各所因业务之需要,得设编纂、技正、技士等,由院长聘任或函任。以往各所得置秘书一人,由研究员兼任,嗣修正废止。另设置管理员,专司各项事务。

经费 本院经费,以适应研究业务为主,其用于经常行政者甚微,教育文化机关之经费,向不充裕,本院自非例外。

筹集研究基金,十六年案,即有规定,因战事影响,币值低落,已集之数,其值弥微,有待于币值稳定后,再予努力者也。其为纪念前故总干事杨铨、丁文江二先生所设置之杨铨奖金、丁文江奖金,奖给对于人文科学及自然科学研究有新贡献者,仍照常进行。其余如李俊承、蚁光炎奖金,以基金无着,业于三十六年度暂停。

(丙)研究

本院业务,以研究学术为工作中心。工作项目,及其成就,历年均有纪录;各研究所之实际情形,及同仁对于研究创获,亦分所专辑著作目录,并系以概况,以供参阅。兹仅就各所设备及重要研究项目,略为简述,以明梗概。

数学研究所 三十年春,筹备于昆明。三十六年七月,正式成立。购备之图书仪器,陆续到达,现藏有西文专门书籍约三千册,英美专门期刊齐全。从事于数学分析、几何、代数及数理统计学等项研究。近年并集中于级数论及形势几何学等研究。

天文研究所 创始于十六年春大学院观象台筹备委

会之天文学组,十七年改称今名。备有太阳分光仪、变星赤道仪、计时表、二十四时返光远镜赤道仪、六寸及八寸双筒折光远镜赤道仪、闪视镜、光谱比较仪、罗氏光度计、天文钟及专门图书杂志一万余册,从事于观测、研究与推步等项。近年并集中于日食、变星、理论天文学及中国古代天文学之研究。

物理研究所 十六年筹设理化实业研究所之物理组,十七年改称今名。备有各种标准及检验设备,光谱学、无线电、地磁及磁学等设备,仪器工厂及普通工具等。专门图书杂志四千余册,仪器数百件,机器数十部。战前曾从事于物理仪器制造,开国人自造近代仪器之门,于科学教育,颇有收获。其他研究,则有关于电学、磁学、应用光学、地磁及标准等项。现正在力谋充实之中,拟集中于原子核物理,固体物理如金属学、结晶学等及超短波与其基本技术等之研究。至于地磁部分,则改归气象研究所办理。

化学研究所 理化实业研究所之化学组,于十七年改称今名。化学实验之基本设备齐全,专门书籍三千余册,期刊八十余种。原设有玻璃工场,于二十三年移归工学研究所办理。从事于化学学理与应用问题之研究,就中以对于分子光谱、繁醇类男女性内分泌素之综合、天然有机物之提取及构造、化学用玻璃及平阳矾矿之利用等问题,致力尤多。近年并集中于溶液中反应机构、分子光谱、酵素化学、有机物之提取构造及综合分析方法及应用化学等之研究。

地质研究所 十六年筹设地质研究所,十七年春,成立今名。备有显微镜,测绘、照相、化验及其他各种仪器设备,专门图书近三万册,标本一万余件。首创地质力学,发现我国第四纪冰川遗迹,暨铀、钪、铈、钽等稀有金属,贡献实多。于庐山设有陈列馆,陈列冰川地质标本。从事于地层古生物、矿物、岩石、地形及应用地质等项之研究。近年并集中于调查华南各省之构造地质与地质矿产。

动物研究所 十八年一月,筹设自然历史博物馆。二十三年改称动植物研究所。三十三年夏,分组为动物研究所及植物研究所。动物研究所基本设备俱全,专门书籍一千余册,期刊三百七十余种,约三千卷;标本之收集,以鱼类、昆虫、寄生虫等为最多。工作方面,集中于鱼类学、昆虫学、寄生虫学、原生动物学及实验动物学五项;最近又添海洋学一项,从事海洋物理性化学性之测验及浮游生物分布之调查。

植物研究所 三十三年夏,由动植物研究所植物部分改组。仪器、药品设备,尚称完备,专门书籍四千二百余册,期刊一百九十余种,论文二千四百余册,历年采集及接收与购置之植物标本都二十余万号。从事于高等植物分类、藻类、真菌、森林、植物生理、植物病理、植物形态、细胞遗传等项研究。近年并集中于中国东部高等植物、重要林木之培植及森林生态、森林经理、微量元素对植物体内碳水化合物之分解与合成之影响及微量元素对植物体内氮化合物新陈代谢之作用、裸子植物之胚胎发育及国产木材解剖,大豆病害防治,2-4dichlorophenyloxyacetic acid 对菌孢子发芽及生长之影响,小麦、小麦属、小米属、高粱、甘蔗等之细胞遗传及育种等研究及中国南部海藻并西南淡水藻类之调查。

气象研究所 十六年筹设观象台,十七年以观象台之气候组改称今名。三十六年,将物理研究所之地磁部分,移归气象研究所接办。设备有各种气象自记仪器、地震仪、地磁设备等,专门书籍外文者三千一百册,中文者一千册,期刊四千卷。除从事于日常气象地震地磁之观测预报与研究等项外,过去十余年间,对于中国气候及天气学贡献颇多。近年并集中于大气环流、风暴理论、地震波理论、地磁综合等之研究。抗战前曾训练气象测候人员及普设测候所,三十年并建议成立中央气象局,于其成立后,将测候行政部分,移归气象局办理,该所遂得专力从事于学术研究。

历史语言研究所 十七年春筹备,十月正式成立。初分三组:一为史学组,研究史学问题,整理史料及校订文籍;二为语言学组,研究汉语、非汉语及语史;三为考古学组,以发掘方法研究上古史学问题及中古以来之考古学。二十三年社会研究所之民族学组移归史语所为第四组,其研究之范围包括体质及文化两方面,三十三年体质部分另筹备为所,此组遂专重文化方面。三十五年夏,本院因经费不充,发展困难,体质所暂停筹备,器材仍交史语所接收。设备方面:历年搜购之汉籍计十四万册,西籍万余册,其他亚洲文籍数千册,拓片约七万纸,民间文学万余件。复员后在北平接收日本东方文化事业总会等机关之汉籍十七万余册,日籍万余册,大部分存北平,一部分已运至京,北平另成立图书史料整理处,整理是项书籍。至历年采集及购得之标本及其他研究资料,均甚丰富,而所藏之殷墟甲骨及明清内阁大库档案,数量甚多,尤足珍贵。语言组原有语音实验室,战前规模粗具,抗战期间,仪器西运,大都受损,现正筹划恢复。

社会研究所 十六年冬筹设社会科学研究所,分民族学、社会学、经济学、法制学四组。二十三年与中华教育文化基金董事会之北平社会调查所合并,同时将民族学组改归历史语言研究所办理,而法制学组亦因研究人员缺乏中止进行。三十四年改称今名。设备有中日文书籍五万余册,西文书籍一万九千余册,前清内阁大库及军机处档案抄本十数万件,所藏有关之研究资料至为丰富。从事于经济理论、社会经济史、工业及农业经济、贸易、金融、物价、财政、统计、粮政、行政、社会史及一般经济问题等项研究;近年并集中于中国国民所得、战时沦陷区经济变动情形、中国政府投资、中国税制、明清财政史及地方自治等项之研究。

医学研究所筹备处 三十三年十二月筹设,曾接收前上海自然科学研究所之医学普通设备与图书若干。新近复自英美购到电学、生理学、生物化学仪器及药品多种及有关科学杂志八十余种,少数方面之研究,已得开始。目前在进行中有神经肌肉系统生理之研究、抗异生素之研究、营养及酵素化学之研究。

工学研究所 十七年七月,以理化实业研究所之工程组,改称工程研究所。本年设置陶瓷试验场。十九年设钢铁试验场。二十年设金工场。二十三年接办化学研究所之玻璃工场,并与棉业统制委员会合办棉纺织染实验馆。二十四年建窑业工场。三十四年改称今名。原有工学专门书籍一千三百余种，期刊八十余种，试验钢铁、工业分析、材料试验、金属实验、试验陶瓷、试制与检验玻璃及棉纺织染之试验仪器等设备，因战事损害，除棉纺织试验仪器及专门书籍与期刊，尚属完全外，其余均残缺，正在整理补充中。曾从事于钢铁、陶瓷、玻璃、工业材料及棉制品之试验、试制、与研究等项。近年乃集中于矿冶、玻璃、云南木材及纺织机械之研究。

心理学研究所 十六年筹设，逮十八年五月成立心理研究所。三十四年改称今名。设备有生理心理实验用仪器二百余件，神经解剖切片一百余匣，专门图书期刊四千余册，战时播迁颇多损失，正在补充购置之中。从事于生理心理及神经解剖等项研究。近年并集中于胚胎行为发展与神经系统发展的关系之研究。

二　本院现行重要法规

国立中央研究院组织法

十七年十一月九日国民政府公布。二十四年五月二十七日，二十五年十一月六日，三十二年十一月十七日，三十六年三月十三日修正公布。

第一条　国立中央研究院直隶于国民政府，为中华民国学术研究最高机关。

第二条　国立中央研究院之任务如下：

一、从事科学研究。

二、指导联络奖励学术之研究。

第三条　国立中央研究院设研究所如左：

一、数学研究所。

二、天文研究所。

三、物理研究所。

四、化学研究所。

五、地质研究所。

六、动物研究所。

七、植物研究所。

八、气象研究所。

九、哲学研究所。

十、教育学研究所。

十一、中国文学研究所。

十二、历史语言研究所。

十三、法律研究所。

十四、经济研究所。

十五、社会研究所。

十六、医学研究所。

十七、药物学研究所。

十八、体质人类学研究所。

十九、工学研究所。

二十、心理学研究所。

廿一、地理研究所。

廿二、考古学研究所。

廿三、民族学研究所。

国立中央研究院于必要时,得依评议会之决议,增设其他研究所或研究室。

关于各研究所所长及研究人员之资格,由评议会定之。

第四条 国立中央研究院置院长一人,特任,综理全院行政事宜。

第五条 国立中央研究院置院士若干人,依左列资格之一,就全国学术界成绩卓著之士选举之。

一、对于所专习之学术,有特殊著作发明或贡献者。

二、对于所专习学术之机关,领导或主持在五年以上,成绩卓著者。

第六条 国立中央研究院院士,第一次由国立中央研究院评议会选举之,其名额为八十人至一百人,嗣后每年由院士选举,其名额至多十五人。

第七条 国立中央研究院院士之选举,应先经各大学各独立学院各著有成绩之专门学会研究机关或院士或评议员各五人以上之提名,由中央研究院评议会审定为候选人,并公告之。

院士选举规程,由中央研究院评议会定之。

第八条 国立中央研究院院士为终身名誉职。

第九条 国立中央研究院院士之职权如左:

一、选举院士及名誉院士。

二、选举评议员。

三、议订国家学术之方针。

四、受政府之委托,办理学术设计调查审查及研究事项。

院士会议规程,由中央研究院评议会定之。

第十条 国立中央研究院院士分为左列三组,每组名额由评议会定之。

一、数理组。

二、生物组。

三、人文组。

第十一条 国立中央研究院设评议会,由院士选举经国民政府聘任之评议员三十人至五十人及当然评议员组织之。

国立中央研究院院长、总干事及直辖各研究所所长为当然评议员,院长为评议会议长。

国立中央研究院评议会条例另定之。

第十二条　国立中央研究院置名誉院士。

国外学术专家,于学术上有重大贡献,经院士十人以上之提议,全体院士过半数之通过,得被选为名誉院士。

每一名誉院士当选之理由,应公告之。

第十三条　国立中央研究院置总干事一人,承院长之命,处理全院行政事宜。秘书主任一人,总务主任一人,分掌秘书、总务事宜。秘书一人至三人,干事二人至五人,均由院长聘任。

国立中央研究院置会计主任一人,统计员一人,办理岁计、会计、统计事项,受国立中央研究院院长之指挥监督,并依国民政府主计处组织法之规定,直接对主计处负责。

会计统计佐理人员名额,由国立中央研究院及主计处会同决定之。

第十四条　国立中央研究院之处务规程,由国立中央研究院定之。

第十五条　本法自公布日施行。

依照《中华民国总统府组织法》第二十七条之规定:"中央研究院、国史馆、国父陵园管理委员会隶属于总统府。其组织均另以法律定之。"所有本院各法规中关于"国民政府"名称,应候案修正。

国立中央研究院评议会条例

二十四年五月二十七日国民政府公布,三十二年十一月十七日,三十六年三月十三日修正公布。

第一条 国立中央研究院,依国立中央研究院组织法第十一条之规定,设评议会。

第二条 评议员由国立中央研究院院士选举之。

第三条 聘任评议员,应依国立中央研究院组织法第十条所列各组,分配名额。

第四条 中央研究院评议会之职权如左:

一、决定中央研究院研究学术之方针。

二、促进国内外学术之合作与互助。

三、国立中央研究院院长辞职或出缺时,选举院长候补人三人,呈请国民政府遴任。

四、受国民政府之委托,从事学术之研究。

五、受考试院之委托,审查关于考试及任用人员之著作或发明事项。

第五条 聘任评议员任期三年,连选得连任。

第六条 聘任评议员任期终了前三个月,应由院士选举下届评议员,其选举规程由评议会定之。

第七条 聘任评议员在任期内辞职或出缺时,应由评议会补选,呈请国民政府聘任,其任期以补足原任期为限。

第八条 聘任评议员为名誉职,但开会时得酌给旅费。

第九条 评议会每年至少开会一次,由议长召集,遇有必要或经评议员三分之一以上之请求,议长得召集临时会。

第十条 评议会置秘书一人,由全体评议员选举之。

第十一条 国立中央研究院院长辞职或出缺时,由秘书召集临时评议会,选举院长候补人。

第十二条 评议会议事规程及处务规程,由评议会定之。

第十三条 本条例自公布日施行。

国立中央研究院研究所组织规程

三十三年三月十日评议会二届三次年会修正并经呈奉国民政府备案。

第一条 本规程依据国立中央研究院组织法第三条制定之。

第二条 本规程适用于依据国立中央研究院组织法第三条所设之研究所及研究室。

第三条 研究所设所长一人,由院长聘任之,综理所务并指导研究事宜。

所长之资格除须同时为该所之专任研究员外,须具有左列资格之一:

一、曾任该所之专任研究员至少三年。

二、曾任卓有成绩之同科目研究机关之专任研究员至少三年。

三、曾任与该所同科目或关系密切之科目之大学教授至少三年。

第四条 研究所设研究员若干人,由院长聘任之,任期一年至三年,得连任。

研究员之资格如左:

一、任本院副研究员三年以上,在学术上确有重要贡献者。

二、在本院认可之国内外研究机关从事研究工作,自大学毕业后至少满九年,在学术上确有重要贡献者。

三、在国立大学或教育部立案之私立大学或独立学院或本院认可之国外大学或独立学院,担任教授并从事研究工作,在学术上确有重要贡献者。

第五条　研究所设副研究员若干人,由院长聘任之,任期一年至三年,得连任。

副研究员之资格如左:

一、任本院助理研究员四年以上,确有重要成绩者。

二、在本院认可之国内外研究机关从事研究工作,自大学毕业后至少满六年,确有重要成绩者。

三、在国立大学或教育部立案之私立大学或独立学院或本院认可之国外大学或独立学院,担任副教授至少满二年,并从事研究工作,确有重要成绩者。

第六条　凡在学术上有特殊贡献,其贡献合于前两条所定研究员或副研究员之标准,但未具备其他资格者,得由所长提请院长转交评议会审查其成绩,经出席评议员用无记名投票,过半数之同意,院长得聘其为研究员或副研究员。

第七条　研究员及副研究员分为专任及兼任。

研究所于必要时得设通信研究员,其资格如第四条之规定。

第八条　研究所所务得由所长在专任研究员中指定一

人或数人协助之。

第九条 研究所得依研究科目性质分为若干组,每组设主任一人,由所长就专任研究员中推荐一人,呈请院长聘任之。

组之设置应经院务会议审议同意后由院长核准。

第十条 专任研究员及专任副研究员应常川在研究所从事研究,兼任研究员及兼任副研究员于特定时间到所工作。

第十一条 研究所设助理研究员若干人。经所长推荐于院长函任之任期一年至三年得连任。

助理研究员之资格如左:

一、任本院研究生或助理员至少三年确有成绩者。

二、在国立大学或教育部立案之私立大学或独立学院或本院认可之国外大学或独立学院毕业后,曾在本院认可之研究或教育文化机关工作至少三年确有成绩者。

第十二条 研究所得设助理员若干人,用考试方法就大学毕业生优秀者选拔,由院长函任之。

第十三条 研究所得设研究生若干人,用考试方法选拔之。

设置研究生规则另定之。

第十四条 研究所设管理员、事务员及书记各若干人,经所长推荐呈请院长核准,由院长函任之。

第十五条 研究所于必要时得设编纂技正、技士、技佐各若干人,分别由院长聘任或函任之。

第十六条　编纂之资格如左：

一、任本院副研究员至少满二年，确有重要成绩者。

二、在本院认可之国内外研究机关从事研究工作至少满六年，确有重要成绩者。

三、在国立大学或教育部立案之私立大学或独立学院或本院认可之国外大学或独立学院，担任教授并从事研究工作确有重要成绩者。

第十七条　技正之资格如左：

一、任本院技士至少满五年或任本院助理研究员至少满六年，确有重要成绩者。

二、在研究机关或事业机关担任主要专门技术任务至少满四年，确有重要成绩者。

三、在国立大学或教育部立案之私立大学或独立学院担任教授，确有重要成绩者。

第十八条　技士之资格如下：

一、在本院任助理研究员至少满一年，确有技术上之成绩者得改任技士。

二、在国立大学或教育部立案之私立大学或独立学院担任助教或从事研究工作至少满三年，确有技术上之成绩者。

三、在事业机关或工厂从事技术工作至少满四年，确有技术上之成绩者。

四、任本院事务员或技佐职务至少满四年，确有技术上之成绩者。

第十九条　研究所拟聘研究员、副研究员、技正、编纂之资格审查,由院务会议行之,必要时由院长征求评议员或院外专家之意见。

研究所拟任助理研究员及技士之资格审查由本院人事管理委员会行之。

第二十条 研究所设所务会议以所长组主任及专任研究员组织之,由所长随时召集,但至少每三个月召集一次。

第廿一条 研究所所务会议职权如左:

一、审议本所概算及决算。

二、审议本所各项法规。

三、审议本所工作计划。

四、审议本所图书仪器设备事项。

五、审议本所著作品出版及奖励事项。

六、审议本所与国内外学术机关之连络事项。

七、审核本所人员研究成绩。

八、审议院长及所长交议事项。

第廿二条 各研究所研究问题有相关性质者应由各该所合作办理。

第廿三条 本规程自呈准备案后施行。

国立中央研究院院士选举规程

三十六年十月十五日评议会二届四次年会通过。

第一章　总则

第一条 本规程依据《国立中央研究院组织法》第五条、第六条、第七条、第九条及第十条制定之。

第二条　本院院士第一次之选举,其名额依照数理、生理及人文三组分配如下:

数理组　至多三十三人,至少二十七人。

生物组　至多三十三人,至少二十七人。

人文组　至多三十四人,至少二十七人。

每组中各科目之名额,得由本院评议会决定之。

第三条　本院院士第二次及以后之选举,每年每组至多五人。

第四条　为办理本院院士选举之预备工作,由评议会组织选举筹备委员会,以左列人员组织之。

一、本院院长、评议会秘书及总干事。

二、评议会推定属于本规程第二条所列三组之评议员,每组五人。

选举筹备委员会以院长为主席,评议会秘书及总干事为秘书。

第二章　提名

第五条　各大学、各独立学院、各著有成绩之专门学会或研究机关提名院士候选人时,应以其所包含之学科为范围,并应由主管者签名,加盖机关之印信。

第六条　前条所指之大学及独立学院以国立、公立及经教育部立案之私立者为限;研究机关以国民政府设立或在行政院或有关部、会、署立案者为限。

前条所指研究机关之私立者提名院士候选人时,须附送各该机关最近三年研究工作概况。

前条所指之专门学会,以在国民政府有关部、会、署立案者为限,于提名院士候选人时,须附送其组织章程,包括会员资格之规定,最近三年之理监事名单及最近三年研究及推进专门学术工作概况。

第七条　本院院士五人或评议员五人提名院士候选人时,应以其本人所属第二条列举之组别为限。

第八条　凡提名院士候选人时,须依本规程所附《院士候选人提名表》之格式填写,连同有关之著作及其他文件,挂号寄送本院院士选举筹备委员会。

第三章　院士候选人资格之审查

第九条　院士候选人提名期限届满时,选举筹备委员会应即初步审查各方提名是否合于本院组织法第五条院士资格之规定,将其合于规定者列为初步名单,注明其合于院士候选资格之根据,连同有关文件提交评议会。

第十条　评议会根据选举筹备委员会所提之初步名单,依其组别分组审查,并于评议会全体会中详加讨论,以出席评议员过半数之可决,制订院士候选人之名单。

但经评议员十人书面提议,凡已经提名而未列入初步名单者,得以出席评议员过半数之可决,加入院士候选人名单中。

第十一条　院士候选人名单制定后,即行公告,公告中注明每人合于某项资格之根据,并通知各院士及评议员。

第十二条　经公告后,如有对名单中任何候选人资格有意见者,应具名提出,以挂号信寄送选举筹备委员会,详加审阅。

第十三条 经公告后至少四个月，院士会议开会时，评议会应将院士候选人名单提出院士会议，选举筹备委员会应将各方批评意见之可资参考采择者，制成节要，连同全卷一并提出院士会议。

第一次院士选举时，本条所指之院士会议，依本院组织法第六条之规定，应为评议会。

第四章 院士之选举

第十四条 院士会议选举院士时，应将院士候选人名单及选举筹备委员会所提文件，分组对第一候选人加以讨论；候选人经该组院士出席人数五分之四投同意票者，于提出全体会议报告后为当选。

第一次院士选举时，由评议会行使本条之职权，以全体出席人数五分之四投同意票者为当选。

第十五条 选举完毕后，院长应将当选院士之名单公告之，并通知当选院士开始任职。

第五章 附则

第十六条 本规程得由评议员五人以上之提议，或院士十人以上之建议，由评议会三分之二可决修正之。

第十七条 本规程经评议会议决后施行。

国立中央研究院评议会选举规程

三十七年五月三十一日评议员通信投票修正。

第一章　总则

第一条　本规程依据《国立中央研究院组织法》第九及第十一条及《国立中央研究院评议会条例》第二、第三、第六、第七及第十一条制定之。

第二章　聘任评议员之选举

第二条　第二届评议员之任期届满后应由院士依照本院组织法第九条之规定选举以后各届之评议员。

第三条　每届评议会之聘任评议员依本院组织法第十及第十一条之规定分为数理、生物、人文三组,三组总额至多五十人,每组名额至少十人,其分配由前届评议会规定之。

第四条　评议会应于本届评议员任满前五个月组织下届评议员提名委员会并通知各组院士,院士得以五人之联署并注明理由,向提名委员会提出本组评议员之候选人,提名委员会应连同院士所提一并提出各组候选人,其人数至少应为当选名额之倍数。

第五条　院士会议开会选举评议员时,由出席院士就评议员候选人中用无记名票选举之候选人得票较多且占出席院士过半数者为当选。

第六条　院士会议选举评议员,如某一组选出之评议员不及十人时,应就该组候选人再进行投票,但再投票仍不足额时,得就第二次该组得票较多者中提出倍于缺额之人数决选之。决选时以补足十人名额而得票较多者为当选。

第七条 评议员在任期内辞职或出缺时,应依本院评议会条例第六条,由评议会补选之。

第八条 评议会选举如遇得票相同而为名额所限时,由议长投票决定之。

第九条 评议员选出后,由本院呈请中华民国总统聘任之。

第三章 本院院长候补人之选举

第十条 评议会依据本院评议会条例第四条,推举本院院长候补人,用记名投票法,以得票过半数最多之三人为当选。

如第一次投票得票过半数之人数不足额时,应重行投票至足额时为止。

第四章 附则

第十一条 本规程得以评议员五人以上之提议,到会评议员三分之二以上之表决修正之。

第十二条 本规程经评议会议决后施行。

国立中央研究院院士会议规程

三十七年三月二十五日评议会二届五次年会通过。

第一条 本规程依《国立中央研究院组织法》第九条订定之。

第二条 院士会议每年举行一次,由中央研究院院长召集之。

第三条　院士会议开会时,由中央研究院院长任主席,评议会秘书及中央研究院总干事任秘书。

第四条　院士会议时,根据《中央研究院组织法》第九条之规定执行下列任务:

一、选举院士及名誉院士。

二、选举评议员。

三、议订国家学术之方针。

四、讨论政府委托事项。

第五条　院士会议开会时得宣读重要学术论文。

第六条　院士会议开会时以院士全体三分之一出席为法定人数。

第七条　评议会为院士会议之常设评议机关。

第八条　本规程得由评议员五人以上之提议或院士十人以上之建议,经评议会三分之二以上之可决修正之。

第九条　本规程由评议会议决后施行。

国立中央研究院评议会议事规程

三十三年三月九日评议会二届二次年会修正。

第一条　本规程依据《中央研究院评议会条例》第十三条订立之。

第二条　评议会开会以过半数之评议员出席为足法定人数。

第三条　评议会开会以议长为主席,议长因故不能出席时,由评议会推定临时主席。

第四条　凡评议会提出之议案,至少须有二人之连署并须于每次开会一个月前寄交秘书,编入议事日程,由秘书于两星期前分寄各评议员。

凡在会议期间临时提出之议案至少须有五人之连署。

第五条　凡议案得由议长指定评议员组织审查委员会审查之。

第六条　议案之通过须有出席评议员过半数之同意。

第七条　在议案付表决,赞否两方票数相等时,议长得投票决定之。

第八条　评议员因故不能出席时,不能委托他人代表,但对于某特定事项,得用书面委托他一评议员代表投票,每一评议员同时只能代表一人。

第九条　本规程经评议会会议议决后施行。

第十条　本规程得由评议会以到会评议员三分之二以上之票决修改之。

蔡元培先生纪念办法

三十七年三月评议会二届五次年会通过。

一、于中央研究院评议会内设蔡元培学术纪念委员会,内设委员七人,由评议会推定之。

二、中央研究院设蔡元培学术奖章,每年由评议会就中国籍学术研究成绩特著者授给之。

三、先设蔡元培奖学金五十名,就北京大学、清华大学、中央大学、武汉大学、浙江大学、中山大学、交通大学学生成绩特优者授给之。

四、中央研究院每年于蔡元培诞辰,举行纪念会及学术讲演。

五、蔡元培学术纪念委员会得与其他蔡先生有关系之学术机关,商议他种纪念办法。

六、学术奖章纪念讲座及奖学金所需资金,除政府拨发者外,由中央研究院募集之。

七、所有各项具体办法均由蔡元培纪念委员会商拟,送由中央研究院院长核定之。

国立中央研究院杨铨、丁文江奖金章程

民国三十六年三月十五日评议会二届第一次年会修正。

一、本奖金为纪念本院两故总干事杨铨、丁文江而设,名杨铨、丁文江奖金,杨铨奖金给予对于人文科学研究有新的贡献者;丁文江奖金给予对于自然科学研究有新的贡献者。

二、每种奖金定额为四千元。

三、杨铨奖金自民国二十六年,丁文江奖金自民国二十七年开始给予,每种奖金均每年奖给一次。

四、承受奖金人以中国籍而年龄在四十岁以下者为限。

五、奖金论文已刊未刊不拘,惟已刊者以在二年以内者为限。

六、奖金论文须依其科目,于该科奖金轮值之年一月三十一日以前,备印本或抄本附著作人之履历、籍贯及年龄,

寄交国立中央研究院评议会,由评议会指定人员组织审查委员会评定之。

七、奖金论文可由著作本人寄送或由他人推荐。

八、论文评定结果于每年五月发表,奖金于六月给予。

九、无及格之论文得停止给予奖金。

国立中央研究院杨铨、丁文江奖金施行细则

一、杨铨奖金所包括之科目分文史科学(内括历史、考古、语言、民俗四门)及社会科学(内括政治、经济、法律、社会学四门),二类用回转法每届给一类(例如第一届给予文史科学者,第二届给予社会科学者)。

二、丁文江奖金所包括之科目分数理化科学(内括数学、天文、物理、化学四门),地学(内括地质、古生物、地理、气象四门),生物科学(内括植物、动物、生理、人类四门),三类用回转法每届给予一类(例如前条)。

三、请求此项奖金者以由有权威之学者推荐或代请为原则,但本人亦得自请。

四、各项不关科学研究之新的贡献之著作,无论其为编述或翻译均不接受。

五、依本奖金第四条候选人之年龄应有相当之证明。

六、本奖金之给予以每次给予一人为原则,但得依情形分给,惟不得超过三人。

七、受此奖金者以继续研究工作之学人为限。

三　本院历任院长总干事

历任院长

蔡元培　孑民　（民国十七年一月至二十九年三月）

朱家骅*　骝先　（民国二十九年九月至今）

历任总干事

杨　铨　杏佛　（民国十七年十一月至二十二年六月）

丁燮林*　巽甫　（民国二十二年七月至二十三年五月）

丁文江　在君　（民国二十三年五月至二十五年一月）

丁燮林*　巽甫　（民国二十五年二月至二十五年五月）

朱家骅　骝先　（民国二十五年六月至二十七年十二月）

任鸿隽　叔永　（民国二十七年十二月至二十九年十月）

傅斯年　孟真　（民国二十九年十月至三十年九月）

叶企孙　　　　（民国三十年九月至三十二年九月）

李书华　润章　（民国三十二年九月至三十四年九月）

萨本栋　亚栋　（民国三十四年九月至今）

注：*代理

四　本院院士

民国三十七年四月廿五至廿八日选定。

数理组	姜立夫	许宝騄	陈省身	华罗庚	苏步青
	吴大猷	吴有训	李书华	叶企孙	赵忠尧
	严济慈	饶毓泰			
	吴　宪	吴学周	庄长恭	曾昭抡	
	朱家骅	李四光	翁文灏	黄汲清	杨钟健
	谢家荣				
	竺可桢				
	周　仁	侯德榜	茅以升	凌鸿勋	萨本栋
生物组	王家楫	伍献文	贝时璋	秉　志	陈　桢
	童第周				
	胡先骕	殷宏章	张景钺	钱崇澍	戴芳澜
	罗宗洛				
	李宗恩	袁贻瑾	张孝骞		
	陈克恢				
	吴定良				
	汪敬熙				
	林可胜	汤佩松	冯德培	蔡　翘	
	李先闻	俞大绂	邓叔群		

人文组　吴敬恒　金岳霖　汤用彤　冯友兰

余嘉锡　胡　适　张元济　杨树达

柳诒徵　陈　垣　陈寅恪　傅斯年　顾颉刚

李方桂　赵元任

李　济　梁思永　郭沫若　董作宾

梁思成

王世杰　王宠惠

周鲠生　钱端升　萧公权

马寅初

陈　达　陶孟和

五　本院评议会

第一届评议会

民国二十四年七月三日至二十九年七月二日。

议　长	蔡元培
秘　书	丁文江　翁文灏[1]

当然评议员　蔡元培　丁燮林　庄长恭　周　仁　李四光
　　　　　　余青松　竺可桢　傅斯年　汪敬熙　陶孟和
　　　　　　王家楫　任鸿隽

聘任评议员　李书华　姜立夫　叶企孙　吴　宪　侯德榜
　　　　　　赵承嘏　李　协　凌鸿勋　唐炳源　秉　志
　　　　　　林可胜　胡经甫　谢家声　胡先骕　陈焕镛
　　　　　　翁文灏　朱家骅　丁文江　张　云　陈其昀
　　　　　　郭任远　王世杰　何　廉　周鲠生　胡　适
　　　　　　陈　垣　陈寅恪　赵元任　李　济　吴定良
　　　　　　茅以升[2]　叶良辅[3]

---

① 原任秘书丁文江于二十五年一月病故，同年四月改选翁文灏为秘书。
② 聘任评议员李协病故，改选茅以升。
③ 聘任评议员丁文江病故，改选叶良辅。

第二届评议会

民国二十九年七月三日至三十七年七月二日。

议　长	朱家骅				
秘　书	翁文灏				
当然评议员	朱家骅	叶企孙①	萨本栋	丁燮林②	吴学周
	周　仁	李四光	张钰哲	竺可桢③	傅斯年
	汪敬熙	陶孟和	王家楫	罗宗洛	赵九章
聘任评议员	姜立夫	吴有训	李书华	侯德榜	曾昭抡
	庄长恭	凌鸿勋	茅以升	王宠佑	秉　志
	林可胜	陈　桢	戴芳澜	胡先骕	翁文灏
	朱家骅	谢家荣	张　云	吕　炯	唐　钺
	王世杰	何　廉	周鲠生	胡　适	陈　垣
	赵元任	李　济	吴定良	陈寅恪	钱崇澍

---

　　① 叶企孙自三十年九月至三十二年九月任总干事；萨本栋自三十六年九月起任总干事。

　　② 丁燮林于民国三十五年辞物理研究所所长职。

　　③ 竺可桢辞气象研究所所长职，由赵九章继任。

六　本院评议会秘书处及
总办事处现职人员

评议会秘书处

秘　书	翁文灏
科学纪录总编辑	吴有训
学术汇刊总编辑	谢家荣
编辑助理	高鼎三　朱竹林

总办事处

秘书组

主任秘书	王懋勤
秘　书	王梦鸥　辜孝宽

总务组

总务主任	余又荪
专　员	沙重叔
技　士	李楚尧
组　员	刁泰亨　高玉华　罗季荣

会计室

会计主任	郭庆林

科　员	吕仲明　胡建唐　王大文　任鸿安
	王洪书　吴家槐
统计员	郭庆林
科　员	罗傅宓
医　师	童　冠

驻沪办事处

主　任	陈荻帆
组　员	朱人彪　张忠良　胡文福
会计员	汪德余
医　师	蔡　鸿

人事管理委员会

主任委员	萨本栋
委　员	姜立夫　张钰哲　吴学周　李四光
	王家楫　罗宗洛　赵九章　傅斯年
	陶孟和　林可胜　周　仁　汪敬熙
	王懋勤　余又荪　郭庆林　陈荻帆

设计考核委员会

| 主任委员 | 萨本栋 |
| 秘　书 | 辜孝宽 |

各所之部

一 数学研究所

（一）概况

数学研究所于民国三十年三月开始筹备,由姜立夫氏主持,时值抗战,设备不易输入。直至三十六年七月始正式成立。目前所中之图书约有三千余册,大都为胜利后所购置。研究工作人员有专任研究员三人,副研究员一人,助理员若干人;此外应聘而尚在国外者有专任研究员二人,副研究员一人。本所方针,向注意与其他学术机关之合作,故在筹备期间,即聘有兼任研究员多人,现除一部分改为专任外,尚有续为兼任者六人。

本所筹备之初,即在配合年来我国数学研究之成就,而求其进展。工作内容,目前只限于纯粹数学,其范围可分为下列六部分:（一）数论;（二）抽象代数;（三）级数论;（四）微分几何学;（五）拓扑学;（六）数理统计。

本所除聘请已有成就之数学家,使其继续工作外,亦注意后进人才之训练;所中助理员大多为国内大学之优秀毕业生,在此获得初期的研究经验者。

（二）现职人员

专任研究员兼所长 姜立夫

专任研究员	陈省身	陈建功	华罗庚	李华宗
兼任研究员	苏步青	江泽涵	许宝騄	樊𰽥
	段学复	周炜良		
专任副研究员	胡世桢	王宪钟		
助理员	曹锡华	周毓麟	叶彦谦	陈 杰
	陈德璜	林 㷫	贺锡璋	马 良
	孙以丰	廖山涛		
管理员	梁国和			

（三）研究人员著作目录

姜立夫(Li–Fu CHIANG)，美国哈佛(Harvard)大学博士(1919)，本院评议员(1935……)，本所筹备主任(1941—1947)，本所专任研究员兼所长(1947—现在)。

著作目录：

论文：

1. A matrix theory of circles and spheres. *Acad. Sinica Science Record*, 1(1945), 257–262.

陈省身(CHERN Shiing–Shen)，国立南开大学理学士(1930)，德国汉堡大学科学博士(1936)，本所兼任研究员(1941—1946)，本所专任研究员(1946—现在)，本所代理筹备主任(1946—1947)，代理所长(1947—现在)。

著作目录：

论文：

1. Pairs of plane curves with points in one-to-one correspondence. *Sci. Repis. Tsing Hua Univ.*, A1(1932), 145–153.

2. Triads of rectilinear congruences with generators in correspondence. *Tôhoku Math. J.*, 40(1935),179–188.

3. Associate quadratic complexes of a rectilinear congruence. *Tôhoku Math. J.*, 40(1935), 293–316.

4. Abzählungen fur Gewebe. *Abh. Math. Semin Hamburg*, 11(1935), 163–170.

5. Eine Invariantentheorie der Dreigewebe aus n–dimensionalen Mannigfaltigkeiten in 2n–dimensionalen Räumen. *Abh. Math. Semin. Hamburg*, 11(1936), 333–358.

6. Sur la géométrie d'une équation différentielle du troisième ordre. *C. R. Acad. Sci. Paris*, 204(1937), 1227–1229.

7. Sur la possibilité de plonger un espace à connexion projective donné dans un espace projectif. *Bull. Sci. Math.*, 61(1937), 234–243.

8. On projective normal coordinates. *Ann. of Math.*, 39(1938), 165–171.

9. On two affine connections. *J. Univ. Yunnan*, 1(1938), 1–18.

10. Sur la géométrie d'un système d'équations différentielles du sécond ordre. *Bull. Sci. Math.*, 63(1939), 206–212.

11. The geometry of higher path–spaces. *J. Chinese Math. Soc.*, 2 (1940), 247–276.

12. Sur les invariants integraux an géométrie. *Sci. Repts. Tsing*

Hua Univ., A4(1940), 85–95.

13. The geometry of a differential equation Y''' = F(x,y,y',y''). *Sci. Repts. Tsing Hua Univ.*, A 4(1940), 97–111.

14. Sur une généralisation d'une formule de Crofton. *C. R. Acad. Sci. Paris*, 210(1940), 757–758,

15. Formula principale cinematica dello sapzio ad n dimensioni. *Boll. Un. Mat. Ital.*, 2 (1940), 434–437.(with Yen Chih–Ta).

16. Generalization of a formula of Crofton. *Wuhan Univ. J. Sci.*, 7(1940), 1–16.

17. On integral geometry in Klein spaces. *Ann. of Math.*, 43(1942), 178–189.

18. Differential geometry in symplectic space. *Sci. Repts. Tsing Hua Univ.*, A 4 (1947) 453–477. (with Wang Hsien–Chung).

19. Sur une classe remarquable de variétés dans l'espace projectif à n dimensions. *Sci. Repts. Tsing Hua Univ.*, 4(1947), 328–336.

20. Sur les invariants de contact en géométrie projective différentielle. *Acta Pontif. Acad. Sci.*, 5 (1941), 123–140.

21. The geometry of isotropic surfaces. *Ann. of Math.*, 43(1942), 545–559.

22. On the invariants of contact of curves in a projective space of n dimensions and their geometrical interpretation. *Acad. Sinica Science Record*, 1 (1942), 11–15.

23. On a Weyl geometry defined from an (n–l)–parameter family of hypersurfaces in a space of n dimensions. *Acad. Sinica Science Record*, 1 (1942), 7–10.

24. On the Euclidean connections in a Finsler space. *Proc. Nat. Acad. Sci. U.S.A.*, 29(1943), 33–37.

25. A generalization of the projective geometry of linear spaces. *Proc. Nat. Acad. Sci. U.S.A.*, 29(1943), 38–43.

26. Laplace transforms of a class of higher dimensional varieties in a projective space of n dimensions. *Proc. Nat. Acad. Sci. U.S.A.*, 30(1944), 95–97.

27. A simple intrinsic proof of the Gauss–Bonnet formula for closed Riemannian manifolds, *Ann. of Math.*, 54(1944), 747–752.

28. Integral formulas for the characteristic classes of sphere bundles. *Proc. Nat. Acad. Sci. U.S.A.*,30(1944), 269–273.

29. On a theorem of algebra and its geometrical application. *J, Indian Math. Soc.*, 8(1944), 29–36.

30. On Grassmann and differential rings and their relations to the theory of multiple integrals. *Sankhya*, 7(1945), 2–8.

31. Some new characterizations of the Euclidean sphere. *Duke Math. J.*, 12(1945), 279–290.

32. On the curvatura integra in a Riemannian manifold. *Ann. of Math.*, 46(1945), 674–684.

33. On Riemannian manifolds of our dimensions. *Bull. Amer. Math. Soc.*, 51(1945), 964–971.

34. Some new viewpoints in the differential geometry in the large. *Bull. Amer. Math. Soc.*, 52(1946), 1–30.

35. Characteristic classes of Hermitian manifolds. *Ann. of Math.*, 47(1946), 85–121.

36. On the characteristic classes of Riemannian manifolds. *Proc. Nat. Acad. Sci. U.S.A.*, 33(1947), 78–82.

37. Note on affinely connected manifolds. *Bull. Amer. Math. Soc.*, 53(1947), 820–823.

38. On the characteristic ring of a differentiable manifold. *Acad. Sinica Science Record*, 2(1947), 1–5.

陈建功(CHEN Kien-Kwong), 日本东北帝国大学理学博士(1929), 本所兼任研究员(1942—1946), 专任研究员 (1946—现在)。

著作目录:

论文:

1. Some theorems on infinite products. *Tôhoku Math. J.*, 20(1921), 44–47.

2. On Dirichlet's functionals. *Tôhoku Math. J.*, 28(1927), 287–311.

3. On the series of orthogonal functions. *Proc. Imp. Acad. Tôkyo*, 4(1928), 36–37.

4. On the theory of divergent series. *Tôhoku Math. J.*, 29(1928), 348–358.

5. On the series of orthogonal functions. *Tôhoku Math. J.*, 29(1928), 407–416.

6. On the class of functions with absolutely convergent Fourier series. *Proc. Imp. Acad. Tôkyo* 4(1928), 517–520.

7. On the systems of normal orthogonal functions. *Tôhoku Math. J.*, 30(1929), 1–9.

8. On the Cesaro–summability of Laplace's functions. *Sci. Reports Tôhoku Imp. Univ.* (1) 17(1928),1073–1089.

9. On a theorem of Zygmund in the theory of the series of orthogonal functions. *Tôhoku Math. J.*,30(1929), 472–475.

10. Note on the class of polynomials uniformly bounded on a limited closed set of points. *Tôhoku Math. J.*, 30(1929), 81–87.

11. On the conditions for the completeness of the system of orthogonal functions. *Japanese Math. J.*, 6(1929), 81–87.

12. On Kronecker's limit in Fourier series, *Japanese J. Math.*, 6(1929), 189–198.

13. On the system of generalized orthogonal functions. *Tôhoku Math. J.*, 30(1929), 307–320.

14. On the Cesaro–summability of the derived series. *Tôhoku Math. J.*, 30(1929), 204–267.

15. On Hardy–Littlewood's summability theorem for series. *Tôhoku Math. J.*, 32(1930), 265–285.

16. Axioms for real numbers. *Tôhoku Math. J.*, 37(1933), 94–99.

17. On the theory of schlicht functions. *Proc. Imp. Acad. Tôkyo*, 9(1933), 465–467.

18. A study on the theory of the series of orthogonal functions. *Sci. Reports Chekiang Univ.*, 1(1934), 307–413.

19. On the theory of schlicht functions. *Tôhoku Math. J.*, 41(1935), 160–174.

20. Contributions to the theory of schlicht functions. *Tôhoku Math. J.*, 41(1935), 125–147.

21. Transcendency of functions satisfying Riccati differential equations I. *J. Chinese Math. Soc.*, 2(1936), 70–80.

22. Transcendency of functions satisfying Riccati differential equations II. *J. Chinese Math. Soc.*, 2(1937), 84–97.

23. On the convergence of the conjugate series of a Fourier series. *Acad. Sinica Science Record*, 1(1942), 1–6.

24. On the absolute Cesaro summability of negative order for a Fourier series at a given point. *Amer. J. Math.* 66(1944), 299–312.

25. Some one–sided Tauberian theorems. *Anais Acad. Brasil. Ci.*, 17(1945), 249–259.

26. Criteria for the absolute convergence of a Fourier series at a given point. *Amer. J. Math.*, 69(1945), 285–299.

27. Some relations between the behaviour of a function and the absolute summability of its Fourier series. *Amer. J. Math.*, 67(1945), 239–248.

28. A generalization of Hardy's theorem with an application

to the absolute summability of Fourier series. *Amer. J. Math.*, 67(1945), 249–255.

29. Functions of bounded variation and the Cesaro means of a Fourier series. *Acad. Sinica Science Record*, 1(1945), 283–289.

30. The super–absolute Cesaro summability of Fourier series. *Acad. Sinica Science Record*, 1(1945), 290–299.

31. The absolute convergence of the allied series of a Fourier series. *Duke Math. J.*, 13(1946), 133–160.

32. Weak convergence in hyperspace. *Acad. Sinica Science Record*, 2(1947), 8–11.

华罗庚(HUA Loo–Keng),英国剑桥大学研究,本所兼任研究员(1942—1946),专任研究员(1946—现在),未到职。

著作目录:

专书:

1. Additive Prime Number Theory, Moscow.

论文:

1. On the hypergeometric functions of higher order. *Tôhoku Math. J.*, 39(1934), 253–263.

2. On the representation of integer by circulant. *Tôhoku Math. J.*, 39(1934), 316–321.

3. On pseudó –periodic function. *Tôhoku Math. J.*, 40(1935), 27–33.

4. Note on Pell's equation. *Tôhoku Math. J.*, 40(1935), 36.

5. Note on diophantine equation of two circulants. *Tôhoku Math. J.*, 40(1935), 34–35.

6. On a certain kind of operations connected with linear algebra. *Tôhoku Math. J.*, 41(1935), 222–246.

7. A proof of Hadamard's theorem. *Tôhoku Math. J.*, 41(1935), 247–248.

8. Waring's problem for cubes. *Bull. Calcutta Math. Soc.*, 26(1935), 139–140.

9. On an easier Waring–Kamke problem. *Sci. Repts. Tsing–Hua Univ.*, A–3(1935), 247–260.

10. On Waring's theorems with cubic polynomial summands. *Math. Ann.*, 111(1935), 622–628.

11. On Waring's problem with polynomial summands. *Amer. J. Math.*, 58(1936), 553–562.

12. On Waring's problem with polynomial summands. *J. Chinese math. Soc.*, 1(1936), 23–61.

13. Note on boundedly convergent power series. *Sci. Repts. Tsing–Hua Univ.*, A–3(1936), 345–351.

14. A problem in the additive theory of numbers of several variables. *Math. Z.*, 41(1936), 708–712.

15. The representation of integers as sums of cubic function $(x^3+2x)/3$. *Tôhoku Math. J.*, 41(1936),367–370.

16. The representation of integers as sums of the cubic function $(x^3+5x)/6$. *Tôhoku Math. J.*, 41(1936), 356–360.

17. On Waring's problem. *Tôhoku Math. J.*, 42(1936), 210–225.

18. An easier Waring–Kamke problem. *J. London Math. Soc.*, 11(1936), 4–5.

19. On Fourier transforms in L^p in the complex domain. *MIT J. Math. Phys.*, 16(1936), 249–263. (with S.S. Shu)

20. On a generalized Waring problem. *Proc. London Math. Soc.*,(2), 43(1937), 161–182.

21. On the representation of integers as the sums of the k–th powers of prime. *C.R.(Doklady) Acad. Sci. URSS(N.S.)*, 17(1937), 167–168.

22. A problem in the additive theory of numbers of several variables. *J. London Math. Soc.*, 12(1937), 256–261.

23. A generalization of an easier Waring–Kamke problem. *J. London Math. Soc.*, 12(1937), 262–264.

24. On Waring's problem, *Quart. J. Math. Oxford Ser.*, 9(1938), 335–346.

25. Some results in the additive theory of number. *C.R. (Doklady) Acad. Sci. URSS(N.S.)*, 18(1938), 4.

26. Some results in the additive prime number theory. *C.R.(Doklady) Acad. Sci. URSS(N.S.)*, 18(1938), 3.

27. On an exponential sum. *J. London Math. Soc.*, 13(1938), 54–61.

28. On the representation of numbers as the sums of the powers of primes. *Math. Z.*, 44(1938), 335–346.

29. Some results in the additive prime number theory. *Quart. J. Math. Oxford Ser.*, 9(1938), 68–80.

30. On Tarry's problem. *Quart. J. Math. Oxford Ser.*, 9(1938), 315–320.

31. On Waring's problem for fifth powers, *Proc. London Math. Soc.* (2), 45(1939), 144–160.

32. A remark on the moment problem. *J. London Math. Soc.*, 14(1939), 84–86.

33. On a lemma due to Vinogradow. *C.R. (Doklady) Acad. Sci. URSS(N.S.)*, 24(1939), 419–420.

34. Some "Anzahl" theorems for groups of prime–power orders. *J. Chinese Math. Soc.*, 4(1940), 313–319. (with H. F. Tuan).

35. On Waring's problem with cubic polynomial summands. *J. Indian Math. Soc.*, 4(1940), 127–135.

36. On a generalized Waring problem II. *J. Chinese Math. Soc.*, 2(1940), 175–191.

37. On a theorem due to Vinogradow. *Quart. J. Math. Oxford Ser.*, 11(1940), 161–176.

38. On a system of diophantine equations. *C.R.(Doklady) Acad. Sci. URSS(N.S.)*, 27(1940), 312–313.

39. On an exponential–sum. *J. Chinese Math. Soc.*, 2(1940), 301–312.

40. Sur le probleme de Waring relatif a un polynome du troisieme degre. *C.R. Acad. Sci. Paris*, 210(1940), 650–652.

41. Sur une somme exponentielle. *C.R. Acad. Sci. Paris*, 210 (1940), 520–523.

42. Determination of groups of odd–prime–power order p^n which contains a cyclic subgroup of index p^2. *Sci. Repts. Tsing–Hua Univ.*, A–4(1940), 145–154. (with H. F. Tuan)

43. On the number of solutions of certain congruences. *Sci. Repts. Tsing Hua Univ.* A–4(1940), 113–133.(with S. H. Min).

44. On Waring's problem with cubic polynommal summands. *Sci. Repts. Tsing–Hua Univ.*, 4 (1940), 55–83.

45. A note on the class number of ternary quadratic forms. *J. London Math. Soc.*, 16(1941), 82–83.

46. On diophantine approximation. *C.R. (Doklady) Acad. Sci. URSS(N.S.)*, 32(1941), 395–396.

47. On the number of partitions of a number into unequal parts. *Trans. Amer. Math. Soc.*, 51(1942), 194–201.

48. The lattice–points in a circle. *Quart. J. Math. Oxford Ser.*, 13(1942), 18–29.

49. On the least solution of Pell's equation *Bull. Amer. Math. Soc.*, 48(1942), 731–735.

50. On the least primative root of a prime. *Bull. Amer. Math. Soc.*, 48(1942), 726–730.

51. On a double exponential sum. *Acad. Sinica Science Record*, 1(1942), 23–25.(With S. H. Min)

52. An analogue of Tarry's problem. *Acad. Sinica Science*

Record, 1(1942), 26–29.(With S. H. Min)

53. On some problems of the geometrical theory of numbers. *Acad. Sinica Science Record*, 1(1942), 19–21.

54. On character sums. *Acad. Sinica Science Record*, 1(1942), 2–23.

55. On the distribution of quadratic non–residues and the Euclidean algorithm in the real quadratic fields. I. *Trans. Amer. Math. Soc.*, 56(1944), 537–546.

56. On the distribution of quadratic non–residues and the Euclidean algorithm in real quadratic fields. Ⅱ. *Trans. Amer. Math. Soc.*, 56(1944), 457–569.(With S. H. Min)

57. On the theory of automorphic functions of a matrix variable. I. Geometrical basis. *Amer. J. Math.*, 66(1944), 470–488.

58. On the theory of automorphic functions of a matrix variable. Ⅱ. The classification of hypercircles under the symplectic group. *Amer. J. Math.*, 66(1944), 531–563.

59. On the lack of an Euclidean algorithm in $R(\sqrt{61})$. *Amer. J. Math.*, 67(1945), 209–211. (with W. T. Shih).

60. Geometries of matrices. I. Generalizations of von Staudt's theorem. *Trans. Amer. Math. Soc.*, 57(1945), 441–481.

61. A remark on a result due to Blichfeldt. *Bull. Amer. Math. Soc.*, 51(1945), 537–539.

62. Geometries of matrices. I. Arithmetical construction. *Trans. Amer. Math. Soc.*, 57(1945), 462–490.

63. On the theory of Fuchsian functions of several variables. *Ann. of Math*. (2), 47(1946), 167–191.

64. Orthogonal classification of Hermitian matrices. *Trans. Amer. Math. Soc.*, 59(1946), 503–523.

65. On the extended space of several complex variables. I. The space of complex spheres. *Quart. J. Math. Oxford Ser.*, 17(1946), 214–222.

66. Geometries of matrices. II. Study of involutions in the geometry of symmetric matrices, *Trans. Amer. Math. Soc.*, 61(1947), 193–228.

67. Geometries of matrices. III. Fundamental theorems in the geometries of symmetric matrices. *Trans. Amer. Math. Soc.*, 61(1947), 229–255.

68. On the extended spaces of several complex variables. *Acad. Sinica Science Record*, 2(1947),5–8.

李华宗(LEE Hwa-Chung), 英国爱丁堡大学哲学博士 (1937), 本所兼任研究员(1944—1947), 专任研究员(1947—现在)。

著作目录：

论文：

1. On the differential geometry of contact transformations. *Nederl. Akad. Wetensch. Proc.*, 40(1937), 695–700.

2. Sur les transformations des congruences hamiltoniennes.

C.R. Acad. Sci. Paris, 206(1938), 1432–1433.

3. On the projective theory of spinors. *Compositio Math.* 6(1938), 136–152.

4. Note on a theorem on matrices. *J. London Math. Soc.*, 15(1940), 149–152.(with Chao Ko).

5. A further generalisation of the Hamilton–Cayley theorem. *J. London Math. Soc.*, 15(1940), 153–158.(with Chao Ko).

6. On the representations of the complex 3–dimensional and the real 4–dimensional groups and their isomorphism. *J. Chinese Math. Soc.*, 2(1940), 225–233.

7. On unitary geometry. *Acad. Sinica Science Record*, 1(1942), 49–54.

8. A kind of even–dimensional differential geometry and its application to exterior calculus. *Amer. J. Math.*, 65(1943), 433–438.

9. On plane factorisations of pseudo–Euclidean rotations. *Quart. J. Math. Oxford Ser.*, 15(1944), 7–10.

10. On the factorisation mathod for quantum mechanical eigenvalue problems. *Chinese. J. Phys.*, 5(1944), 89–104.

11. On even–dimensional skew–metric spaces and their groups of transformations. *Amer. J. Math.*,67(1945), 321–328.

12. On Clifford's algebra. *J. London Math. Soc.*, 20(1945), 27–32.

13. Some properties of Hermitian matrices. *Acad. Sinica Science Record*, 1(1945), 321–324.(With S. L. Liang).

14. Contact transformations. *Duke Math. J.*, 13(1946), 161–170.

15. The universal integral invariants of Hamiltonian systems and application to the theory of canonical transformations. *Proc. Roy. Soc. Edinburgh, Sect.* A. 62(1947), 237–246.

16. On skew–metric spaces and function groups. *Amer. J. Math.*, 69(1947), 790–800.

苏步青(SU Buchin), 日本东北帝国大学理学博士 (1931),本所兼任研究员(1942—现在)。

著作目录:

论文:

1. Note on a theorem of Fekete. *Pro. Imp. Acad. Tôkyo*, 3(1927), 118–121.

2. Certain double systems of curves on the surface. *Sci. Reports Tôhoku Imp. Univ.*, 16(1927), 655–665.

3. On the osculating conics of a plane curve. *Tôhoku Math. J.*, 28(1927), 254–258.

4. Geometrical proof of the independence of a system of postulates concerning equality and inequality. *Tôhoku Math. J.*, 28,(1927), 282–286.

5. Notes on a theorem of Prof. Kubota. *Sci. Reports Tôhoku Imp. Univ.*, 16, (1927), 811–813.

6. A theorem on Steiner's curvature–centroid. *Tôkyo Busturi Jakko Zassi*, 432(1927), 1–3.

7. On Steiner's survature–centroid. *Japanese J. Math*, 4(1927), 195–201.

8. Certain double systems of ruled surfaces in the line congruence. *Japanese J. Math.*, 4(1927), 209–213.

9. On Steiner's curvature–centroid II. *Japanese J. Math.*, 4(1927), 265–269.

10. On a class of minimal surfaces. *Sci. Reports Tôhoku Imp. Univ.*, 17(1928), 27–33.

11. On the curvature–axis of a convex closed curve. *Sci. Reports Tôhoku Imp. Univ.*, 17(1928), 35–42.

12. Certain double systems of curves on a surface. *Tôhoku Math. J.*, 29(1928), 166–172.

13. On the osculating ellipses of a plane curve. *Tôhoku Math. J.*, 29(1928), 223–224.

14. On a class of ovals. *Tôhoku Math. J.*, 29(1928), 278–283.

15. Line congruences and L–Minimal surfaces. *Japanese J. Math.*, 5(1928), 39–50.

16. On the theory of surfaces in the affine space. *Prec. Imp. Acad. Tôkyo*, 4(1928), 345–346.

17. Contributions to the theory of minimal surfaces. *Tôhoku Math. J.*, 30(1928), 130–141.

18. On the theory of surface in the affine space. (I) Affine moulding surfaces and affine surfaces of revolution. *Japanese J. Math.*, 5(1928), 185–210.

19. On the theory of surfaces in the affine space. (Ⅱ) Generalized affine moulding surfaces and affine surfaces of revolution. *Japanese J. Math.*, 5(1928), 211–224.

20. On the theory of surfaces in the affine space. (Ⅲ) Transformations of affine moulding surfaces. *Japanese J. Math.*, 5(1929). 269–287.

21. On the theory of surfaces in the affine space. (Ⅳ) New treatment of affine surfaces of revolution. *Japanese J. Math.*, 5(1929), 289–294.

22. On the theory of surfaces in the affine space. (Ⅴ) Studies on affine moulding surfaces. *Japanese J. Math.*, 5(1929), 337–343.

23. On the theory of surfaces in the affine space. (Ⅵ) Contributions to the theory of Darboux's curves of the surfaces. *Japanese J. Math.*, 6(1929), 1–14.

24. On the theory of surfaces in the affine space. (Ⅶ) Affine moulding hyper–surfaces and affine hyper–surfaces of revolution. *Japanese J. Math.*, 6(1929), 30–42.

25. On the theory of surfaces in the affine space. (Ⅷ) On the surfaces where all axes of Cech are affine normals. *Japanese J. Math.*, 6(1929), 205–234.

26. On the theory of surfaces in the affine space. (Ⅸ) On a new class of surfaces. *Japanese J. Math.*, 6(1929), 301–314.

27. On the theory of lines of curvature of the surface. *Tôhoku Math. J.*, 30(1929), 457–467.

28. Line congruences and L–Minimal surface. II. *Japanese J. Math.*, 5(1929), 327–335.

29. On the theory of lines of curvature of surfaces (II). *Japanese J. Math.*, 6(1929), 15–20.

30. Some classes of curves in the affine space. *Tôhoku Math. J.*, 31(1929), 283–291.

31. Some characteristic properties of affine surfaces of revolution. *Sci. Reports Tôhoku Imp. Univ.*,18(1929), 177–185.

32. On the theory of surfaces in the affine space. (X) Studies on the surfaces and some allied problems. *Japanese J. Math.*, 6(1930), 319–331.

33. On the theory of surfaces in the affine space. (XI) Affine minimal surfaces with plane affine lines of curvature. *Japanese J. Math.*, 7(1930), 9–25.

34. On the theory of surfaces in the affine space. (XII) Surfaces for which canonical lines are affine normals. *Japanese J. Math.*, 7(1930), 101–141.

35. Notes on the theory of curves in the affine space. *Japanese J. Math.*, 7(1930), 1–7.

36. On the cubic indicatrices of a surface. *Sci. Reports Tôhoku Imp. Univ.*, 19(1930), 699–702.

37. Eine Bemerkung zur Projektivdifferentialgeometrie der Flächen. *Sci. Reports Tôhoku Imp. Univ.*, 19(1930), 293–300.(with T. Kubotu).

38. A note on the projective differential geometry of a surface. *Japanese J. Math.*, 7(1930), 199–208.

39. A theorem on projective geometry. *Sci. Reports Tôhoku Imp. Univ.*, 19(1930), 419–423.(With A. Ichida)

40. The quadrics of Moutard, Ⅰ. *Tôhoku Math. J.*, 33(1931), 26–38.

41. The quadrics of Moutard, Ⅱ. *Tôhoku Math. J.*, 33(1931), 190–198.

42. On a certain class of surfaces whose Darboux curves of one system are conics. *Tôhoku Math. J.*,36(1932), 241–252.

43. On certain quadratic cones projectively connected with a space curve and a surface. *Tôhoku Math. J.*, 38(1933), 233–244.

44. An analogue of Bertrand curves in the projective space. *Japanese J. Math.*, 9(1933), 239–252.

45. A note on the affine differential geometry of a surface. *Japanese J. Math.*, 9(1933), 233–238.

46. On the relation between affine and projective differential geometry. *Sci. Reports Chekiang Univ.*, 1(1934), 43–122.

47. On certain cones connected with a surface in the affine space. *Japanese J. Math.*, 10(1934), 209–216.(with A. Ichisa).

48. On the transformations Σ_k of Cech and applications to the affine differential geometry of a surface. *Tôhoku Math. J.*, 40(1934). 37–56.

49. On the intersection of two curves in space. *Tôhoku Math. J.*,

39(1934), 226–232.

50. The canonical edges of Green. *Tôhoku Math. J.*, 39(1934), 269–278.

51. On the surfaces whose asymptotic curves belong to linear complexes(I). *Tôhoku Math. J.*, 40(1935), 408–420.

52. On the surfaces whose asymptotic curves belong to linear complexes (II) . *Tôhoku Math. J.*,40(1935), 433–448.

53. On the surfaces whose asymptotic curves belong to linear complexes (III). *Tôhoku Math. J.*, 41(1935), 1–19.

54. On the surfaces whose asymptotic curves belong to linear complexes (IV). *Tôhoku Math. J.*,41(1935),203–215.

55. On a certain system of Lie Quadrics. *Proc. Phys. Math. Soc. Japan*, 17(1935), 234–239.

56. Some characteristic properties of projective minimal surfaces. *Sci. Reports Tôhoku Imp. Univ.*,24（1936）, 595–600.

57. On the surfaces whose asymptotic curves belong to linear complexe (V). *Sci. Reports Tôhoku Imp. Univ.*,24(1936), 601–633.

58. On the surfaces whose asymptotic curves belong to linear complexes (VI). *Sci. Reports Tôhoku Imp. Univ.*, 24(1936), 634–642.

59. On a certain pair of surfaces. *Sci. Reports Chekiang Univ.*, 2(1936), 41–51.

60. On the surfaces whose Lie Quadrics all touch a fixed plane. *Sci. Reports Chekiang Univ.*, 2(1936), 53–61.

61. Invariants of intersection of two curves in space. *Sci.*

Reports Tôhoku Imp. Univ., 26(1936), 22–23.

62. On certain periodic sequences of Laplace of period four in ordinary space. *Sci. Reports Tôhoku Imp. Univ.*, 25(1936), 227–256.

63. On certain configurations (T) of Finikoff and the transformations of Calapso. *J. Chinese Math. Soc.*, 1(1936), 174–206.

64. A note on the sequences of Laplace of period four. *Tôhoku Math. J.*, 43(1937), 4–10.

65. On certain configurations (T) of Finikoff and the transformations of Calapso (Second Memoir). *J. Chinese Math. Soc.*, 2(1937), 61–83.

66. On certain twisted cubic projectively connected with a space curve. *J. Chinese Math. Soc.*, 2(1937), 54–60.

67. Note on the projective differential geometry of space curves. *J. Chinese Math. Soc.*, 2(1937), 98–137.

68. An extension of Bompiani's osculants for a plane curve with a singular point. *Tôhoku Math. J.*,45(1938), 239–244.

69. Plane sections of the tangent surface of a space curve. *Ann. Mat. Pura Appl.*, 18(1939), 77–96.

70. The general projective theory of curves in space of four dimensions. *Sci. Reports Chekiang Univ.*, 2(1939), 115–169.

71. Sopra certi fasci di quadriche e sul fascis canonics. *Boll. Un. Mat. Ital.*, (2), 2(1940), 432–443.

72. Projective differential geometry of singularities of plane curves. *J. Chinese Math. Soc.*, 2(1940), 139–151.

73. Contributions to the projective theory of curves in space of N dimensions. First Memoir. *J. Chinese Math. Soc.*, 2(1940), 153–173.

74. Contributions to the projective theory of curves in space of N dimensions. Second Memoir. *J.Chinese Math. Soc.*, 2(1940), 277–289.

75. A note on the planar point of a surface. *Uni. Nac. Tucuman, Revista A*. 95(1940), 95–103.

76. Some arithmetical invariants of a curve in projective space of N dimensions. *Uni. Nac. Tucuman, Revista A*. 1(1940), 143–157.

77. On the projective differential geometry of a non–holonomic surface in ordinary space. *Ann. Mat. Pura Appl.*, (4), 19(1940), 289–313.

78. A note on the projective differential geometry of a non–holonomic surface in ordinary space. *Ann. Mat. Pura Appl.*, (4), 20(1941), 213–220.

79. On certain cones connected with a non–holonomic surface in affine space. *Hôhoku Math. J.*, 48(1841), 225–234.

80. Note on a theorem of B. Sergre. *Acad. Sinica Science Record*, 1(1941), 16–18.

81. A generalization of the canonical quadric of Wilczynski in the projective theory of non–holonomic surface. *Uni. Nac. Tucuman Revisat A*. 3(1943), 351–362.

82. Osculating conics of the plane sections through a point of a surface. *Amer. J. Math.*, 65(1943), 439–449.

83. Moutard–Cech Hyperquadrics associated with a point of a

hypersurface. *Ann. of Math*. 44(1943), 7–20.

84. Plane sections through a point of a non–holonomic surface. *Amer. J. Math*., 65(1943), 701–711.

85. The projective differential geometry of a non–holonomic hypersurface. *Duke Math. J*., 10(1943), 575–586.

86. On certain pairs of surfaces in ordinary space. *Bull. Amer. Math. Soc*., 49(1943), 722–729.

87. The characteristics of asymptotic osculating quadrics of a curve on a surface. *Bull. Amer. Math. Soc*., 49(1943), 904–912.

88. Plane sections through an ordinary point of a hypersurface. *Uni. Nac. Tucuman, Revista A*., 4(1944), 329–361.

89. A new projective invariant of intersection of two hypersurfaces. *Uni. Nac. Tucuman, Revista A*., 4(1944), 321–327.

90. A theorem on surfaces. *Acad. Sinica Science Record*, 1(1945), 277–282.

91. General projective theory of curves in space of five dimensions. *Acad. Sinica Science Record*, 1(1945), 274–286.

92. On certain tac–invariants of two curves in projective space. *Quart J. Math. Oxford Ser*., 17(1946), 116–118.

93. The theory of contact of two curves in a projective space of N dimensions. *Duke Math. J*., 13(1946), 485–494.

94. Descriptive collineations in space of K–spreads. *Trans. Amer. Math. Soc*., 61, (1947), 495–507.

95. On the isomorphic transformations of K–spreads in a

Douglas space. *Acad. Sinica Science Record*, 2(1947), 11–19.

江泽涵(KIANG Tsai–Han)，国立南开大学理学士(1926)，美国哈佛大学博士(1930)，本所兼任研究员(1942—现在)。

著作目录：

论文：

1. On the Poincaré's group of 2–dimensional orientable closed manifolds. *Proc. Nat. Acad. Sci. U.S.A*. 17(1931), 142–144.

2. On the critical points of non–degenerate Newtonian potentials. *Amer. J. Math*. 54(1832), 92–109.

3. On the existence of critical points of Green's functions in 3–dimensional regions. *Amer. J. Math*. 54(1932), 657–666.

4. Critical points of harmonic functions and green's functions in plane regions. *Sci. Quarterly, Peking Univ*. 3(1934), 113–124.

5. The Poincare's groups of 2–dimensional manifolds. *Chinese J. Math*. 1(1936), 93–153.

6. An application of the additive formulas of Mayer–Victoris. *Acad. Sinica Record* 1(1943), 275–276.

7. Remarks on 2–leaved orientable covering manifolds of closed manifolds. *Ann. of Math*. 44(1943), 128–130.

8. The manifolds of linear elements of n–sphere. *Bull. Amer. Math. Soc*. 51(1945), 417–428.

许宝騄(HSU Pao–Lu)，国立清华大学理学士(1933)，英

国伦敦大学科学博士(1940),本所兼任研究员(1944—现在)。

著作目录:

论文:

1. On the limit of a sequence of point sets. *Bull. Amer. Math. Soc.*, 41(1935), 502–504.

2. Contributions to the two–sample problem and the theory of the "Student's" T–test. *Stat. Res. Mem.*, 2(1938), 1–24.

3. On the best quadratic estimate of the variance. *Stat. Res. Mem.*, 2(1938), 91–104.

4. Notes on Hotelling's generalized T. *Ann. Math. Statistics*, 9 (1938), 213–243.

5. A new proof of the joint product moment distribution. *Proc. Cambridge Philoso. Soc.*, (2), 6 (1940), 185–189.

6. On the distribution of roots of certain determinantal equations. *Ann. Eugenics*, 9 (1939), 250–258.

7. On iterated limits. *J. Chinese Math. Soc.*, 2 (1940), 40–53.

8. An algebraic derivation of the distribution of rectangular coordinates. *Proc. Edinburgh Math. Soc.*, (2), 6 (1940), 185–189.

9. On generalized analysis of variance. *Biometrika*, 31 (1940), 221–237.

10. On the limiting distribution of roots of a determinantal equation. *J. London Math. Soc.*, 16 (1941), 183–194.

11. The limiting distribution of the canonical correlations. *Biometrika*, 32 (1941), 38–45.

12. Analysis of variance from the power function standpoint. *Biometrika*, 32 (1941), 62–69.

13. Canonical reduction of the general regression problem. *Ann. Eugenics*, 11 (1941), 42–46.

14. On the problem of rank and the limiting distribution of Fisher's S–test function. *Ann. Eugenics*, 11 (1941), 39–41.

15. The limiting distribution of a general class of statistics. *Acad. Sinica Science Record*, 1 (1942), 37–41.

16. Some simple facts about the separation of degrees of freedom in factorial experiments. *Sankhya*, 6 (1943), 253–254.

17. The approximate distribution of the mean and variance of a sample of independent variables. *Ann. Math. Statistics*, 16 (1945), 1–29.

18. On the approximate distribution of ratios. *Ann. Math. Statistics*, 16 (1945), 204–210.

19. On the power functions for the E–test and the T–test. *Ann. Math. Statistics*, 16 (1945), 278–286.

20. Certain limiting distributions and application to testing hypotheses. (1946). *Paper read during the Symposium on mathematical Statistics and Probability, held January 28–30, 1946, University of California, Berkeley.*

21. On a factorization of pseudo–orthogonal matrices. *Quart J. Math. Oxford Ser.*, 17 (1946), 162–165.

22. Sur un théorème de probabilité dénombrables. *C. R. Acad.*

Sci. Paris, (1946), 467–469. (With Chung Kai–Lai).

23. On the asymptotic distribution of certain statistics used in testing the independence between successive observations from a normal population. *Ann. Math. Statistics*, 17 (1946), 350–354.

24. Complete convergence and the law of large numbers. *Proc. Nat. Acad. Sci. U.S.A.*, 33 (1947), 25–31. (With H. Robbins).

樊畿(FAN Ky), 国立北京大学理学士(1936), 法国国家博士(1941), 本所兼任研究员(1946—现在)。

著作目录:

专书:

1. Introduction à la topologie combinatoire, I. Initiation, Vuibert, Paris 1946 (With M. Fréchet).

论文:

1. Sur une représentation des fonctions abstraites continues *C. R. Acad. Sci. Paris* 210 (1940), 429–431.

2. Sur les types homgènes de dimensions. *C. R. Acad. Sci. Paris* 211 (1940), 175–177.

3. Espaces quasi–réguliers, quasi–normaux et quasi–distanciés. *C. R. Acad. Sci. Paris* 211 (1940), 348–351.

4. Caractérisation topologique des arcs simples dans les espaces accessibles de M. Frechet. *C. R. Acad. Sci. Paris* 212(1941), 1024–1026.

5. Sur les ensembles possédant la propriété des quatre points. *C. R. Acad. Sci Paris* 213(1941) 518–520.

6. Sur les ensembles monotones–connexes, les ensembles filiformes et les ensembles possédant la propriété des quatre points. *Bull. Soc. Roy. Sci. Liége*. 10(1941), 625–642.

7. Sur les théorèmes d'existence des équations différentielles dans l'analyse générale. *Bull. Sci. Math*. 65(1941), 253–264.

8. Sur quelques notions fondamentales de l'analyse générale (Thèse, 1941), *J. Math. Pures Appl*. 21(1942), 289–368.

9. Exposé sur le calcul symbolique symbolique de Heaviside, *Revue Sci. (Rev. Rose Illus)* 80(1942), 147–163.

10. Les fonctions asymptotiquement presque–périodiques d'une variable entière et leur application à l'étude de l'itération des transformations continues. *Math. Z*. 48(1942–43), 685–711.

11. Sur le comportement asymptotique des solutions d'équations linéarices aux différences finies du second ordre. *Bull. Soc. Math. France* 70 (1942), 76–96.

12. Une propriété asymptotique des solutions de certaines équations linéaires aux différences finies. *C. R. Acad. Sci. Paris* 216(1943), 169–171.

13. Quelques propriétés caratéristiques des ensembles possédant la propritété des quatre points et des ensembles filiformes. *C. R. Acad. Sci. Prris* 216(1943), 553–555.

14. Nouvelles définitions des ensembles possédant la propriété des quatre points et des ensembles filiformes. *Bull. Sci. Math*. 67(1942), 187–202.

15. Entfernung zweier zufälliger Grössen und die Konvergenz nach Wahrscheinlichkeit. *Math. Z.* 49(1943–44),681–683.

16. Sur l'extension de la formule générale d'interpolation de M. Borel aux fonctions aléatoires. *C. R. Acad. Paris* 218, (1944), 260–262.

17. A propos de la définiton de connexion de Cantor. *Bull. Sci. Math.* 68(1944), 111–116.

18. Un théorème général sur les probabilités associées à un système d'évenements dépendants. *C. R. Acad. Sci. Paris* 218(1944), 380–382.

19. Une définition descriptive de l'intégrale stochastique. *C. R. Acad. Sci. Paris* 218(1944), 953–955.

20. Sur l'approximation et l'intégration des fonctions aléatoires. *Bull. Soc. Math. France* 72(1944), 97–117.

21. Le prolongment des fonctionnelles continues sur un espace semiordonné. *Revue Sci. (Rev. Rose Illus)*82(1944), 131–139.

22. Conditions d'existence de suites illimitées d'évenements correspondent à certaines probabilités données. *Revue Sci. (Rev. Rose Illus)*82(1944), 235–240.

23. Généralisation du théorème de M. Khintchine sur la validité de la loi des grands nombres pour les suites stationaires de variables aléatoires. *C. R. Acad. Sci. Paris* 220(1945), 102–104.

24. Remarques sur un théorème de M. Khintchine. *Bull. Sci. Math.* 69(1945), 81–92.

25. Two mean theorems in Hilbert space. *Proc. Nat. Acad. Sci.*

U.S.A. 31(1945), 417–421.

26. On positive definite sequences. *Ann. of Math*. 47(1946), 593–607.

27. Distributive order–preserving operations in partially ordered vecto sets. *Ann. of Math*. 48(1947), 168–179.(with S. Bochner).

段学复(TUAN Hsio–Fu),国立清华大学理学士(1936),美国普林斯敦大学博士(1943),本所兼任研究员(1946—现在)。

著作目录:

论文:

1. Some Anzahl theorems for groups of primepower order. *J. Chinese Math. Soc*. 2(1940), 313–319. (with Hua Loo–Keng).

2. Determination of the groups of odd–prime–power order p^n which contains a cyclic subgroup of index p^2. *Sci. Reports Tsing-Hua Univ. Ser*. A, 4(1940), 145–154. (with Hua Loo–Keng).

3. On groups whose orders contain a prime number to the first power. *Ann. of Math*. (2)45(1944), 110–140.

4. A note on the replicas of nilpotent matrices. *Bull. Amer. Math. Soc* 51, (1945), 305–312.

5. On algebraic Lie algebras. *Proc. Nat. Acad. Sci. U.S.A*. 31(1945) 195–196.(with Claude Chevalley).

6. On simple groups of finite order. I. *Bull. Amer. Math. Soc*.

51(1945) 756–766.(with Richard Brauer).

胡世桢(HU Sze–Tsen), 国立中央大学理学士(1938), 英国孟哲斯特大学博士(1947), 本所专任副研究员(1947— 现在)。

著作目录:

论文:

1.Concerning the homotopy groups of the components of the mapping space Ys^n *Proc. Nederl. Akad. Wetensch.*, 49(1946), 1025–1931.

2. Homotopy properties of the space of continuous paths. *Portugaliae Math*. 5(1946), 219–231.

3. Inverse homomorphisms of the homotopy sequence. *Nederl. Akad. Wetensch. Proc*. 50(1947), 279–287. *Indagationes Math*. 9(1947), 169–177.

4. On spherical mappings in a metric space. *Ann. of Math*. 48(1947), 717–734.

5. A group multiplication for relative homotopy groups. *J. London Math. Soc*. 22(1947), 61–67.

6. On homotopy and deformation retracts. *Proc. Cambridge Philos. Soc*. 43(1947), 314–320.

7. A theorem on the extension of homotopy. *C. R. (Doklady) Acad. Sci. URSS(N.S.)* 57(1947), 231–234.

8. Archimedean uniform spaces and their natural boundedness. *Portugaliae Math*. 6(1947), 49–56.

9. A new generalization of Borsuk's theory of retracts. *Akad. Wetensch. Proc*. 50(1947).

10. Some homotopy properties of topological groups and homogeneous spaces. *Ann. of Math*. 49(1948), 67–74.

王宪钟(WANG Hsien-Chung), 国立清华大学理学士 (1940), 英国孟哲斯特大学博士(1948), 本所专任副研究员 (1947—现在), 未到职。

著作目录:

论文:

1. On the projective linear elements of a non-holonomic surface. *Acad. Sinica Science Record* 1(1942), 84–86.

2. A projective invariant of a non-holonomic surface. *Ann. of Math*. 44(1943), 562–571.

3. On the projective deformation of a family of elements of contact. *J. Indian Math. Soc*. 7(1943), 51–57.

4. On the paths with Monge's equations of the second degree as conditions of intersection. *Bull. Amer. Math. Soc*. 50(1944), 935–942.

5. Path manifolds in a general space of paths. *J. London Math. Soc*. 21(1946), 134–139.

6. The projective deformation of non-holonomic surfaces. *Duke Math. J*. (1947), 159–166.

7. Finsler spaces whose equations of Killing are completely integrable. *J. London Math. Soc*. 22(1947), 5–9.

王福春(WANG Fu-Traing), 日本东北帝国大学理学士（ 1934),本所兼任研究员(1946—1947)(病故)。

著作目录:

论文:

1. On the summability of Fourier series by Riesz's logarithmic means. *Proc. Imp. Acad. Tôkyo*, 10(1934), 568–569.

2. On the convergence factor of the Fourier–Denjoy series. *Proc. Imp. Acad. Tôkyo*, 10(1934), 53–56.

3. Cesaro summation of the derived Fourier series, *Tôhoku Math. J.*, 39(1934), 107–110.

4. Cesaro summation of the successively derived Fourier series. *Tôhoku Math. J.*, 39(1934), 399–405.

5. On the convergence factor of Fourier–Lebesgue series. *Proc. Imp. Acad. Tôkyo* 10(1934), 299–302.

6. On summability of Fourier series by Riesz's logarithmic means. *Tôhoku Math. J.*, 40(1935), 142–159.

7. On the summability of Fourier series by Riesz's logarithmic means Ⅱ. *Tôhoku Math. J.*, 40(1935), 274–292.

8. On he summability of the derived Fourier series by Riesz's logarithmic means. *Tôhoku Math. J.*,40(1935), 237–240.

9. On the summability of conjugate Fourier series by Riesz's logarithmic means. *Tôhoku Math. J.*,40(1935), 392–397.

10. On the convergence factor of Fourier series at a point. *Tôhoku Math. J.*, 41(1935), 91–108.

11. Some notes on trigonometric series. *Tôhoku Math. J.*, 41(1935), 169–187.

12. On the convergence factor of Fourier series at a point. II. *Sci. Reports Tôhoku Imp. Univ.*, I, s. 24(1936), 665–696.

13. A note on summability of Fourier series. *Sci. Reports Tôhoku Imp. Univ.* I, s. 24(1936), 697–700.

14. Remarks on the summability of Fourier series. Proc. *Phys. Math. Soc. Jap.* III, s. 18(1936), 153–156.

15. A note on the zeroes of Riemann zeta–function. *Proc. Imp. Acad. Tôkyo*, 12(1936), 305–306.

16. A note on the summability of lacunary partial sums of Fourier series. *Quart. J. Math., Oxford Ser.* 12(1941), 57–60.

17. Note on the absolute summability of Fourier series. *J. London Math. Soc.* 16(1941), 174–176.

18. The absolute Cesaro summability of trigonometrical series. *Duke Math. J.*, 9(1942), 567–572.

19. On Riesz summability of Fourier series. *Proc. London Math. Soc.* (2), 47(1942), 308–325.

20. On Riesz summability of Fourier series II. *J. London Math. Soc.*, 17(1942), 98–107.

21. Note on the absolute summability of trigonometrical series. *J. London Math. Soc.* 17(1942), 133–136.

22. Some results on Riesz's summability of Fourier series. *Acad. Sinica Science Record* 1(1942), 42–44.

23. A note on Cesaro summability of Fourier series. *Ann. of Math*. (2), 44(1943), 397–400.

24. On the summability of Fourier series by Riesz's typical means. *J. London Math. Soc*., 18(1943),155–160.

25. On Strong summability of Fourier series. Bull. Amer. Math. Soc., 50(1944), 412–416.

26. A note on Riesz summability of the type $e^{n a}$ *Bull. Amer. Math. Soc*. 50(1944), 417–419.

27. On Riesz summability of Fourier series by exponential means. *Bull. Amer. Math. Soc*. 50(1944),420–424.

28. Some remarks on oscillating series. *Quart. J. Math., Oxford Ser*. 15(1944), 1–6.

29. A convergence criterion for a Fourier series. *Duke Math. J*., 11(1944), 435–439.

30. A note on strong summability of Fourier series. *Anais Acad. Brasil. Ci*., 16(1944), 149–152.

31. A formula on Riemann zeta function. *Ann. of Math*., (2), 46(1945), 88–92.

32. Strong summability of Fourier series. *Duke Math. J*., 12(1945), 77–87.

33. Note on H_2 summability of Fourier series. *J. London Math. Soc*., 19(1944), 208–209.

34. A note on the Riemann zeta–function. *Bull. Amer. Math. Soc*., 52(1946), 319–321.

35. Some results of summability of a Fourier series. *Acad. Sinica Science Record* 1(1945), 306–307.

36. A mean–value theorem of the Riemann zeta function. *Quart. J. Math., Oxford Ser.* 18(1947), 1–3.

张 素 诚(CHANG Su–Cheng), 国 立 浙 江 大 学 理 学 士 (1939), 本所助理研究员(1946—1947)(出国进修)。

著作目录：

论文：

1. On the point of inflexion of a plane curve. *Duke Math. J.* 9, (1942). 823–832.

2. On the singularity S_1^m of a plane curve. *Duke Math. J.* 9(1942), 833–845.

3. Some theorems on ruled surfaces. *Acad. Sinica Science Record* 1(1942), 75–78.

4. On the quadric of Lie. *Bull. Amer. Math. Soc.* 49(1943), 257–261.

5. On the surfaces of coincidence. *Bull. Amer. Math. Soc.* 49, (1943), 900–903.

6. On the quadric associated with a point on a surface. *Bull. Amer. Math. Soc.* 50(1944), 926–930.

7. A generalisation of quadrics of Moutard. *Acad. Sinica Science Record* 1(1945), 337–340.

8. A generalisation of sextactic points of a plane curve. *Duke*

Math. J. 12(1945), 275–278.

9. A new foundation of the projective differential theory of curves in five dimensional space. *Trans. Amer. Math. Soc.* 59(1946), 132–165.

10. Contributions to projective theory of singular points of space curves. *Trans. Amer. Math. Soc.* 61(1947), 369–377.

吴文俊(Wu Wen–Tsun),国立交通大学理学士(1940),本所助理员(1946—1947)(出国进修)。

著作目录:

论文:

1. Note sur les produits essentiels symétriques des espaces topologiques. *C. R. Acad. Sci. Paris* 224(1947), 1139–1141.

ABBREVIATIONS

Academia Sinica Science Record=Acad. Sinica Science Record

Annals of Mathematics=Ann. of Math.

Annals of Eugenics=Ann. Eugenics

Annals of Mathematical Statistics=Ann. Math. Statistics

Annali di Mathematica Pura ed Applicata=Ann. Mat. Pura Appl.

American Journal of Mathematics=Amer. J. Math.

Anais da Academia Brasilura de Ciencias=Anais Acad. Brasil. Ci.

Bulletin of American Mathematical Society=Bull. Amer. Math. Soc.

Bulletin des Sciences Mathematiques=Bull. Sci. Math.

Bulletin de la Societe Royale Scientifique de Liege=Bull. Soc. Roy. Sci., Liege

Bulletin de la Societe Mathematiques de France=Bull. Soc. Math., France

Biometrika=Biometrika

Bolletino della Unione Matematica Italiana=Boll. Un. Mat. Ital.

Bulletin of Calcutta Mathematical Society=Bull. Calcutta Math. Soc.

Comptus Rendus de 1'Academie des Sciences a Paris=C. R. Acad. Sci. Paris

Compositio Mathematica=Compositio Math.

Comptus Rendus(Doklady)de 1'Academie des Sciences, USSR.=C. R. (Doklady) Acad. Sci., URSS.(N.S.)

Chinese Journal of Physics=Chinese J. Phys.

Duke Mathematical Journal=Duke Math. J.

Hamburger Abhandlungen=Abh. Math. Semin. Hamburg

Journal of Chinese Mathematical Society=J. Chinese Math. Soc.

Journal of Indian Mathematical Society=J. Indian Math. Soc.

Journal of London Mathematical Society=J. London Math. Soc.

Journal of Mathematics and physics, Massachusetts Institute of Techndogy=MIT J. Math. Phys.

Journal of the University of Yunnan=J. Univ. Yunnan

Japanese Journal of Mathematics=Japanese J. Math.

Journal de Mathematiques pures et appliquees=J. Math. Pures Appl.

Koninklijke Akademie van Wetenschappen Te Amsterdam, Proceedings of the Section of Sciences=Neder1. Akad. Wetensch., Proc.

Indagationes Mathematicae=Indagationes Math.

La Revue Scientifique=Revue Sci.(Rev. Rose Illus.)

Mathematische Annalen=Math. Ann.

Mathematische Zeitschrift=Math. Z.

Memoires de l'Academie Pontificale des Sciences=Acta Pontif. Acad. Sci.

Proceedings of London Mathematical Society=Proc. London Math. Soc.

Proceedings of National Academy of Sciences U.S.A.=Proc. Nat. Acad. Sci. U.S.A.

Proceedings of the Physico Mathematical Society of Japan=Proc. Phys. Math. Soc. Japan

Proceedings of the Imperial Academy, Tôkyo=Proc. Imp. Acad. Tôkyo

Proceedings of Cambridge Philosophical Society=Proc. Cambridge Philoso. Soc.

Proceedings of Edinburgh Mathematical Society.=Proc. Edinburgh Math. Soc.

Proceedings of the Royal Society of Edinburgh=Proc. Roy. Soc. Edinburgh

Portugaliae Mathematice=Portugaiae Math.

Quarterly Journal of Mathematics Oxford Series=Quart. J.

Math. Oxford Ser.

Revista, Universidad Nacional de Tucuman, Rep. Argentina=
Uni. Nac. Tucuman, Revista A.

Statistical Research Memoirs=Stat. Res. Mem.

Sankhya=Sankhya

Science Reports of Tsing–Hua University=Sci. Reports Tsing–
Hua Univ.

Science Reports of National University of Chekiang=Sci.
Reports Chekiang Univ.

Science Reports of Tôhoku Imperrial University=Sci. Reports
Tôhoku Imp. Univ.

Science Quarterly of National Peking University=Sci. Quarterly
Peking Univ.

Transactions of American Mathematical Society=Trans. Amer.
Math. Soc.

Tôhoku Mathematical Journal=Tôhoku Math. J.

Tôkyo Butsuri Gakko Zassi=Tôkyo Butsuri Gakko Zassi.

Wuhan University, Journal of Sciences=Wuhan Univ. J. Sci.

二 天文研究所

（一）概况

沿革 民国十六年四月，国民政府教育行政委员会附设时政委员会，以司观象授时之工作。十月，时政委员会改为观象台筹备处，附设于大学院内中央研究院。十七年春，中央研究院独立后，改观象台筹备处天文组为天文研究所，首由高鲁任所长。十八年秋，高氏出国，由余青松继之。三十年春，余氏辞职，由张钰哲任所长，以至于今。

观象台筹备委员会时代，本所暂设大学院内。后接收南京鼓楼公园，改称鼓楼测候所，备气象组观测之用，惟该组尚未迁入，委员会即已改组。气象组嗣改为气象研究所，设于北极阁，本所遂设于鼓楼。

南京紫金山天文台自民国十八年十月十一日开始测量路线，自行设计并招标兴建，至二十三年底全部落成。民国二十六年抗战军兴，本所先迁湖南南岳，历四月复迁云南昆明；二十七年四月二十五日抵昆明，设办事处于小东城脚二十号，立即计划建天文台于昆明东郊羊方凹村凤凰山上。二十七年十一月八日兴工，翌年七月落成，本所乃迁入该台。

三十四年胜利后，本所奉命还都，翌年五月二十八日离昆经渝返京，十月一日正式在京恢复工作。

设备　本所现有天文台二处,即南京紫金山天文台与昆明凤凰山天文台是也。紫金山天文台分天文台本部(二十四寸赤道仪、图书室、研究室、机器间、会客室、办公室等)、子午仪室、赤道仪室、变星仪室、大小宿舍、传达室、马达间、变压器间等。凤凰山天文台有办公室、双星仪室、太阳分光仪室、图书室、会客室等,外有宿舍一座;本所复员之后,该台改与国立云南大学合作。

本所图书,多系西文,凡属于天文学,殆均齐备;他与天文学有关者,亦复不少。至于杂志,凡国外重要天文杂志,本所均备,且有整套杂志不少。星表星图亦多齐备。此类图书于抗战期间,全部陈设于凤凰山天文台,今则列于紫金山天文台图书室内。中文书籍,抗战时未及全部内迁,故现存者仅极有价值之版本而已。

本所仪器大概如下:

(1)八寸径折光赤道仪,德国蔡司公司制,十九年五月订购,价约五万五千马克。十九年底运抵上海,翌年一月始运至首都,先装在鼓楼,后装于紫金山天文台。抗战期间,镜面钟机及另件装箱均运昆,现已从新装配于紫金山天文台,已可供观测之用。

(2)海尔式太阳分光仪,系美国 Howell and Sherburne 制,由威尔逊山天文台代购,并代校正。十九年四月订购,价约美金二千元,九月运到,十二月开始观测。抗战期间,装于凤凰山天文台,现仍留在该台使用。

(3)二十四寸返光赤道仪,德国蔡司公司制,附石英分光镜一具及观测升降机一具,价计十二万六千余马克。十九年十月订购,二十二年六月二日运到。抗战期中,仅将镜面及附件运赴后方,现正由中华科学仪器制造所负责修配,不久亦可修复。

（4）变星仪系美国哈佛大学天文台代购,并代校正。十九年四月订购,价美金两千四百六十余元,二十二年春运到。现留供凤凰山天文台观测之用。

（5）子午仪系瑞士物理仪器工厂制,十九年一月订购,价约八万七千瑞士佛郎,内附印字记时器及水准较验器。二十一年九月运到,二十六年抗战军兴,未及装箱内运,现已遗失;今子午仪室内,装设国防部测量局之子午仪。

（6）他如天文钟、罗氏光度计、闪视镜等,则均略有损坏,正在设法修配中。

工作 本所工作分为:观测天体方位,以从事理论天文学之研究及观测天体形态、光度、光谱,以从事天体物理学之研究。此类观测,已见实行者,如变星、流彗、黑子,民国二十五年及三十年之日食等皆是。编历工作,除每年代教育、内政两部编纂国历摘要及国民历外,并编算天文年历以供航海、测地、航空之用。授时工作,除担任首都标准时之广播外,更计划播发时号。经纬度已测定者有南京、昆明、临洮等地。关于天文学图书之编纂,可参阅本所研究人员之著作表,他如答复政府及社会对于天文问题之咨询,年必有数十件。

本所复员至今,注全力于南京紫金山天文台之恢复,现略已就绪。今后工作除编历授时之外,更拟恢复二十四寸与八寸赤道仪之观测工作,然后再谋发展昆明凤凰山天文台。

（二）现职人员

专任研究员兼所长　　张钰哲

专任研究员　　　　　陈遵妫　程茂兰 *

兼任研究员　　　　　周培源　吴大猷　王士魁　李　珩

通信研究员　　　　　余青松　高　均　潘　璞　张　云

　　　　　　　　　　　赵进义

助理研究员　　　　　龚树模

助理员　　　　　　　王鸿升　陈　彪

* 未到职

（三）研究人员著作目录

张钰哲（ Yu-Che CHANG ）,美国芝加哥（ Chicago ）大学博士（ 1929 ）;本所通信研究员（ 1927—1940 ）,专任研究员兼所长（ 1941 年 1 月—现在 ）。

著作目录:

专书:

1. 天文学论丛 . 商务印书馆,民国 22 年 .

2. 地球之天体观 . 钟山书局,民国 22 年 .

3. 白拉喜尔自传 . 商务印书馆,民国 26 年 .

4. 宇宙丛谈 . 正中书局,民国 34 年 .

论文:

1. On supposed indentity of comet Reimuth(1922a) and

Taylor's comet(1916). *Astronomical Journal*, 38(1928), 156.

2. New elements of comet Stearns(1927d). *Astronomical Journal*, 38(1928), 124.

3. Spetroscopic study of the visual binary systems ξ Herculis and β Delphini. *Astrophysical Journal*, 68(1928), 319.

4. Observations of asteroids at the Yerkes Observatory. *Astronomical Journal*, 39(1928), 12.

5. Photographic observations of comets. *Astronomical Journal*, 39(1928), 150.

6. Spectroscopic study of the visual binary systems 51 ξ Scorpii and 2^u Coronae Borealis. *Astrophysical Journal*, 70(1929), 102.

7. A study of the orientation of the orbit planes of 16 visual binaries having determinate inclinations. *Astronomical Journal*, 40(1929), 11.

8. The total light of the solar corona of September 21, 1941. *Astrophysical Journal*, 96(1942), 421.

9. Solar eclipse observed in China under the shadow of Japanese bombers. *Popular Astronomy*, 50(1942), 198.

10. New orbit of comet 1941c Dekock—Paraskevopoulus. *Astronomical Journal*, 51(1944), 51.

11. Solar apex derived from the proper motions in Boss General Catalogue of 33342 Stars. *Astronomical Journal*, 51(1944), 51.

12. Chang—Hen, a Chinese contemporary of ptolemy. *Popular Astronomy*, 53(1945), 122.

13. Velocity–curve of the new eclipsing variable BD–6° 2376. *Astrophysical Journal*, 106(1947). 308.

14. Spectrographic observation of the eclipsing binaries of the W Ursae Majoris type, AH Virginis and TZ Bootis. *Astrophysical Journal*, 107(1948), 96.

15. 斜度确定的变星轨道平面之统计研究．中国天文学会会报：第 6 期．民国 18 年．

16. 宇宙发刊辞．宇宙：第 1 卷第 1 号．民国 19 年 7 月．

17. 㿟粉之世界欤．宇宙：第 1 卷第 3 号．民国 19 年 9 月．

18. 变星轨道之图解测定法．中国天文学会会报：第 8 期．民国 20 年．

19. 泰西天文家列传．宇宙：第 3 卷第 1–12 号．民国 21 年 7 月至 22 年 6 月．

20. 蚀变星根数计算法．天文台两月刊：第 4 卷第 1 期．民国 22 年 2 月．

21. 返光远镜之镜面测验法．宇宙：第 4 卷第 9 号．民国 23 年 3 月．

22. 宇宙之扩张．宇宙：第 5 卷第 12 号．民国 24 年 6 月．

23. 银河系之自转．宇宙：第 6 卷第 9–10 号．民国 25 年 3–4 月．

24. 伯力队观测日食报告．宇宙：第 7 卷第 3 号．民国 25 年 9 月（与李珩合作）．

25. 宇宙有否尽头．宇宙：第 7 卷第 6 号．民国 25 年 12 月．

26. 星空的薄雾宇宙：第 7 卷第 8 号．民国 26 年 2 月．

27. 万有引力定律之估价．宇宙：9 卷第 7 号．民国 28 年 1 月．

28. 临洮观测日食之经过.宇宙:第 12 卷第 1–6 号.民国 30 年 7–12 月.

29. 民国三十年九月廿一日日全食之日冕全亮度.宇宙:第 13 卷第 1–3 号.民国 31 年 7–9 月(与李国鼎合作).

30. 民国三十七年五月九日日食之推算.宇宙:第 14 卷第 4–6 号.民国 32 年 10–12 月(与陈遵妫合作).

31. 彗星 1941c Dekock-Paraskevopoulos 之新轨道.宇宙:第 14 卷第 4–6 号.民国 32 年 10–12 月(与李鉴澄合作).

32. 太阳在星空之行动.宇宙:第 14 卷第 7–9 号.民国 33 年 1–3 月.

33. 恒星空间之分布.宇宙:第 14 卷第 10–12 号.民国 33 年 4–6 月.

34. 旋转银河系中之球状星团.宇宙:第 15 卷第 1–3 号民国 34 年 1–3 月.

35. 手创五天文台之海鲁氏.宇宙:第 16 卷第 1–3 号.民国 35 年 1–3 月.

36. 中国古代天文鸟瞰.宇宙:第 16 卷第 4–6 号.民国 35 年 4–6 月.

(尚有论文散见其他报章杂志)

陈遵妫(Tsun-Kwei CHEN),日本东京文理科大学校,1926 年 3 月毕业;本所专任研究员 [①](1927 年 10 月—1932 年 6 月, 1933 年 9 月—1935 年 6 月),副研究员(1935 年 7 月—

---

① 疑为"研究生"。

1939 年 12 月），专任研究员（1940 年 1 月—现在）。

著作目录：

专著：

1. 流星论．天文研究所，民国 10 年．

2. 宇宙壮观（五册）商务印书馆，民国 23 年．

3. 星体图说．国立编译馆，民国 23 年．

4. 民国二十五年六月十九日日全食．天文研究所，民国 24 年．

5. 天文家名人传（二册）商务印书馆，民国 25 年．

6. 恒星图表．商务印书馆，民国 26 年．

7. 夫罗斯特传．商务印书馆，民国 26 年．

8. 天文学概论．商务印书馆，民国 28 年．

9. 天文学纲要．中华书局，民国 28 年．

10. 军用普通天文学．国立编译馆，民国 29 年．

11. 民国三十年九月二十一日日全食．天文研究所，民国 29 年（与李珩合作）．

12. 日食简说．正中书局，民国 30 年．

13. 天文学（大学用书）．交通书局，民国 32 年．

14. 天文．中国文化服务社，民国 34 年．

15. 民国三十七年五月九日日环食．天文研究所，民国 36 年（与李珩合作）．

论文：

1. 虞书之研究．中国天文学会会报：第 3 期．民国 15 年．

2. 改历案之分类及其比较．中国天文学会会报：第 5 期．民国 17 年．

3. 谈食 . 中国天文学会会报：第 6 期 . 民国 18 年 .

4. 未知行星的发现 . 宇宙：第 1 卷第 8 号 . 民国 19 年 10 月 .

5. 国际历法 . 宇宙：第 1 卷第 6 号 . 民国 19 年 12 月 .

6. 爱神星 . 宇宙：第 1 卷第 7 号 . 民国 20 年 1 月 .

7. 因格(Encke)彗 . 宇宙：第 1 卷第 11 号 . 民国 20 年 5 月 .

8. 彗星之统计的研究 . 中国天文学会会报：第 8 期 . 民国 20 年 .

9. 我国改历意见之统计 . 中国天文学会会报：第 8 期 . 民国 20 年 .

10. 一等星谈 . 宇宙：第 1 卷第 1–12 号 . 民国 20 年 7 月至 21 年 6 月 .

11. 纪法速算法 . 宇宙：第 2 卷第 4 号 . 民国 20 年 10 月 .

12. 我国今年之陨星 . 宇宙：第 2 卷第 6 号 . 民国 20 年 12 月 .

13. 狮子座流星群 . 宇宙：第 2 卷第 10 号 . 民国 21 年 4 月 .

14. 星体之分光 . 宇宙：第 3 卷第 1 号 . 民国 21 年 7 月 .

15. 狮子座流星群观测谈 . 宇宙：第 3 卷第 7 号 . 民国 22 年 1 月 .

16. 星品 . 宇宙：第 4 卷第 3 号 . 民国 22 年 9 月 .

17. 流星 . 宇宙：第 4 卷第 7 号 . 民国 23 年 1 月 .

18. 上年十月二十三日大流星 . 宇宙：第 4 卷第 7 号 . 民国 23 年 1 月 .

19. 双星研究漫谈 . 宇宙：第 5 卷第 2，4，5，8 号 . 民国 23 年 7，10，11 月；24 年 2 月 .

20. 柱二(毕宿属)宇宙：第 5 卷第 3 号 . 民国 23 年 9 月 .

21. 民国二十五年六月十九日之日全食 . 宇宙：第 5 卷第

7号. 民国 24 年 1 月.

22. 武仙座新星. 宇宙:第 5 卷第 11,12 号. 民国 24 年 5—6 月.

23. 天文学之实用. 宇宙:第 6 卷第 3 号. 民国 24 年 9 月.

24. 流星出现数之变化. 宇宙:第 6 卷第 11 号. 民国 25 年 5 月.

25. 新星之初步研究. 宇宙:第 7 卷第 1 号. 民国 25 年 7 月.

26. 北海道队日食观测报告. 宇宙:第 7 卷第 3 号. 民国 25 年 9 月(与余青松合作).

27. 流星摄影. 宇宙:第 7 卷第 7 号. 民国 26 年 1 月.

28. 恒星演化论. 宇宙:第 7 卷第 9 号. 民国 26 年 3 月.

29. 水星凌日. 宇宙:第 7 卷第 11 号. 民国 26 年 5 月.

30. 孔子诞日问题. 宇宙:第 7 卷第 12 号. 民国 26 年 6 月.

31 民国元年以来天文学索引. 宇宙:第 8 卷第 1,2 号. 民国 26 年 7—8 月.

32. 观测日食的问题. 宇宙:第 8 卷第 2 号. 民国 26 年 8 月.

33. 本星系. 宇宙:第 8 卷第 11,12 号. 民国 27 年 5—6 月.

34. 宇宙探索. 宇宙:第 9 卷第 2 号. 民国 27 年 8 月.

35. 小行星之群与族. 宇宙:第 9 卷第 5 号. 民国 27 年 11 月.

36. 新星视差. 宇宙:第 9 卷第 8 号. 民国 28 年 2 月.

37. 行星状星云. 宇宙:第 9 卷第 11 号. 民国 28 年 5 月.

38. 双星仪观测之统计. 宇宙:第 9 卷第 12 号. 民国 28 年 6 月.

39. 布朗传略. 宇宙:第 9 卷第 12 号. 民国 28 年 6 月.

40. 中国标准时区.宇宙:第10卷第1号.民国28年7月.

41. 临洮之经纬度.宇宙:第13卷第1—3号.民国31年7—9月(与李珩,龙树模合作).

42. 民国三十七年五月九日日食之推算.宇宙:第14卷第4—6号.民国32年10—12月(与张钰哲合作).

43. 中国天文学史初论.宇宙:第15卷第1—3号.民国34年1—3月.

44. 与彗星相关联之流星群.宇宙:第15卷第4—6号.民国34年4—6月.

45. 前汉流彗纪事.宇宙:第15卷第7—9号.民国34年7—9月.

46. 双星.宇宙:第16卷第10—12号.民国35年10—12月.

47. 星座神话.东方杂志:第39—40卷.

48. 孔子诞生问题.东方杂志:第40卷.

49. 三十年来之中国天文工作.科学:第29卷第8期.民国36年8月.

(尚有论文散见其他杂志报章)

周培源(Pei-Yuan CHOU).美国加省理工大学博士(1928);本所兼任研究员(1943年1月—现在)。

著作目录:

论文:

1. A theorem on algebraic quadratic forms and its application in the general theory of relativety. *American Math. Mon.*, Vol.

35(1928).

2. A new derivation of the Lorentz transformation. *Annals of Math.*, (1928).

3. The graviational field of a body with rotational symmetry in Einstein's theory of gravitation. *Amer. Jour. of Math.*, Voll. 53, (1931).

4. A relativistic theory of the expanding universe. *Chinese Journal of Physics*, Vol. 1, (1935).

5. Isotropic static solution of the field equation in Einstein's theory of gravitation. *American Journal of Mathematics*, Vol. 59,(1937) p. 754.

6. On the foundations of Friedmann Universe. *Chinese Journal of Physics*, Vol. 3(1939)p. 76.

7. On the spherical symmetry of space and the explanation of the foundations of Friedmann Universe. (1939).

8. On the method of finding isotropic static solutions of Einstein's field equation of gravitation. *American Journal of Mathematics*. Vol. 62(1940) p. 43.

9. On an extension of Reynolds Method of finding apparent stress and the nature of turbulence. *Chinese Journal of Physics*. Vol. 4(1940).

10. On velocity correlations and the solutions of the equations of turbulent fluctuation. *Quarterly of Applied Math.*, Vol. 3, (1945).

11. Pressure flow of a turbulent fluid between two infinite

parallel planes. *Quarterly Applied Math.*, Vol. 3, (1945).

吴大猷(Ta-You WU), 美国米歇根大学博士(1933), 本所兼任研究员(1943 年 1 月—现在)。

著作目录：

专书：

1. Vibrational spectra and structure of polyatomic molecules. 1st edition, National University of Peking Press, (1939); 2nd edition, Edward Bros., Ann Arbor, U.S.A., (1946).

论文：

1. Low states of the heaviest elements. *Phys. Rev.*, 43(1933), 496.

2. Characteristic values of the two minima problem and quantum defects of the f states of heavy atoms. *Phys. Rev.*, 44(1933), 727.

3. Harmonic and combination bands in CO_2. *Phys. Rev.*, 45(1934), 1.

4. Periodic unequal potential minima and torsion oscillation of molecules. *Phys. Rev.*, 45(1934), 533.

5. Disintegration of Li by protons and deutons. *Phys. Rev.*, (1934), 553.

6. Remark on the energy distribution of neutrons from fluorine. *Phys. Rev.*, (1934), 846.

7. Energy states of doubly excited helium. *Phys. Rev.*, 46(1934), 239；48(1935), 917.

8. Note on the spectrum of the corona. *Astrophys. Jour.*, 80(1934), 154.

9. Infrared spectra of the chlorine derivatives of ethylene. *Phys. Rev.*, 46(1934), 465.

10. Absorption spectrum of trivalent cerium salts. *Chin. Jour. Phys.*, 2(1935), 10.

11. Note on the Stark effect of alkali metal atoms. *Chin. Jour. Phys.*, 2(1935), 15.

12. Note on the form of the nitrous oxide molecule. *Jour. Chin. Chem. Soc.*, 4(1935), 340.

13. Variational wave functions of doubly excited helium. *Jour. Chin. Chem. Soc.*, 1(1936), 344.

14. Depolarization of Raman lines of tetrachlorethylene. *Jour. Chin. Chem. Soc.*, 5(1936), 402.

15. Estimates of electron affinities of He, Li ane F. *Philosophical Manazine*, 22(1936), 837.

16. Attempt to observe the spectrum of doubly excited helium. *Phys. Rev.*, 50(1936), 637.

17. Attempt to observe the spectrum of doubly excited helium. *Chin. Jour. Phys.*, 2(1936), 117.

18. On the force constants and fundamental vibrations of diacetylene. *Chin. Jour. Phys.*, 2(1936), 128.

19. Depolarization of Raman lines and structure of chlorate, bromate and iodate ions. *Phys. Rev.*, 51(1937), 235.

20. On the fundamental frequencies of CH_2, CHD, CD_2, CHCl, CDCl, cis and trans $C_2H_2D_2$, and $C_2H_2Cl_2$. *Jour. of Chem. Phys.*, 5(1937),392.

21. On the assignment of the ν_{2ns} and δ_{ns} frequencies in ethylene. *Jour. Chem. Phys.*, 5(1937), 660.

22. Raman effect of benzene and isotope effect. *Jour. Chem. Phys.*, 6(1938), 8.

23. Potential function of acetylene molecule, I . *Jour. Chem. Phys.*, 7(1939), 178.

24. Vibrational spectra of 1, 2-dihalogen derivatives of ethane and the question of internal rotation. *Jour. Chem. Phys.*, 7(1939), 926.

25. Potential function of acetylene molecule, II *Jour. Chem. Phys.*, 8(1940), 489.

26. On satellite lines in atomic spectra and excitation of electrons from closed shells. *Phys. Rev.*, 58(1940), 1114.

27. Coriolis perturbations and molecular dimensions in Germane GeH_4. *Jour. Chem. Phys.*, 9(1941), 195.

28. Systematics in the vibrational spectra of the halogen derivatives of methane. *Jour. Chem. Phys.*, 10(1942), 116.

29. Excitation processes in the night sky and the aurora. *Proc. Indian Acad. Sc.*, A18(1943), 40.

30. On Marie and Hulburt's ultraviolet light theory of aurora and magnetic storms. *Proc. Indian Acad. Sc.*, A18(1943), 345.

31. On the existance of atomic nitrogen in the upper atmosphere

of the earth. *Phys. Rev.*, 66(1944), 65.

32. Autoionization in doubly excited helium and the λ 320.4 and λ 357.5 lines. *Phys. Rev.* 66(1944), 291.

33. Variational energies of anomalous states in the 2- and 3-electron configurations of the light atoms. *Chin. Jour. Phys.*, 5(1944), 160.

34. Probabilities of excitation and ionization of atoms by electron impact. *Chin. Jour. Phys.*, 5(1944), 162.

35. Raman spectrum of $Ni(NO_3)_2 6NH_3$ Crystal: effect of crystal field on the nitrate NO_3 ion. *Chin. Jour. Phys.*, 5(1944), 180.

36. Recombination processes in the E-layer of the ionosphere. *Terrestrial Magnetism*, 50(1945), 57.

37. Continuous absorption bands of alkali atoms in the presence of foreign gases: remark on Chen's paper. *Chin. Jour. Phys.*, 6(1945).

38. Hylleraasian wave function of $2s^2$ ^1s of He. *Chin. Jour. Phys.*, 6(1945).

39. Excitation of molecular vibration by electrons. *Phys. Rev.*, 71(1947), 111.

40. Proton-neutron and proton-proton scatterings at 100,150,200 Mev. And the nucleon interaction potential, to appear in the *Phys. Rev.*

41. Elastic and inelastic scatterings of 100-200 Mev. Protons or neutrons by deuterons, to appear in the *Phys. Rev.*

王士魁 法国里昂大学理学院(1933 年 10 月),法国里昂大学天文台博士(1937 年 7 月);本所兼任研究员(1946 年 5 月—现在)。

著作目录：

论文：

1. Sur la repartition des erreurs d'angle. *Journal des géometres*, (1930).

2. Brillance du ciel et lumièrs de toutes les étoiles. *Journal des Observateur*(Marseilles), (1935).

3. Absorption et diffusion interstellaire. *Comptes Rendus, Academic Sciences, Paris*, (1935).

4. Absorption selective dans la voie lactée. *Congres des Soiétés Savantes*(Monpellier, (1936).

5. Recherches sur la diffusion dans la galaxie. *Bulletin de l'observatoire de Lyon*, (1936).

6. Diffusion successives dans l'espace. *Comptes Rendus, Academie Sciences, Paris*, (1936).

7. Sur une application des équations intégrales *National Yunan University*, (1938).

李珩(Lihen),华西大学 1923 年 6 月毕业,法国巴黎大学 1928 年 7 月硕士,法国巴黎天文台 1933 年 6 月国家理学博士;本所专任研究员(1941 年 1 月—1941 年 11 月),(1947 年 1 月—1947 年 10 月),兼任研究员(1947 年 11 月—现在)。

著作目录：

专书：

1. 理论力学纲要（大学丛书）. 商务印书馆, 民国 27 年（与严济慈合译）.

2. 科学与科学思想发展史. 商务印书馆, 民国 35 年（与任鸿隽, 吴学周合译）.

论文：

1. Sur quelques propriétés statistiques des céphéides. *Comptes Rendus*, Vol 195, (1932), p. 601.

2. Recherches statistiques sur les céphéides. *Doctor's Dissertation, Paris Observatory*, 1932.

3. 由 B 型星研究银河系之自转与构造（原文系法文, 中文节略载科学 Vol.19 No.7）. 民国 24 年.

4. 造父变星光度周期律之理论的探讨. 中国物理学会年会论文. 民国 31 年.

5. 游子在电磁场中运动的几个特殊情形. 中国物理学会年会论文. 民国 32 年.

6. 造父变星之周期与绝对光度之关系及此关系之零点的断定法. 天文台两月刊：第 5 卷第 1 期. 民国 23 年 2 月.

7. 蚀变星 Zeta Aurigae 之研究. 天文台两月刊：第 6 卷第 5 期. 民国 24 年 10 月.

8. 天文学进步之数字表示. 宇宙：第 6 卷第 5 号. 民国 24 年 11 月.

9. 星际航行学. 宇宙：第 6 卷第 8 号. 民国 25 年 2 月.

10. 伯力队观测日食报告 . 宇宙 : 第 7 卷第 3 号 . 民国 25 年 9 月（与张钰哲合作）.

11. 日冕 . 宇宙 : 第 7 卷第 5 号 . 民国 25 年 11 月 .

12. 超新星 . 宇宙 : 第 7 卷第 7 号 . 民国 26 年 1 月 .

13. 误差与真实 . 宇宙 : 第 7 卷第 10 号 . 民国 26 年 4 月 .

14. 以造父变星之空间速度研究银河系之自转 . 宇宙 : 第 8 卷第 5–6 号 . 民国 26 年 11–12 月 .

15. Peltier–Whipple（1932K）彗星之轨道根数 . 宇宙 : 第 8 卷第 5–6 号 . 民国 26 年 11–12 月 .

16. 造父变星 RT Aurigae 之平均光曲线 . 宇宙 : 第 8 卷第 5–6 号 . 民国 26 年 11–12 月 .

17. 银河系测度之演进 . 宇宙 : 第 9 卷第 4 号 民国 27 年 10 月 .

18. 星云演进中之危险时期 . 宇宙 : 第 9 卷第 9 号 . 民国 28 年 3 月 .

19. 太阳亦如土星之有光环乎 . 宇宙 : 第 9 卷第 12 号 . 民国 28 年 6 月 .

20. 地平镜装置中日像方位之讨论 . 宇宙 : 第 13 卷第 1–3 号 . 民国 31 年 7–9 月（与龚树模合作）.

21. 临洮之经纬度 . 宇宙 : 第 13 卷第 1–3 号 . 民国 31 年 7–9 月（与陈遵妫, 龚树模合作）.

22. 民国三十年日全食计算之讨论 . 宇宙 : 第 13 卷第 7–12 号 . 民国 32 年 1–6 月 .

23. 从牛顿到爱因斯坦 . 宇宙 : 第 14 卷第 1–3 号 . 民国

32 年 7–9 月 .

24. 新时代之曙光 . 宇宙 : 第 14 卷第 10–12 号 . 民国 33 年 4–6 月 .

25. 格林维基天文台 . 宇宙 : 第 16 卷第 4–6 号 . 民国 35 年 4–6 月 .

（尚有其他论文散见各种报章杂志）

龚树模(S. M. KUNG)，上海大同大学 1936 年 6 月毕业；本所练习助理员(1936 年 8 月—1937 年 6 月)，助理员(1937 年 7 月—1937 年 10 月),(1939 年 1 月—1944 年 12 月)，助理研究员（ 1945 年 1 月—现在)。

著作目录：

论文：

1. 木卫 . 宇宙 : 第 8 卷第 4 号 . 民国 28 年 10 月 .

2. 地平镜装置中日像方位之讨论 . 宇宙 : 第 13 卷第 1–2 号 . 民国 31 年 7 月 –9 月 .

3. 临洮之经纬度 . 宇宙 : 第 13 卷第 1–3 号 . 民国 31 年 7–9 月 .

4. 初定昆明凤凰山天文台经纬度报告 . 宇宙 : 第 13 卷第 4–6 号 . 民国 31 年 10 月 –12 月 .

5. 定星镜定天镜地平镜之设置 . 宇宙 : 第 13 卷第 7–12 号 . 民国 32 年 1–6 月 .

6. 新星及其辉线轮廓之解释 . 宇宙 : 第 14 卷第 10–12 号 . 民国 33 年 4–6 月 .

7. 定天镜极轴之微分法校正 . 宇宙 : 第 14 卷第 10–12

号. 民国 33 年 4–6 月.

余青松(C. S. YU), 美国里海大学土木工程系, 比斯堡大学理科, 美国加省大学哲学博士(1923); 曾任本所所长(1929 年 7 月—1940 年 12 月), 专任研究员,(1941 年 1 月—1941 年 12 月), 通讯研究员(1942 年 1 月—现在)。

著作目录:

论文:

1. Light curve and orbit of CG Cygni. *Astronomical Journal*, Vol. 58, (1924), p.75.

2. Elements and ephemeris of minor planet 1923. *Lick Observatory Bulletin*, Vol. 11, (1923).

3. On the continuous hydrogen absorption in spectra of class A stars. *Lick Observatory Bulletin*, No.375,(1926), p. 104.

4. A Proposed spectroscopic method for determining the absolute luminosities of class A stars. *Lick Observatory Bulletin*, No. 380,(1926), p. 155.

5. On the spectral changes in S Geminorium. *Pub. of the Astro. Soc. of the Pacific*. Vol. 36, (1926),p. 357.

6. General absorption in the spectrum of P Cygni. *Pub. of the Astro. Soc. of the Pacific*, Vol. 39,(1927), p. 112.

7. Spectroscopie parallax of class A stars. *Pub. of the Astro. Soc. of the Pacific*, Vol. 39, (1927), p.60

8. A Photometric study of stellar spectra. *Lick Observatory*

Bulletin, Vol. 15, (1930).

9. The National Research Institute of Astronomy of China. *Pub. of the Astro. Soc. of the Pacific*, 42(1930) 303.

10. 恒星光谱明线的来源. 中国天文学会会报：第6期. 民国18年.

11. 星体的运动. 宇宙：第2卷第12号. 民国21年6月.

12. 宇宙的构造. 宇宙：第11卷第7–8号. 民国30年1–2月.

高均(KAO Kium)，震旦大学理科学士，佘山天文台天文研究生；曾任本所专任研究员(1928年7月—1937年12月)，通讯研究员(1939年2月—现在)。

著作目录：

专书：

1. 太阴图说(法文). 佘山天文台.

2. 史日长编. 天文研究所，民国21年12月.

论文：

1. 中国历法史初稿序. 中国天文学会报. 第1期. 民国10年.

2. 中国诸历岁实朔实表. 中国天文学会会报：第3期. 民国14年.

3. 周髀北极璿玑考. 中国天文学会会报：第4期. 民国16年.

4. 改历评议 中国天文学会会报：第5期. 民国17年.

5. 宋淳祐石刻天文图纪. 中国天文学会会报：第5期. 民国17年.

6. 月轮估计度量之分配及其意义. 中国天文学会会报：

第 6 期．民国 18 年．

7. 新式太阳分光仪述要．中国天文学会会报：第 7 期．民国 19 年．

8. 历来行星发见的路径和"海外行星"的新发见．宇宙：第 1 卷第 1 号．民国 19 年 7 月．

9. 十二支之新解释．宇宙：第 2 卷第 5 号．民国 20 年 11 月．

10. 回光镜镀银法．中国天文学会会报：第 8 期．民国 20 年．

11. 海尔式太阳分光仪续述．中国天文学会会报：第 8 期．民国 20 年．

12. 补记本年五月上海一带所见之星变．宇宙：第 3 卷第 6 号．民国 21 年 12 月．

13. 历法的常识和近年来的改历运动．宇宙：第 4 卷第 4 号．民国 22 年 10 月．

14. 明制简仪上之日晷盘考．宇宙：第 5 卷第 5 号．民国 23 年 11 月．

15. 日食观念的转变和中国未来的日全食．宇宙：第 5 卷第 7 号．民国 24 年 1 月．

16. 太阳分光仪上太阳视偏角的求法．宇宙：第 6 卷第 12 号．民国 25 年 6 月．

17. 与董作宾论殷商历数书．宇宙：第 7 卷第 2 号．民国 25 年 8 月．

18. 本年六月十九日日食时之分光观测．宇宙：第 7 卷第 4 号．民国 25 年 10 月．

19. 论圭表测景．宇宙：第 8 卷第 1 号．民国 26 年 7 月．

潘璞(PAN Puh),巴黎大学物理天文科博士;曾任本所专任研究员(1940 年 1 月—1940 年 9 月),通讯研究员(1941 年 1 月—现在)。

著作目录：

论文：

1. Generalissation de la theorie einsteiniens dans un milieu résistant. Diplome supérieure, (1936).

2. Sur le mouvement des protubérances. *Comptes Rendus*, 208(1939), p. 1793–1795.

3. Recherches sur le mouvement des protubérances. Thèses de Paris, (1939).

戴文赛(W. S. TAI),福建协和大学 1933 年 6 月毕业,英国剑桥大学 1940 年 5 月博士;曾任本所副研究员(1941 年 9 月—1943 年 9 月),专任研究员(1943 年 10 月—1946 年 10 月)。

著作目录：

专书：

1. 十年来之天文学,中英庚款会十周纪念论文,1943 年。

论文：

1. Note on the intensities of metallic lines in the ultraviolet spectrum of α^2 Canum Venaticorum.*Astrophysical Journal*, Vol. 96, (1942) p.218.

2. Colour temperatures of convective stars. *Monthly Notices*, Vol. 102, (1942) p.268.

3. 特殊恒星光谱之集合研究. 宇宙: 第十四卷第 7–9 号. 民国三十三年一至三月.

4. 仙后座 γ 星. 宇宙: 第 14 卷第 10–12 号. 民国 34 年 4–6 月.

5. 天鹅座 P 星. 宇宙: 第 16 卷第 1–3 号. 民国 35 年 1–3 月.

6. 猎犬座 α² 星. 宇宙: 第 16 卷第 7–9 号. 民国 35 年 7–9 月.

7. 四代观天. 宇宙: 第 16 卷第 7–9 号. 民国 35 年 7–9 月.

8. 特殊的交食双星. 宇宙: 第 16 卷第 10–12 号. 民国 35 年 10–12 月.

黄昆(K. HUANG), 国立西南联合大学毕业, 曾任本所助理员(1944 年 8 月—1945 年 9 月)。

著作目录:

论文:

1. On the excitation of coronal lines. *Astrophys. Jour.*, 101 (1945), 187.

2. Continuous absorption of light by negative sodium ions. *Astrophys. Jour.*, 101(1945), 196.

3. Wave function of the ground state of lithium. *Phys. Rev.*, 70(1946).

三 物理研究所

（一）概况

沿革　本所于民国十七年三月成立，为国立理化实业研究所之一部分，是年十一月改今名，与化学、工程两所同设于上海霞飞路八九九号。后以该处地址狭小，发展不易，二十二年冬迁至白利南路理工实验馆内。本所之地磁台则设于南京紫金山。经数年之筹划，规模已具。时有物性、X射线、光谱、无线电、标准检验、磁学等实验室及金木工场。各部分之研究论文除发表于中外杂志者外，并另印中央研究院物理研究所集刊以刊载之。此外本所曾制造理化仪器，供全国中学、大学及各研究机关之采购，仅中学仪器一项至少制有二千六七百整套，其目的为促进我国物理科学之发展。

抗战期间本所曾屡次迁移，始迁昆明，继至桂林，复迁北碚，迄胜利后复员至上海。嗣院中有将各研究所集中南京，建立数理化研究中心之计划，于三十五年冬决定本所先迁南京，并将地磁部分并归本院气象研究所。方针即定，一面准备迁移，一面觅定九华山麓为所址，购地兴工，建造实验大厦及宿舍等，至三十六年冬落成，图书仪器遂次第运京，迄本年三月间全部迁竣。

人员及设备　本所所长由丁燮林先生担任，三十五年东迁后辞职,由总干事萨本栋暂行兼任,三十六年秋聘请吴有训先生担任,尚未到职。目前有专任研究员七人,副研究员三人,助理研究员二人,助理员四人,兼任研究员二人,技术人员五人,事务人员三人。

新建之实验大厦前部为四层楼,后部为二层楼,成 T 字形,总面积约二百英方丈,计有大小房间四十四。前部为实验室、图书室及办公室。后部为金工场、煤气间、电池间、吹玻璃室、锅炉间等。图书及仪器之设备情形略述如下:

(A)图书室 本所图书在战前相当完备,抗战期间颇有损失,复员后即事补充,英美各种杂志已大致完全。目前书籍杂志共有八千五百余卷,所订刊物共四十余种。

(B)原子核学实验室 此为新闻之实验室。已在美国定制范特格拉夫发电机(Van de Graaff Generator)一具及有关仪器多种。该机可产生三百万伏特,身高十二余尺,所占之房间须有二倍之高度,故实验之构造较为特殊,是项仪器之一部分机件业已到达。

(C)金属学实验室 原有设备在抗战期间损失几尽,现存有显微照相设备、X 射线分光计、大电磁铁、晶体测角仪及感应电炉等。并已订购 X 射线设备、冶金用显微照相机、电炉等,不久可陆续运到。

(D)无线电实验室 计有标准频率设备、水晶控制发射机、(1KW, 550–16, 000kc)发射机、高低频率振荡器、阴极射线示波器、长短波收音机等。此项设备系战前设置,一部分须整理后始可应用。

（E）光谱学实验室　内有 E1 摄谱仪、微光度计、普用分光计、真空光栅摄谱仪、比长器等，均为战前所置。

（F）恒温室　恒温恒湿设备一套，各种标准电计、电阻、电池、精密天平等及其他检验设备均置是室中。

（G）金工场　除普通车床、刨床、钻床等外，有横直式磨光机各一，米制车床、精密刻度机等。

其他普通设备　如各式电计、抽气机、照相设备、高压电池等，均尚完备，至煤气及液体空气制造之设备，正在计划添置中。

工作及计划　近以迁移关系，研究工作未克展开，惟各项检验及有关服务性质之工作，仍尽量进行，例如某处铀矿含铀量之测定，硝酸铀之纯杂检定，某处矿石放射性物质之检定，古铜片复原等问题，均须分别解决。目前除布置实验室，整理图书仪器机件等以为研究工作之准备外，正着手进行下列各题之研究：

（1）有一定方向的大结晶体之制造。

（2）极细金属单结晶丝之力学性质。

（3）薄金属膜之研究。

（4）多晶体金属线之点阵变形。

（5）胁强对于剩磁及矫顽磁力之影响。

（6）磁伸缩系数与胁强对矫顽磁力影响之关系。

本所基本设备虽尚完备，惟际兹人力物力艰难之时，只能择要集力进行。现计划先致力于金属学、原子核学，次及于电子学，再次再为其他问题。年来罗致人才，订制高电压设备等,及筹划定购回旋益能器等,均在积极进行中。

（二）现职人员

专任研究员兼所长　吴有训

兼任代理所长　萨本栋

专任研究员　施汝为　钱临照　彭桓武＊张文裕＊

钱三强＊吴健雄＊

兼任研究员　丁燮林　赵忠尧

专任副研究员　林树棠　朱恩隆　潘德钦

助理研究员　齐荣瀚　吴乾章

助理员　汪　容　屠铸材　李寿枬　殷鹏程

陈耕燕

技　士　程兆坚　何寿安

管理员　赵介清

＊未到职

（三）研究人员著作目录

吴有训（ Y. H. WOO ），美国芝加哥（ Chicago ）大学博士,本院评议员（ 1940……），本所专任研究员兼所长,未到职。

著作目录:

论文:

1. Note on absorption measurements of the x-rays reflected from a calcite crystal. *Proc. Nat. Acad. Sci. U.S.A.*, 10(1924), 148.

2. The wave length of molyddenum K-rays when scattered by

light elements. *Proc. Nat. Acad. Sci. U.S.A.*, 10(1924), 271.(with A. H. Compton).

3. The Compton effect and tertiary x−radiation. *Proc. Nat. Acad. Sci. U.S.A.*, 11(1925), 123.

4. The intensity of the scattering of x−rays by recoil electrons. *Phys. Rev.*, 25(1925), 444.

5. The Compton effect. *Dissertation, Univ. of Chicago*, (1925).

6. The distribution of energy between the modified and the unmodified rays in the Compton effect. *Phys. Rev.*, 27(1926), 119.

7. Ratio of intensities of modified and unmodified rays in the Compton effect. *Phys. Rev.*, 28(1926), 426.

8. On the disappearance of the modified line in the Compton effect. *Phys. Rev.*, 28(1926), 427.

9. Intensity distribution in the K doublet of the fluorescent x−radiation. *Phys. Rev.*, 28(1926), 427.

10. On the intensity distribution between the Compton lines. *Trans. Sci. Soc., China*, 7(1928), 5.

11. On the intensity of total scattering of x−rays by monatomic gases. *Nature*, 126(1930), 501.

12. Total scattering of x−rays by monatomic gases. *Proc. Nat. Acad. Sci. U.S.A.*, 16(1930), 814.

13. Scattering of x−rays mercury vapour. *Nature*, 127, (1931), 556.

14. On the intensity of total scattering of x−rays by monatomic gases. *Sci. Repts. Tsing Hua Univ.*, AI(1931), 55.

15. On the intensity of total scattering of x-rays by gases. I. *Proc. Nat. Acad. Sci. U.S.A.*, 17(1931), 467.

16. On the intensity of total scattering of x-rays by gases. II. *Proc. Nat . Acad. Soc. U.S.A.*, 17(1931), 470.

17. Temperature and diffuse scattering of x-rays from crystals. *Phys. Rev.*, 38(1931), 6.

18. Scattering of x-rays by polyatomic gases. *Phys. Rev.*, 39(1931), 555.

19. The scattering of x-rays by monatomic gases. *Sci. Repts. Tsing Hua Univ.*, AI(1932), 135.

20. The scattering of x-fays by gases and crystal. *Phys. Rev.*, 41(1932), 21.

21. Note on scattering of x-rays by diatomic gases. *Sci. Repts. Tsing Hua Univ.*, AI(1932), 177.

22. Note on the x-rays scattering coefficients of gases. *Sci. Repts. Tsing Hua Univ.*, A III (1936), 549. (with C. P. Sun).

23. On the absorption of x-rays. *Sci. Repts. Tsing Hua Univ.*, A IV (1941), Nos. 4-6.(with C. P. Sun).

24. On the absorption of x-rays. II. *Sci. Rec.*, Academia Sinica, I (1945), 407, (with Y. H. Hu).

Astracts of papers presented by the author at the annual meetings of the Chinese Physical Society since 1932 are not listed.

萨本栋(Pen-Tung SAH),美国吴斯特工学院理学博士。

本院总干事(1945—现在),本所代所长(1946—现在)。

著作目录：

专书：

1. 普通物理学(上, 下). 商务印书馆，1933.

2. 普通物理实验. 商务印书馆，1935.

3. Dyadic circuit analysis, International Textbook Co., Scranton, Penn., U.S.A., (1939).

4. 实用微积分. 青年图书出版社，1944.

5. Fundmentals of alternating current machines, McGraw-Hill Book Co. New York, U.S.A., (1946).

6. 交流电路. 正中书局，1948.

论文：

1. Studies on sparking in air. *Trans. A.I.E.E.*, 46(1927), 604–615.

2. Note on unbalancing factor of three-phase systems. *Trans. A.I.E.E.* 47(1928), 343.

3. Representation of polyphase systems by multidimensional vectors. *Proc. World's Eng. Congress,* Tokyo, Japan, 22(1929), 111–120.

4. Solution of 3-phase systems by space vectors. *Sci. Repts. Tsing Hua Univ.*, A 1(1931), 69–81.

5. Performance characteristics of linear triode amplifiers. Ⅰ & Ⅱ. *Sci. Repts. Tsing Hua Univ.*, A 2(1933), 49–73, 83–103.

6. On a necessary condition for the maintenance of oscillations in class C linear triode oscillators. *Sci. Repts. Tsing Hua Univ.*, A

2(1934), 269–275.

7. Modulation characteristic of linear triode oscillators. *Sci. Repts. Tsing Hua Univ.*, A 2(1934), 277–278.

8. Representation of Stokvis–Fortescue tranformation by a dyadic. *Sci. Repts. Tsing Hua Univ.*, A 3(1935), 27–36.

9. Reciprocals of incomplete dyadics and their applications. *Sci. Repts. Hua Univ.*, A 3(1935). 37–55.

10. Equivalent three–phase networks. *Sci. Repts. Tsing Hua Univ.*, A 3(1935), 57–63.

11. Impedance dyadics of three–phase machines. *Sci. Repts. Tsing Hua Univ.*, A 3(1935), 127–178.

12. Dyadic algebra applied to three–phase circuits. *Trans. A.I.E.E.*, 55(1936), 876–882.

13. Complex vectors in three–phase circuits. *Trans. A.I.E.E.*, 55(1936), 1356–1364.

14. On analysis of unsymmetrical machines. *Trans. A.I.E.E.*, 55(1936), 1247–1248.

15. On Kron's paper. *Trans. A.I.E.E.*, 56(1937), 619, 1030–1031.

16. Experimental note on reactance of salient–pole alternators. *Sci. Repts. Tsing Hun Univ.*, A 4(1937), 1–3.

17. Quasi–transients in class B audio–frequency amplifiers. *Proc. I.R.E.*, 24(1937), 1522–1541.

18. Matrices and dyadics(a letter), *Elec. Eng.*, 59(1940), 329–330.

19. Two–phase coordinates of a three–phase circuit(a

discussion), *Elec. Eng.*, 59(1940), 478–480.

20. A matrix theorem (a letter). *Elec. Eng.*, 60(1941), 615–616.

21. A uniform method for solving cubics and quartics. *Am. Math. Monthly, April* (1945), 202–206.

22. "Diamond Seven" chart for electrical computation. *Elec. World, Sept.* 29(1945), 100–101.

施汝为（Ju–Wei SHIH），美国耶鲁（Yale）大学博士（1934），本所专任研究员（1934 年 8 月—现在）。

著作目录：

论文：

1. Paramagnetic susceptibility of chromic chloride and its hexahydrates. *Sci. Repts. Tsing Hua Univ.*, AI(1931), 83.

2. Magnetic properties of gold–iron alloys .*Phys. Rev.* Vol. 38(Dec. 1931), p.2051.

3. Magnetic properties of iron–cobolt single crystals. *Phys. Rev.*, Vol. 46(July 1934), p. 139.

4. Magnetic anisotropy of nickel–cobolt single crystals. *Phys. Rev.*, Vol. 50(Aug. 1936), p. 376.

5. Magnetic properties of isotropic ferromagnetics. *Chinese .J. of Phys.*, Vol. 3(May 1937), p. 21, (with S. T. Puan).

6. Powder patterns on permalloy crystals. *Phys. Rev.*, Vol. 55(June 1939), p. 1265.

7. Magnetic structure of magnetite crystals. *Chinese J. of*

Phys., Vol. 4(June 1940), p. 35,(with T. C. Puan).

8. Power patterns on polycrystalline ferromagnetics. *Chinese J. of Phys.*, Vol. 4(June 1940), p. 41,(with T. C. Puan).

钱临照(TSIEN Ling-Chao),上海大同大学物理系(1925—1929),英国伦敦大学物理系(1934—1937),本所专任研究员(1947—现在)。

著作目录:

论文:

1. Effet photographique de la pression. *Comptes Rendus t.* 194(1932) p. 1644.(with Ny Tsi-Zé).

2. Effet photographiqe de la pression. *Science et Industrie Photographique* 2e serie, t. 4(1933) p. 1.(with Ny Tsi-Zé).

3. L'influence de la pression sur la sensibilite photographique aux diverses radiations monochromatiques. *Comptes Rendus t.* 196(1933), p. 107.(with Ny Tsi-Zé).

4. Sur le developpement d'electricite par torsion dans les cristaux de quartz. *Comptes Rendus t.* 198(1934) p.1395.(with Ny Tis-Zé).

5. pressure effect on photographique sensibility. *Chinese J. of Phys.*, Vol. I , No. 2(1934) p.66.(with Ny Tsi-Zé).

6. Oscillation with hollow quartz cylinders cut along the optical axis. *Nature*, Vol. 134(1934) p.214.(with Ny Tsi-Zé).

7. Lois du degagement de l'electricite par torsion dans les

cristaux de quartz. *Comptes Rendus t.*199(1935) p.1101.(with Ny Tsi–Zé).

8. Oscillations du cylindre creux de quartz. *Comptes Rendus, t.* 200(1935) p.565.(with Ny Tsi–Zé).

9. Sur les lois du degagement d'electricite par torsion dans le quartz. *Comptes Rendus, t.* 200(1935) p. 732.(with Ny Tsi–Zé).

10. Development of electricity by torsion in quartz crystal. *Chinese J. of Phys.*, Vol. I , No. 3(1935)p. 41.(with Ny Tsi–Zé).

11. Oscillation of hollow quartz cylinders cut along the optical axis. *Proc. Inst. Radio Eng.* Vol. 24(1936) p.188. (with Ny Tsi–Zé, Fan Sung–Hung).

12. The production of piezoelectricity by torsion. *Phil. Mag.* ser. 7, Vol. 21(1936) p.311.(with R. E.Gibbs).

13. The velocity–distribution in a liquid–into–liquid jet. *Proc. Phys. Soc.* London, Vol. 49(1937) p.381.(with E. N. Da C. Andrade).

14. On surface cracks in glasses. *Proc. Roy. Soc.* London, Ser. A, Vol. 159 No. 898(1937) p.346(with E. N. da C. Andrade).

15. The glide of single crystals of sodium and potassium. *Proc. Roy. Soc.* London, Ser. A, Vol. 163,No. 912(1937) p. 1.(with E. N. da C. Andrade).

16. The glide of single crystals of molybdemum. *Proc. Roy. Soc.* London, ser., A, Vol. 163, No. 912(1937)p. 19.(with Y. S. Chow).

17. On the application of Hilger prism interferometer to the resolution of spectral lines. *Chinese J. of Phys.*, Vol. 5, No. 2(1945).

18. Harmonics in the forced vibration of a piezo-electric quartz plate. *Nature*, 6th October, (1945).(with H. C. Chu).

19. Interference patterns of two neighboring radiations in Hilger interferomter. *Proc. Phys. Soc*. London.

丁燮林(S. L. TING),英国伯明罕大学硕士,本所专任研究员兼所长(1928 年—1947 年 7 月),兼任研究员(1947 年 8 月—现在)。

著作目录：

专书：

1. 高中物理实验 . 开明书局 ,30 年 2 月(与王书庄合著).

2. 初中物理实验 . 开明书局 ,30 年 2 月(与王书庄合著).

论文：

1. Electron emission from hot bodies:departures from Maxwell velocity distribution. *Proc. Ray. Soc*., Vol. 98(1821), p. 374.

2. A proposed method of absolute determination of "g" by a new pendulum. *Scientific Papers of Nat. Res. Inst. of Phys., Academia Sinica*, Vol. 1, No. 1(1930), p. 1.

3. Tribo-electricity between mercury and various solids at different pressures below the atmospheric. *Scientific Papers of Nat. Res. Inst. of Phys., Academia Sinica*, Vol. 1, No. 2(1931), p. 1(with J. H. Chi).

4. On the general properties of electric network determinants and the rules for finding the denominator and the numerators.

Chinese J. of Phys., Vol. 1, Oct.(1935), p. 18.

5. A magnetometer for the determination of the vertical component of the earth's magnetic field. *Rev. Sci. Inst.*, Vol. 15(1944), p. 171(with S. T. Lin).

赵忠尧(Chung-Yoa CHAO),美国加省理工大学(C.I.T.)博士(June 1931),本所兼任研究员(1946—现在)。

著作目录：

论文：

1. Problem of ionized hydrogen molecule. *Proc. Nat. Acad. Sci. U.S.A.*, 15(1929), 558.

2. Scattering of hard γ -rays. *Phys. Rev.*, 36(1930),1519.

3. The absorption coefficient of hard γ -rays. *Proc. Nat. Acad. Sci. U.S.A.*, 16(1930), 431.

4. Absorption and scattering of hard γ -rays. *Sci. Repts. Tsing Hua Univ.*, A 1(1932), 159.

5. The abnormal absorption of heavy elements for hard λ -rays. *Proc. Roys. Soc.*, A 135(1932), 206.

6. Interaction of hard γ -rays with atomic nuclei. *Nature*, 132(1933), 709, (a letter, with T. T. Kung).

7. Emission of neutrons from radioactive sources. *Sci. Repts. Tsing Hua Univ.*, A 3(1935), 221.

8. Resonance absorption of neutrons. *Sci. Repts. Tsing Hua Univ.*, A 3(1936), 451,(with C. Y. Fu).

9. Resonance levels of neutrons in silver nuclei. *Chinese J. of Phys.*, 2(1936), 135.(with C. Y. Fu).

10. On the positively charged particles accompanying the β −rays of P^{32} *Phys. Rev.*, 72(1947), 639.(a letter with T. H. Pi).

林树棠(S. T. LIN),国立北京大学理学士,本所助理员 (1933 年 7 月—1939 年 6 月),副研究员(1939 年 7 月—现在)。

著作目录:

论文:

1. A magnetometer for determination of the vertical component of the earth's magnetic field. *Rev. of Sci. Inst.*, Vol. 15(July 1944), p. 171, (with S. L. Ting).

2. Effect of iron tube on its magnetizing field. *Phys. Rev.*, Vol. 66(Aug. 1944), P. 171.

朱恩隆(E. L. CHU),国立交通大学理学士,本所助理员 (1934 年 9 月—1939 年 6 月),副研究员(1939 年 7 月—现在)。

著作目录:

论文:

1. Graphical treatment on relaxation oscillations by A. A. Bobb's method. *Chinese J. of Phys.*, Vol. 3(May 1937), p. 51.

2. Notes on the stability of linear networks. *Proc. I.R.E.*, Vol. 32(1944), p. 630.

潘德钦（Teh-Ching PUAN），国立东南大学理学士（1925年6月），本所助理员（1929—1940），助理研究员（1940—1943），专任副研究员兼仪器工场主任（1944—1945），专任副研究员（1946—现在）。

著作目录：

论文：

1. Magnetic structure of magnitite crystals. *Chinese J. of Phys.*, Vol. 4(June 1940), p. 35,(with J. W. Shih).

2. Powder patterns on polycrystalline ferromagnetics. *Chinese J. of Phys.* Vol. 4(June 1940). p. 41,(with J. W. Shih).

齐荣澥（Jung Hwang CH'I），北京大学物理学士（1925），本所助理员（1928—1942），助理研究员（1946年1月—现在）。

著作目录：

论文：

1. Triboelectricity between mercury and various solids at different pressures below the atmospheric, *Scientific Papers of the Nat. Res. Inst. of Phys.*, Vol. 1, No. 2(1931), p. 1(with S. L. Ting).

陈茂康（Mong-Kang TZS'EN），曾任本所专任研究员（1930年8月—1940），（1945年7月—1946年12月）。

著作目录：

论文：

1. A filter for reduction of stray field effects on meter and

meter–leads in high–frequency measurements. *Sci. Paper, Inst. of Physics. Academia Sinica*, Vol. 1, No. 3(1932), p.1.

2. Theory, design and calibration of absorption wavemeter for one–meter range. *Chinese J. Phys.*, Vol. 1, No. 1(1933), p. 82.

3. Preliminary notes on a pulse generator. *Chinese J. Phys.*, Vol. 1, No. 1(1933), p. 87.

4. A cathode ray wavemeter for decimeter and centimeter waves. *Chinese J. Phys.*, Vol. 1, No. 2(1934), p. 76.

5. A differential pulse–generator. *Chinese J. Phys.*, Vol. 2, No. 3(1935), P. 68.

6. A preliminary report on the investigation of the ionospheric layer over China. *Chinese J. Phys.*, Vol. 1, No. 3(1935), P. 92,(with Ngaisi H. Chang).

7. Differential indicial admittances: current produced by unit differential pulse voltage. *Chinese J. Phys.*, Vol. 2, No. 1(1936), p. 43.

8. Measurement of ionization in the ionospheric layers during the partial solar eclipse of June 19, 1936, at Shanghai. *Chinese J. Phys.*, Vol. 2, No. 2(1936), p. 169, (with E. L. Chu and P. H. Liang).

9. Indicial impedence and its relation to indicial admittance. *Chinese J. Phys.*, Vol. 4, No. 1(1940), p. 89.

潘承诰(Pan Tcheng–Kao),法国科学博士(1931),曾任本所专任研究员(1933 年 8 月 1 日—1937 年 7 月 31 日)。

著作目录:

论文:

1. Un Psénomène offert en lumière polarisée par le quartz en vibration. *Comptes rendus*(1935).

蔡金涛(C. T. TSAI),交通大学学士(1930 年 7 月),哈佛大学硕士(1936 年 7 月),曾任本所助理员(1931 年 3 月— 1934 年 7 月),奉派赴美考察电学标准(1934 年 8 月—1936 年 7 月),副研究员(1936 年 8 月—1939 年 7 月),专任研究员(1939 年 8 月—1941 年 7 月)。

著作目录:

论文:

1. Theory, design & calibiation of an aborption wavemeter for wave lengths of about one meter. *Chinese J. of Phys*ics(1933), p. 82.(with M. K. Ts'en).

2. A short−cut method for expanding net−work determinants. *Chinese J. of Phys*ies, Vol. 3, No. 2(1939),p. 148.

王书庄(WANG Shu Chuang),国立北京大学理学士,曾任本所助理员(1930 年 7 月—1939 年 6 月),副研究员(1939 年 7 月—1947 年 7 月)。

著作目录:

专书:

1. 高中物理实验 . 开明书局,30 年 2 月 (与丁燮林合著).

2. 初中物理实验 . 开明书局,30 年 2 月 (与丁燮林合著).

四　化学研究所

（一）概况

沿革　本院成立后之初期中,本所原与物理及工学二研究所各为理化实业研究所之一组,宋梧生先生任本组主任。民国十七年末,三组始行分立而各为研究所,由王琎先生任本所所长。

十七年,本所与物理及工学二所合设于上海林森中路之一小实验馆内。廿二年,中华教育文化基金董事会捐资为本院理化工三所建造之实验馆落成,本所迁入,乃有实验室廿余间,设备逐渐扩充,人员亦见增加,工作进展遂较顺利。廿三年,庄长恭先生出任本所所长。

抗战期间,本所于廿七年秋迁抵昆明,次年春即在一临时实验室内恢复工作。廿九年七月,自建之实验馆落成,该馆建筑及设备费十余万元,大部由中央英庚款董事会捐赠,设备颇佳,工作称便,当本院前任总干事任鸿隽先生兼任本所所长。卅一年,任先生回任中华教育文化基金董事会总干事,本所所长一职,乃由吴学周先生担任。

抗战胜利后,本所于卅五年十月底复员完成,当即在上海岳阳路前上海自然科学研究所内,恢复工作。

设备　本所设备经历年之补充,尚称完善,胜利后复有自然科学研究所所存化学部分之设备，足资应用。特殊仪器如铂器、石英仪器、电位滴定器、紫外光谱仪、X射线光谱仪等尚称完备。至图书方面，本所存有参考书籍，大部丛书巨著约二千余册。全套化学期刊卅余种，共约三千余册，战前所订欧美化学期刊，达八十余种。惜在抗战期间，以经费支绌，交通阻隔，图书补充困难，两年来虽已略有增购，但待补者尚多。

工作 本所研究工作以纯粹学理为主，但对国家建设上之重要问题，亦酌加注意。研究所得之结果在廿三年以前，见于本所印行之集刊。嗣后投登国内外各理化期刊取其单行本而编为本所研究报告。从下列诸研究人员之论文目录中，可知本所所研究问题之梗概。兹就其中数项，为本所研究人员之中心兴趣所在而经长期致力者，略为叙述。（甲）分子光谱之研究，为探讨分子构造之重要途径，本所曾经研究者有双氰、丁二炔、乙炔（对称直线型分子）与氰酸、氰酸酯、硫氰酸酯及异性硫氰酸酯、丙酮醛等在紫外境之吸收光谱。自此种研究之结果，对分子之构造，化学链之性质及分解能之计算，均有所阐明。（乙）类固醇男女性刺激素之综合，为十余年来有机化学上之重要工作。本所研究之结果在此类化合物之综合方面，贡献颇多。（丙）本所对蛔蒿素之研究曾发现"互变异构蛔蒿素"两个及新的亚蛔蒿酸两个，并可以酸或碱使此等异构体互相转变。（丁）吾国医药中所用药材，普通含有赝碱或其他有效成分，本所于此所作之化学研究，亦复不少。（戊）化学玻璃须具有特殊之性质及成分，本所在国内最初实行试制,结果颇佳,嗣以成分已经确定,学理及技术已相当成功,此后工作端赖工程上之进展,乃于廿三年改归工学所继续研究。(己)浙江平阳矾矿,储量颇丰,可谓我国之一大富源。本所故总干事丁文江先生注意及此,交由本所研究,经数年之工作,对从矾矿提制氧铝及硫酸钾或铵之方法,研讨颇详。(庚)此外本所亦曾就地取材,进行吾国资源之利用,如以海州及云南昆阳磷矿提制黄磷,蓖麻油制备润滑油及滇产矿盐之提制等。

复员以来,本所研究工作,渐次展开,惟以设备关系,尚有若干工作,暂时未能进行,而不得不就目前已有之设备,力求工作之开展,兹胪列于后:

一、醇、酮、醛等类化合物与碱性碘溶液之反应机构——现已测定甲醛(Formaldehyde)之氧化速度及乙醛(Acetaldehyde)与碱性碘溶液之反应,完成论文两篇待发表。

二、磷酸酯酵素之研究——本所研究磷酸酯酵素,以阐明此酵素与醣类新陈代谢之关系。目前进行之工作有下列二项:(a)维生素 B1,对于各种动植物磷酸酯酵素之抑制作用,(b)动植物磷酸酯酵素之提净。

三、霍夫门反应之研究——本所与上海医学院合作,以霍夫门贬抑法(Homann degradaton)综合氨基酸多种,并将方法与以改良,已综合成三种天然氨基酸及五种非天然氨基酸。查应用上法以制氨基酸者,尚属创举。

四、局部麻醉剂之研究 —— 近发现 Sym.-bis(diethyl-amino) isopropyl Phenyl-urethane 及 Sym.dipiperidinoisopropyl phenyl–urethane 两种化合物之盐酸盐,具有极强之局部麻醉剂生理功效,又复综合两种 Phenylthiourethane 而发现其盐酸盐之局部麻醉功效更强。

五、国产药材之研究——此工作现在继续进行者:有贝母素甲、贝母素乙及钩吻素甲构造式之研究,与旋覆花所含重要成分之研究。

六、各种游子对定量法测硫之影响及其避免方法——于定量分析中硫之测定,在使其最终变为硫酸钡之沉淀而衡定之,但硫酸钡最易吸著杂质或成固液,致使结果不确,本所现正研究各种游子之影响及其原因,而求免除之方法。

七、钨之测定方法之研究——钨之测定方法不多,本所拟利用有机碱类及胺类作沉淀剂,或藉错游子之生成,在钨之测定方法上,作精详而有系统之研究。

八、电镀合金之研究——本所曾在各种不同情形下,如变更电解液之成分、酸度、温度及电流密度等,作电镀镉铟合金及钴钨合金之研究,业已求得光滑精固镀面之最优条件矣。

九、含高量钶及钽之铀矿分析方法之改良——以往之方法,系以王水蒸煮溶解矿粉,但含钶钽多量时所得铀量之数值,每随蒸煮时间而增高,现新法将矿粉和以焦性硫酸钾,在铂锅中用微火熔融之,再用热水抽取其溶液而予以分析,所得结果甚佳。

（二）现职人员

专任研究员兼所长	吴学周			
专任研究员	黄鸣龙	柳大纲	梁树权	沈青囊
	沈昭文	卢嘉锡		
兼任研究员	朱子清			
通信研究员	吴　宪	侯德榜	曾昭抡	萨本铁
	孙学悟	黄子卿	庄长恭	李约瑟
	张克忠			
专任副研究员	朱振钧	朱任宏	黄耀曾	罗建本
助理研究员	余柏年	钟焕邦	朱晋锠	郑绍基
助理员	高小霞	陆仁荣	陈丽筠	张赣南
技　正	丁　镇			
技　士	刘　亮			
管理员	殷葆贞	孙宝琳		

（三）研究人员著作目录

吴学周（ Sho-Chow WOO ），美国加省理工学院（ California Institute of Technology ）博士（ 1931 ），本所专任研究员（ 1932—42 ），专任研究员兼所长（ 1942—现在 ）。

著作目录：

论文：

1. Reduction potential of quadrivalent to tervalent iridium in HCl solution. *J. Amer. Chem. Soc.*, 53(1931), 469.

2. Potentiometric determination of iridium. *J. Amer. Chem. Soc.*, 53(1931), 884.(with Don M. Yost).

3. The absorption spectra, structure and dissociation energies of gaseous halogen cyanides. *J. Amer. Chem. Soc.*, 53(1931), 2572. (with Richard M. Badger).

4. The absorption spectrum of cyanogen gas in the near ultraviolet. *Phys. Rev.*, 39(1932), 932.(with Richard M. Badger).

5. Far infrared spectra of gases. *Phys. Rev.*, 42(1932), 267. (with John Strong).

6. The entropies of some simple polyatomic gases calculated from spectral data. J. Amer. Chem.Soc., 54(1932), 3523.(ith Richard M. Badger).

7. Ultraviolet absorption bands of diacetylene. *Phys. Rev.*, 47(1935), 886 L.(with T. C. Chu).

8. The absorption spectrum of diacetylene in the near ultraviolet. *J. Chem. Physics*, 3(1935), 541.(with T. C. Chu).

9. The absorption spectra and dissociation energies of cyanic acid and some isocyanates. *J. Chem.Physics*, 3(1935), 544.(with Ta–Kong Liu).

10. The fundamental frequencies of the cyanogen molecule. *J. Chinese Chem. Soc.*, 3(1935), 301.(with Ta–Kong Liu and T. C. Chu).

11. Notes on the preparation of zinc and cadmium cyanides. *J. Chinese Chem. Soc.*, 4(1936), 518.(with Ta–Kong Liu).

12. The new absorption system of cyanogen gas in the near

ultraviolet, system I . *J. Chem. Physics*, 5(1937), 161.(with Ta-Kong Liu).

13. On the under-water-spark absorption band of CuH. *Chinese J. Physics*, 3(1937), 20.(with T. C.Chow and Ta-Kong Liu).

14. The absorption spectra and dissociation energies of some normal and isocyanates. *J. Chinese Chem. Soc.*, 5(1937), 162.(with T. C. Chu).

15. The absorption spectrum of diacetylene in the near ultraviolet, II . *J. Chem. Physics*, 5(1937),786.(with T. C. Chu).

16. Bemerkungen über die Grund-frequenzen des Dicyanmoleküls. *Zeit. Physik. Chem.*, B37(1937),399.

17. The near ultraviolet bands of acetylene. *J. Chem. Physics*, 6(1938), 240.(with Ta-Kong Liu, AAT.C. Chu and Wu Chih).

18. the absorption spectrum of methylglyoxal. *Trans. Faraday Soc.*, 41(1945), 157.

19. Quantitative determination of methylglyoxal and the mechanism of its reaction with hypoiodite solution. *J. Chem. Soc.*, London, (1945), 162.(with Sze-Tseng Chang).

20. Mechanism of reaction of alcohols, aldehydes and ketones with hypoiodite solution. II . Quantitiative detemrination of phenylglyoxal. *J. Chinese Chem. Soc.*, 15(1947), 1.(with cheng- I Wang).

21. The kinetics of the oxidation of formaldehyde by hypoiodite solution. *Sci. Record, Acadamia Sinica*, 2(1948), 183-191.(with Cheng Shao-Chi).

22. 读"准量化力学之初步报告"后. 化学:第二卷第二期第 234 页. 中国化学会，1935 年。

23. 中国之分子光谱研究. 化学:第八卷,中国化学会十周年纪念刊,第 85–121 页.1944 年。

24. 我国战后科学研究计划刍议. 东方杂志:第 41 卷 13 期第 35–48 页. 商务印书馆，1945 年。

其他评述文、译述文从略。

黄鸣龙(HUANG Minlon),德国柏林大学博士,本所专任研究员(1941 年—现在)。

著作目录:

论文:

1. Ueber die Alkaloide der chinesischen Corydalisknollen (I). *Ber.*, 69(1936), 1737.

2. 延胡索赝碱质之研究(II). 中华药学杂志,第二卷第一期.

3. Untersuchung von chinesischen Asarum, "Hsi–Hsi". *Ber.*, 70(1937), 951.

4. Uebergang von Sterinen in aromatische Verbindungen. *Naturw.*, 26(1938), 756.(with H. H. Inhoffen).

5. Umwandlungsreaktionen von bromierten Derivaten des Cholesterins. *Ber.*, 71(1932), 1720.(with H. H. Inhoffen).

6. Einige Abbaureaktionen am Ergosterin. *Ber.*, 72(1939), 854.

7. Umwandlungsreaktionen von bromierten Derivaten des

Cholesterins(Ⅵ). Zur Konstitution des Cholestadienons. *Naturw.*, 27(1939), 167.(with H. H. Inhoffen).

8. Zuz "Photochemie des Cholestenons" *Naturw.*, 27(1939), 167.(with H. H. Inhoffen).

9̇. Umwandlungsreaktionen von bromierten Derivaten des Cholesterins(Ⅶ). Darstellung des Androstadienol–(17)–ons–(3). *Ber.*, 73(1940), 451.(with H. H. Inhoffen, Gerhard Zuhlsdorff).

10. Compounds related to the natural oestrogens. *Proceedings of the Chemical Society*, (Mar. 1940).

11. Identification of sulfanilamide and some of its related drugs. *J. Chinese Chem. Soc.*, 8(1941),194.(with Chin–Pen Lo and Lucy J. Y. Chu).

11A. Ditto. *Sci. Record, Academia Sinica*, 1(1942), 134.(with Chin–Pen Lo and Lucy J. Y. Chu).

12. A preliminary note on some symmetrically substituted azobisbenzenesulfonamides. *J. Chinese Chem. Soc.*, 9(1942), 57.(with Chin–Pen Lo and Lucy J. Y. Chu).

12A. Some symmetrically substituted azobisbenesulfonamides. *Sci. Record, Acadmia Sinica*, 1(1942), 137.(with Chin–Pen Lo and Lucy J. Y. Chu).

13. Partial saponification of N^1, N^4 diacetyl–sulanilamide. *J. Chinese Chem. Soc.*, 9(1942), 61.(with Chin–Pen Lo).

14. Studies in the santonin series. Ⅰ. The two new desmotropo–santonins and the two new desmotroposantonous acids. *J. Chinese*

Chem. Soc., 10(1943), 126.(with Chin—Pen Lo and Lucy J. Y. Chu).

15. A supplementary note on the identification of sulfanilamide and some of its related drugs. *J. Chinese Chem. Sco.*, 10(1943), 136. (with Chin—Pen Lo and Lucy J. Y. Chu).

16. Studies in the santonins series. II . The bromination products of desmetropo—santonins and desmotroposantonous acids. *J. Amer. Chem. Soc.*, 66(1944), 1954.(with Chin—Pen Lo and Lucy J. Y. Chu).

17. Versuche zur reduktiven Spaltung von symetrisch—substituierten Azobisbensolsulfonamiden. I . Das Hydrazobenzol—44'—d—(N—acetylsulfonamid). *Sci. Record, Academia Sinica*, 1(1945), 443.(with Chin—Pen Lo).

18. Studien in der Santeninreihe. III . Das sogannante 1—Desmotrope—B—santonin aus B—santonin. *Sci. Record, Academia Sinica*, 1(1945), 445.

19. Simple modification of the Wolff—Kishner reduction. *J. Amer. Chem. Soc.*, 68(1946), 2487—2488.

20. Studies in the santonin series. III . The introduction of nitrogen into the desmotroposantonin molesule. *J. Amer. Chem. Soc.*, 70(1948), 449.(with C. Wang).

21. Studies in the santonin series. IV . The stereochemistry of santonin and its derivatives. *J. Amer. Chem.* Soc., 70(1948), 611.

柳大纲(Ta—Kong LIU), 国立东南大学理学士(1925),

本所助理员(1929—1940),副研究员(1940—1944),研究员(1944—现在)。

著作目录:

论文:

1. 数种著名国产陶料之分析.本所集刊:第二期第25-45页.1930年.

2. 宜兴陶业之初步化学观察.本所集刊:第七期全页.1931 年(with C. Wang).

3. The absorption spectra and dissociation energies of cyanic acids and some iso—cyanates. *J. Chem. Physics*., 3(1935), 544.(with Sho—Chow Woo).

4. The fundamental frequencies of the cyanogen molecule. *J. Chinese Chem. Soc*., 3(1935), 301.(with Sho—Chow Woo and T. C. Chu).

5. Note on the preparation of zinc and cadmium cyanides. *J. Chinese Chem. Soc*., 4(1936), 518.(with Sho—Chow Woo).

6. The new absorption system of cyanogen gas in the near ultraviolet system Ⅰ. *J. Chem. Physics*,5(1937), 161.(with Sho—Chow Woo).

7. On the under—water spark absorption band of CuH. *Chinese J. Physics*, 3(1937), 20.(with T. C. Chou and Sho—Chow Woo).

8. The near ultraviolet bands of acetylene. *J. Chem. Physics*, 6(1938), 240.(with Sho—Chow woo, T. C. Chu and Wu Chih).

9. The chemical investigation of some salt deposits of Central Yunnan. *J. Chem. Eng. China*, 9(1942).(with H. P. Chung).

10. A chemical survey of the salt manufacturing process in the Yih–Ping–Lang salt refinery, Yunnan. *J. Chem. Eng. China*, 12(1945), 11.(with H. P. Chung).

11. The purification of the sulfate–brine of Yuanyungching of Central Yunnan. *J. Chem. Eng. China*, 12(1935), 17.(with H. P. Chung).

梁树权(LIANG Shu–Chuan), 德国明兴大学博士(1937), 本所专任研究员(1945—现在)。

著作目录：

论文：

1. Chemical analysis of apatite from Tawashan, Tangtu, S. Anhui. *Geol. Mmeoirs*, Series A, No. 13(1935), p. 107.(with E. O. Wilson).

2. Das Atomgewicht des Eisens. *Zeit. Anorg. Allgem. Chem.*, 241(1939), 361.(with O. Hoenigschmid).

3. The sulfur forms in Szechuan coal. *J. Chem. Eng. China*, 9(1942), 29.(with F. T. Hung and W. C. Tang).

4. The ash composition of Szechuan coal. *J. Chinese Chem. Soc.*, 10(1943), 90.(with C. C. Wang).

5. The effect of chromic ions in the gravimetric determination of sulfur as barium sulfate. *Ibid.*, 12(1945), 85.(with K. Li).

6. Gravimetric determination of sulfur as barium sulfate. II. Elimination of Cr^{+++} interference by means of tannic acid. *Ibid.*, 14(1946), 9.(with Y. Wu and T. C. Chang).

7. III. Effect of aluminum ions. *Ibid.*, 14(1946), 17.(with T. W. *Ann*).

8. Ⅳ. Elimination of chromic ion interference by means of acetic acid. *Ibid*., 14(1946), 21.(with Y. Wu and P. J. Shih).

沈青囊(Tsing-Nang SHEN),美国哥伦比亚大学硕士(1937),本所专任研究员(1946—现在)。

著作目录：

论文：

1. Electrolytic deposition of platinum on copper. *Science Quarter, Peking*, 3(1934), 1-13.(with S. T. Leo).

2. Degreasing sheepskins by chemical treatment. *J. Chinese Chem. Soc*., 2(1934), 13-17.(with S. T. Leo).

3. Quantitative estimation of tanning materials for vegetable sole leather. *J. Chem. Eng., China*, 1(1934), 129-126.(with S. T. Leo).

4. Electrolytic production of tungsten metal from a fused phosphate bath. *Trans. Electrochem. Soc*., 66(1934), 461-469.(with S. T. Leo).

5. Electrolytic production of beryllium-copper alloys. *Trans. Electrochem. Soc*., 72(1937), 317-325).(with Colin G. Fink).

沈文昭(SHEN CHAO-WEN),加拿大 Toronto 大学博士(1943), 本所专任研究员(1945—现在)。

著作目录：

论文：

1. Preparation fo 2-(p-aminobenzene sulfonamido)-

pyrimidine, *J. Chinese Chem. Soc.*, (1941).(with H. N. Chen).

2. The distribution of urinary sulfur and the excretion of keto acids after the oral administration of some derivatives of cystine and methionine to the rabbit. *J. Biol. Chem.* 165(1946), 115.(with Howard B. Lewis).

3. The pH optima of yeast phosphatases. 科学三十卷: 第16页. 1947(with C. H. Hsu).

朱子清(Tse–Tsing CHU),美国意利诺大学博士(1933),德国明兴大学研究员,本所兼任研究员(1947—现在)。

著作目录:

论文:

1. Synthesis and characterization of 2, 4–dimethylpentanol–1. *J. Amer. Chem. Soc.*, 53(1931), 4449.(with C. S. Marvel).

2. A Proof of the unsymmetrical structure of the azoxy group. *J. Amer. Chem. Soc.*, 55(1933), 2841.(with C. S. Marvel).

3. Abbauversuche in der Brucin Reihe. *Liebigs Annalen der Chemie Band*, 517. S(1935), 290–294.

4. Study of gelsemine. I . The reduction of gelsemine. *J. Amer. Chem. Soc.*, 62(1940), 1955.(with T. Q. Chou).

5. Study of gelsemine. II . The bromination and nitration of gelsemine. *J. Amer. Soc.*, 63(1941), 827.(with T. Q. Chou).

6. The preparation and properties of peimine and peiminine. *J. Amer. Chem. Soc.*, 63(1941), 2936.(with T. Q. Chou).

7. Conversion of peimine into peiminine and vice versa. *J. Amer. Chem. Soc.*, 69(1947), 1257.

庄长恭(Chang-Kong CHUANG),美国芝加哥大学化学博士,德国古定根大学及明星大学研究员,奥国格拉士大学研究员,曾任化学研究所专任研究员兼所长(1934 年 7 月——1938 年 9 月),通信研究员(1938 年 10 月——现在)。

著作目录:

1. A preliminary report on the chemical constituents of the Chinese drugs, Yuan-Shen(Black Ginseng). *Trans. Sci. Soc. China*, 7(1932), 187.(with C. M. Ma).

2. A preliminary report on the chemical examination of the Chinese drug, Lang-Tu. *Trans. Sci. Soc. China*, 7(1932), 195.(with Y. L. Tien).

3. A preliminary report on the chemical constituents of the Chinese drug, Tse-Hsich. *Trans. Sci. Soc. China*, 7(1932), 207.(with W. P. Chang and H. F. Shen).

4. Constitution of ergosterol. *Ann.*, 500(1933), 270.

5. Synthesen mittels Cyclischer Ketonsaeure-Ester, I. Mitteil; Synthese von 2-Methyl-Cyclohexan-Essigsaeure-(1)-Carbonsaure-(2) und evrwandten Verbindungen. *Ber.*, 68(1935), 864.(with Y. L. Tien and Yao-Tseng Huang).

6. Synthesen mittels Cyclischer Ketonsaure-Ester, II. Mitteil; Synthese von Cyclohexen-Diessigdaure-(1,2) und Verwanten

Verbindungen. *Ber.*, 68(1935). 871.(with C. M. Ma).

7. Kondensation von Butadien mit Alkylbenzochinonen. *Ber.*, 68(1935), 876.(with C. T. Han).

8. Kondensation von Oxalester mit B–Methyl–tricarballylsaure–Ester. *Ber.*, 68(1935), 882.(with C. M. Ma).

9. Ueber 8–Methly–hydrindan–derivate und die cis und trans–2–methyl–1–carboxy–cyclopentan–Essigsaure–(2). *Ber.*, 68(1935), 1946.(with C. M. Ma and Y. L. Tien).

10. Cis–und trans–1,3–Di–keto–Dekalin. *Ber.*, 69(1936), 25.(with Y. L. Tien).

11. Neue allgemeine Methoden zur Synthese von Poly–alicyclischen α –Ketonen mit angularer Methylgruppe. *Ber.*, 69(1936), 1494.(with Y. L. Tien and C. M. Ma).

12. Darstellung von γ –m–Methoxyphenyl–Buttersaure. *Ber.*, 69(1936), 1505.(with Yao–Tsen Hwang).

13. Synthetische Studien in der Sterin–und Sexual–hormon–Gruppe. Ⅰ. Mitteil:Synthese Eines 10–Oxy–3–oxo–hexahydro–chrysens und seines Methylathers. *Ber.*, 70(1937), 858.(with Y. L. Tien and Yao–Tseng Huang).

14. Alkaloids of Han–Fan–Chi–Fanchinoline, a dimethyltetrandrine. *Ber.*, 72B(1939), 519–25.(with C.Y. Hsing, Y. S. Kao and K. J. Chang).

15. Sterol and sex–hormone group(Ⅱ): A 3–ketohexahydro–chrysene. *Ber.*, 72B(1939), 713–16.(with Yao–Tseng Huang and C.

M. Ma).

16. Sterol and sex—hormone group(Ⅲ):7—hydroxy—3—keto—3, 4—dihydro—cyclopenteno—1', 2', 1, 2—phenenanthrene and its methyl ether. *Ber.*, 72B(1939), 949—53.(with C. M. Ma, Y. L. Tien and Yao—Tseng Huang).

17. Untersuchungen Ueber die Alkaloide von Han—fang—chi, Fangchinolin, ein Dimethyl—Tetrandrin. *Ber.*, 72(1939), 519.(with C. Y. Hsing, Y. S. Kao and K. J. Chang).

18. Synthetische Studien in der Sterin und Sexual—hormon—Gruppe. Ⅱ. Mitteil. Synthese eines 3—Keto—Hexahydrochrysens. *Ber.*, 72(1939), 713.(with Y. T. Huang and C. M. Ma).

19. Synthetische Studien in der Sterin und sexual—hormon—Gruppe. Ⅲ. Mitteil: Synthese von 7—oxy—3'—Keto—3, 4—Dihydro(cyclopentenol—1', 2':1, 2—phenanthren) und seines Methylathers. *Ber.*, 72(1939), 949.(with C. M. Ma, Y. T. Tien and Y. T. Huang).

20. 2—methyl—4—phenyl—cyclohexylessigsaure und Verwandte Verbindungen. *Ber.*, 73(1940), 1347.(with J. H. Chu and Y. S. Kao).

21. Synthetische Studien in der Sterin und Sexual—hormon—Gruppe. Ⅳ. Mitteil. Eine Synthese von 3—Naphthyl—(2)—cyclopentanon—Derivaten. *Ber.*, 74(1941), 798.(with J. H. Chu and Y. S. Kao).

张克忠(Ke-Chung CHANG), 美国麻省理工大学博士

(1928),曾任本所兼任研究员(1945 年 1 月—1946 年 12 月),
通信研究员(1946 年 1 月—现在)。

著作目录:

论文:

1. Distillation Ⅲ. The mechanism of rectification. *Trans. Am. Inst. Eng.*, 21(1928), 127.(with W. K.Lewis).

2. Emulsion and surface tension. *Trans. Sci. Soc. China.* Ⅰ (1931), 17.

3. A soluble soy—bean milk powder and its adaptation to infant feeding. *Chinese J. Physiol.*,(with Ernest Tso).

4. Gasoline from waste cotton—seed oil. *J. Chinese Chem. Soc.*, 2(1934), 211.(with H. Y. Chang).

5. Calculation of heating values of Chinese coals from proximate analysis. *J. Chem. Eng. China* 1(1934), 127.(with M. S. Hsieh).

6. Vegetable casein from soy—bean and peanut. *J. Chinese Chem. Soc.* 3(1935), 177.(with Y. S. Chao).

7. Gasoline from waste cotton—seed oil. Ⅱ. *J. Chem. Eng. China*, 2(1935), 32.(with H. Y. Chang and T. H. Chang).

8. Alcohol fermantation of sorghum grains in the solid state. *J. Chem. Eng. China*, 2(1935), 102.(with T. T. Kang).

9. The apparent rate of oxidation of massiscot and litharge. *J. Chinese Soc.*, 3(1935), 86.(with Y. F.Su).

10. 风吹豆油之试验. 化学工程:第 2 卷第 296 页 . 1935 年 .

11. Studies on cottonseeds. (1)Nutritive value of cottonseed meal. *J. Chem. Eng. China*, 3(1936),30.

12. 棉子之研究:棉子粉之营养价值. 化学工程:第 3 卷第 30 页.1936 年.

13. Studies on cottonseeds. (Ⅳ)Extraction of cottonseed protein. *J. Chem. Eng. China*, 4(1937), 173.

朱振钧(T. C. CHU),国立中央大学理学士(1928),本所助理员(1929—1939),副研究员(1940—现在)。

著作目录:

论文:

1. 上海人之膳食. 科学:第十八卷第 1174 页. 中国科学社 1934 年.

2. The ultraviolet absorption bands of diacetylene. *Phys. Rev.*, 47(1935), 886L.(with Sho–Chow Woo).

3. The absorption spectrum of diacetylene in the near ultraviolet. *J. Chem. Physic*, 3(1935), 541–3.(with Sho–Chow Woo).

4. The fundamental frequencies of the cyanogen molecule. *J. Chinese Chem. Soc.*, 3(1935), 301.(with Sho–Chow Woo and Ta–Kong Liu).

5. The absorption spectra and dissociation energies of some normal and iso–thiocyanates. *J. Chinese Chem. Soc.*, 5(1937), 162. (with Sho–Chow Woo).

6. The absorption spectrum of diacetylene in the near

ultraviolet Ⅱ. *J. Chem. Physis*, 5(1937), 786.(with Sho–Chow Woo).

7. The near ultraviolet bands of acetylene. *J. Chem. Physic*, 6(1938), 240.(with Sho–Chow Woo, Ta–Kong Liu and Wu Chih).

朱任宏(J. H. CHU),国立东南大学毕业(1924),本所副研究员(1946—现在)。

著作目录:

论文:

1. Chrystanthine and chrysanthene, crystalline principles from Chrysanthemum cinerariaefolium,Boce. *Chinese J. Physiol.*, 8(1934), 167.(with T. Q. Chou).

2. The constituents of Chinese drugs, Hai–Hsin, Asarum Sieboldi, Miq. *Chinese J. Physiol.*, 9(1935),261.(with T. Q. Chou).

3. Sur les Saponines de la drague Chimoise, San–Chi, Aralia bipinnatifida. (1). *Chinese J. Physiol.*,12(1937), 59.(with T. Q. Chou).

4. The alkaloids of Shih–Chan–Chu and their identification. *Chinese J. Physiol.*, 14(1939), 315.

5. The coloring matters of the Chinese drug, Ta–Chi, Euphorbia pikinenis Rupr. *Chinese J. Physiol.*, 15,(1940), 151.

6. The sapogenins of the Chinese drug, Yang–Chiao–Ou. *Chinese J. Physiol.*, 15(1940), 309.

7. The analysis of Chinese drug, Fan–Mu–Pieh. *Chinese J. Pharm. Assoc.*, 3(1940), 243.

8. 2–Methyl–4–phenyl–cyclohexylessigsaure und verwandte

Verbingungen. *Ber.*, 73(1940), 1347.(with Chang–Kong Chuang and Yee–Sheng Kao).

9. The saponines of the Chinese drug, San–Chi, Aralia bipinnatifida (Ⅱ). *Chinese J. Physiol.*, 16(1941), 139.(with T. Q. Chou).

10. Synthetische Studien in der Sterin und Sexual–Hormon–Gruppe Ⅳ. Mitteil. Eine Synthese von 3–Naphthyl–(2)–cyclopentanon–Derivation. *Ber.*, 74(1941), 798.(with Chang–Kong Chuang and Yee–Sheng Kao).

11. The sapogenins of the Chinese drug, Yuan Chih, polygala Tenuifolia, Willd. *J. Amer. Pharm. Assoc.*, 36(1947), 241.(with T. Q. Chou and B. F. Mei).

12. Note on the sterols of Chinese crab and shrimp. *J. Chinese Chem. Soc.*, 15(1947), 121.

13. The constituents of Chinese drug, Kai–ho–chien, Ardisia Hortorum. *Sci. Record, Academia, Sinica*, 2(1947), 77.

黄耀曾(Yao–Tseng HUANG), 国立中央大学理学士 (1934), 本所助理员(1934—1938), 助理研究员(1946—1947),副研究员(1947—现在)。

著作目录：

论文：

1. Synthese von –Methyl–cyclohexane–essigsaure–(1)–carbonsaure–(2) und verwandte Verbindungen. *Ber.*, 68(935), 864–

70.(with Chang–Kong Chuang and Yu–Lin Tien).

2. Darstellung von γ –m–Methyloxyphenylbuttersaure. *Ber.*, 69(1936), 1505–1508.(with Chang–Kong Chuang).

3. The molecular rearrangement of 2–ethyl–mercapto–4– phenyl–6–thiocyano–pyrimidine. *J. Amer. Chem. Soc.*, 58(1936), 773.(with Yuoh–Fong Chi and –yee–Shan Kao).

4. Synthese eines 10–Oxy–3–oxchexahydrochrysens und seines methyl–athers. *Ber.*, 70(1937), 858–863.(with Chang–Kong Chuang and Yu–Lin Tien).

5. Alkaloids of Chinese gelsemiun, Kow–wen. *J. Amer. Chem. Soc.*, 60(1938), 1723–4.(with Yuoh–Fong Chi and Yee–Shen Kao).

6. Synthese eines 3–Keto–hyxahydrochrysens. *Ber.*, 72(1939), 716.(with Chang–Kong Chuang and Chi–Ming Ma).

7. Synthese von 7–Oxy–3'–keto–3.4–dihydro–cyclopenteno–1'.2': 1.2–phenanthren und seines Methyl–athers. *Ber.*, 72(1939), 949–953. (with Chang–Kong Chuang Chi–Ming Ma and Yu–Liu Tien).

8. Synthesis of a–amino–di–n–butylacetic acid. *J. Chinese Chem. Soc.*, 8(1941), 81.(with Kuo–Huo Lin and Liang Li).

9. Synthese of α –amino–di–n–butylacetic acid and α – amino–di–iso–butylacetic acid. *J. Chinese Chem. Soc.*, 8(1941), 201.(with Kuo–Huo Lin, Liang Li and Ming–Chen Lu).

10. Synthesis of α –amino–methylthylacetic acid and α – amino–ethyl isopropy–lacetic acid. *J. Chinese Chem. Soc.*, 9(1942), 1.(with Liang Li, Kuo–Huo Lin and Shiung–An Kang).

11. Synthesis of α –amino–ethylpropylacetic acid. *J. Chinese Chem. Soc.*, 9(1942), 14–30.(with Liang Li, Kuo–Huo Lin and *Ann*a Y. L. Huang).

12. Synthesis of α –amino–di–isoamylacetic acid. *J. Chinese Chem. Soc.*, 9(1942), 31.(with Kuo–Huo Lin, Liang Li, and Ming–Cheng Lu).

13. The synthesis, toxicity and anaesthetic potency of two new local anaesthetics. *Brit. J. of Pharmacol. & Chemotherany*, 1(1946), 273–277.(with Ming–Cheng Lu and I Chang).

14. Syntheses of α –amino–a–lsoprophl–valeric acid and α –amino– α –isopropyl–caproic acid. *J. Chinese Chem. Soc.*, 15(1947), 31–37.(with Kuo–Huo Lin and Liang Li).

15. Syntheses of valine leucine and norleucine. *J. Chinese Chem. Soc.*, 15(1947), 38–45.(with Kuo–Huo Lin and Liang Li).

16. Synthese of α –amino–a–methyl–caproic acid and α –amino–capric acid. *J. Chinese Chem. Soc.*, 15(1947), 46–54. (with Kuo–Hao Lin and Liang Li).

17. A new general method for the synthesis of α –amino acids based on Hofmann degradation reaction. *Science and Technology in China*, 1(1948), 5.(with Kuo–Hao Lin and Liang Li).

18. Hofmann reaction on substituted malonamic acids and their esters. *J. Chinese Chem. Soc.*, 15(1948), 224.

19. Hofmann reaction on dialkvl–acetamides. *J. Chinese Chem. Soc.*, 15(1948), 233.

罗建本(Chien-Pen LO),美国米里苏打大学博士,本所练习助理员(1935—1937),助理员(1937—1941),助理研究员(1942—1943),副研究员(1943—现在)。

著作目录:

论文:

1. Studies on organo arsenic compounds (Ⅱ) arsenation of aniline and some metallic salts of arsenitic acid. *J. Chinese Chem. Soc.*, 4(1936), 477.(with P. S. Yang).

2. Miscibility of the thermally treated castor oil with mineral oil. *J. Chem. Eng. China*, 7(1940), 11.(with Ta-Yu Chang and Hsin-Min Chen).

3. Identification of sulfanilamide and some of its related drugs. *J. Chinese Chem. Soc.*, 8(1941), 194.(with Huang – Minlon and Lucy J. Y. Chu).

3A. Identification of sulfanilamide and some of its related drugs. *Sci. Record, Academia Sinica*, 1(1942), 134.(with Huang-Minlon and Lucy J. Y. Chu).

4. Notes on the determination of the iodine values of dehydrated castor oils. *J. Chinese Chem. Soc.*, 8(1941), 218.(with Lucy J. Y. Chu).

5. A preliminary note on some symmetrically substituted azobisbenzenesul-fonamides. *J. Chinese Chem. Soc.*, 9(1942), 57.(with Huang-Minlon and Lucy J. Y. Chu).

5A. Some symmetrically substituted azobisbenesulfonamides.

Sci. Record, Academia Sinica, 1(1942), 137.(with Huang–Milon and Lucy J. Y. Chu).

6. Partial saponification of N1, N4–diacetyl–sulfanilamide. *J. Chinese Chem. Soc.*, 9(1942), 61.(withHuang–Milon).

7. Thermal treatment of castor oil. *J. Chinese Chem. Soc.*, 9(1942), 66.(with Ta–Yu Chang and Hsin–Min Chen).

8. Catalytic dehydration of castor oil by normal sulphates and alums. *J. Chem. Eng. China*, 9(1942),1.(WITH Lucy J. Y. Chu).

9. A note on the alkaloid contents of cinchona barks cultivated in Yunnan province. *J. Chem. Eng. China*, 9(1942), 32.(with Chi–Yi Hsing and En–Fu Li).

10. Studies in the santonia series. (I) The two new desmotroposantonins and the two new desmotroposantonous acids. *J. Chinese Chem. Soc.*, 10(1943), 126.(with Huang–Milon and Lucy J. Y. Chu).

11. A supplementary note on the identification of sulfanilamide and some of ites related drugs. *J. Chinese Cham. Soc.*, 10(1943), 136.(with Huang–Milon and Lucy J. Y. Chu).

12. Qualitative study of the color reaction of phosphomolybdic acid. *Ind. & Eng. Chem. Anal. Edition*, 16(1944), (with Lucy J. Y. Chu).

13. N^1–acetyl–N^4–benzoyl–sulfanilamides. *J. Amer. Chem. Soc.*, 66(1944), 660.(with Lucy J. Y. Chu).

14. Studies in the santonins series. (II) the bromination products of desmotroposentonine and desmotroposantonous acids. *J.*

Amer. Chem. Soc., 66(1944), 1954.(with Huang–Milon and Lucy J. Y. Chu).

15. The caffeine contents of the Yunnan teas. *J. Chem. Eng. China*, 12(1945), 15.(with Lucy J. Y. Chu).

16. Versuche zur reduktiven Spaltung von Symetrisch substituierten Azobisbensolsulfonamiden. I . Das Hydrazobensol-44'–di–(N–Acetylfonamid). *Sci. Record, Academia Sinica*, 1(1945). (with Huang–Milon).

余柏年(Pe-Nien YU), 国立浙江大学工学士(1936), 本所技术员(1936—1938), 助理员(1939—1942), 助理研究员(1942—现在)。

著作目录:

论文:

1. Ueber die Gewinnung von Tonerde und Duengemitteln aus chinesischen Alunit. Mitteilung Nr. 3 H Der Aufschluss der Tonerde im Alunit mit Soda–kalk im Nassverfahren bei gewoehnlichem Druck nachdem Abbau des K_2O und SO_3 mit Ammoniak. *J. Chem. Eng. China*, 4(1937), 287.(with G. Hohorst).

2. A modified method in the analysis of uranium ore with higher content of columbium and tantalum. *J. Chin. Chem. Soc.*, 15(1943), 170–178.

钟焕邦(CHUNG Hwan-Pon), 国立北京大学理学士

（1936），本所助理员（1940—1941），助理研究员（1942—现在）。

著作目录：

论文：

1. The effect of substituents on the germicidal activity of phenols 1. Alkyl derivatives of 2–4 dibromophenol. *J. Chinese Chem. Soc.*, 4(1936), 361.(with S. L. Chien and H. C. Tai).

2. The chemical investigation of some salt deposits of Central Yunnan. *J. Chem. Eng. China*, 9(1942), 42.(with Ta–Kong Liu).

3. A chemical survey of the salt manufacturing process in the Yih–Ping–Long salt refinery, Yunnan. *J. Chem. Eng. China*, 12(1945), 11.(with Tas–Kong Liu).

4. The purification of the sulfato–brine of Yuanyungching of Central Yunnan. *J. Chem. Eng. China*, 12(1945), 17.(with Ta–Kong Liu).

朱晋锠（CHU Tsin–Chang），光华大学理学士（1939），本所助理研究员（1946—现在）。

著作目录：

论文：

1. Löslichkejt von Natriumchlorid in Gemischen von Protium– und Deuterium–oxyd. *Zeitschrift für physikalische Chemie*, A, 184(1939), 411–415.(with Tsing–Lien Chang).

2. Note on the freezing point lowering of heavy water. 清华科学报告第十三周年纪念号.1941年（with Tsing–Lien Chang）.

郑绍基(CHENG Shao-Chi), 国立西南联合大学理学士（1942），本所助理员（1943—1947），助理研究员（1947—现在）。

著作目录：

论文：

1. Studies in the santonin series Ⅲ. The introduction of nitrogen into the desmotroposantonin molecule. *J. Amer. Chem. Soc.*, 70(1948), 449.(with Huang-Minlon).

2. Kineties of the oxidation of formaldehyde by hypoiodite solution. *Sci. Record Academia Sinica*, 2(1948), 183–191.(with Woo, Sho-Chow).

王琎(C. WANG), 美国里海大学毕业及科兴学院毕业，曾任本所专任研究员兼所长（1928 年 1 月—1934 年 8 月）。

著作目录：

论文：

1. A preliminary chemical survey of the pottery industry of Ihing. *Memoir. Inst. Chem. Acad. Sin.*, 7(1931).(with Ta-Kong Liu) (in Chinese but with a summary in English).

唐燊源(T. Y. TANG), 美国卫斯康辛大学化学学士，梅音大学硕士，曾任本所专任研究员（1929年1月—1934年6月）。

著作目录：

论文：

1. A study on the methods for the analysis of oils, with

application to some Chinese edible oils. *Memoir. Inst. Chem. Acad. Sin.*, 2(1930), 1(in Chinese but with a summary in English).

2. The disgestion of some Chinese bamboos and tests of their pulp strength. *Memoir. Inst. Chem. Acad. Sin.*, 9(1932), (in Chinese but with a summary in English).

赵燏黄(Y. H. CHAO),日本帝国大学药学士,日本东京药学专门学校毕业,曾任本所专任研究员(1929 年 1 月—1934 年 6 月)。

著作目录:

论文:

1. Neuer Pharmakognostischer Atlas der chinesischen Drogen. *Band* 1, 1 *Teil*(in Chinese), (1931).

2. Neuer Pharmakognostischer Atlas der chinesischen Drogen. *Band* Ⅰ. 2 *Teil*(in Chinese), (1932).

曾义(Zola Y. TSEN),法国里昂中法大学理科博士,曾任本所专任研究员(1929 年 9 月—1932 年 6 月)。

著作目录:

论文:

1. The relation of phosphorus to the metabolism of sugar in animal bodies and the action of insulin and synthalin(in Chinese). *Memoir. Inst. Chem. Acad. Sin.*, 1(1930).

2. A modified method of colorimetric determination of small

quantity of phosphorus(in Chinese). *Memoir. Inst. Chem. Acad. Sin.*, 4(1931).

3. The metabolism of phosphorus during the embryonic development of some eggs and certain beans(in Chinese). *Memoir. Inst. Chem. Acad. Sin.*, 4(1931).

汤元吉(Yuan-Chi TANG),德国明星工业大学博士,曾任本所专任研究员(1931 年 10 月—1936 年 7 月)。

著作目录:

论文:

1. On the alginic acid from laminaria longissima miyabe. *Memoir. Inst. Chem. Acad. Sin.*, 10(1933).

2. Ueber die Anwendungsmoglichkeit des Modifizierten Einstufenver-fanrens als Bestmmungs methode der Cellulose. *Cellulosechemie*, XVI(1935), 57.(with Hsioh-Li Wang).

3. Ueber die Bindungsweise der Essigsaure in Ginkgoholz. (Ginkgo Biloba). *Cellulosechemie*, XVI(1935), 90.(with Yueh-Wei Wang and Hsioh-Li Wang).

4. Zur Cellulosebestimung nach dem modifizierten Einstufenvergahren bei erhohter Temperatur. *Cellulosechemie*, XVII(1936). 21.(with Wen-Hsing Yen).

5. Ein neues Verfahren Zurbestimmung der Rohfaser bzw. Cellulose in Lebens- und Futtermitteln. *Z. Unters, Lebensm*, 73(1937), 346.(with Wen-Hsing Yen and Huai-Chun Hsu).

王学海(Shiao-Hai WANG),德国勃来斯劳城工科大学毕业,曾任本所专任研究员(1934 年 7 月—1941 年 6 月)。

著作目录:

论文:

1. Uber die Gewinnung von Tonerde und Duengemitteln aus chinesischem Alunit. Mitteilung Nr. 1. Die chemische Zusammensetzung des chinesischem Alunit. *J. Chem. Eng. China*, 3(1936), 263.(with Wen Schio-Pin and Kuo-Jen Chang).

2. Uber die Gewinnung von Tonerde und Duengenmitteln aus Chinesichem Alunit. Mittilung Nr. 3. A. (1) Der Einfluss des Gluehens Gluehens auf die Loslichkeit der Alunit. *J. Chem. Eng. China*, 3(1936), 340.(with G. Hohorst and T. Y. Chang).

3. Ueber die Gewinnung von Tonerde und Duengemitteln aus chinesischem Alunit. Mitteilung Nr. 3D. Der Abbau des K_2O und SO_3 im Alunit mit NH_3 nach dem Gluhen und die Trennung der Tonerde von ihren Begleitsteffen. *J. Chem. Eng. China*, 4(1937), 134.(with G. Hohorst).

4. Ueber die Gewinnung von Tonerde und Dungemitteln aus chinesischem Alunit. Miteilung Nr. 3 F. Der Eufschluss der Tonerde im Alunit mit Natronlauge nach dem Abbau des K_2O mit Ammoniak.*J. Chem. Eng. China*, 4(1937), 234.(with G. Hohorst).

5. Die chemische Zusammensetzung von Yunnan Phosphat. *J. Chem. Eng. China*, 7(1940), 17.(with Chung Tao-Shu).

纪育沣(Yuoh-Fong CHI),美国支加哥大学博士,曾任本所专任研究员(1934 年 8 月—1936 年 6 月)。

著作目录:

论文:

1. Chemical examination of the root of Umbelliferae Peucedanum Decursiveum, Maxim. *J. Chinese Chem. Soc.*, 2(1934), 329.(with Yi-Teh Wang).

2. The constituents of the roots of Ch'ai Hu(Bupleurum Falcatum, L.) *J. Chinese Chem. Soc.*, 3(1935), 78.(with Chi-Ming Ma).

3. The molecular rearrangement of 2-ethylmercapto-4, 5-dimethyl-6-thiocyano-pyrimidine. *J. Amer. Chem. Soc.*, 58(1936), 769.(with Yee-Sheng Kao).

4. Pyrimidine research:Synthesis of 4, 5-dimethylcytosine. *J. Amer. Chem. Soc.*, 58(1936), 772.(with Yee-Sheng Kao).

5. Pyrimidine research: The molecular rearrengement of 2-ethyl-mercapto-4-phenyl-6thiocyanopyrimidine. *J. Amer. Chem. Soc.*, 58(1936), 773.(with Yee-Sheng Kao and Yao-Tseng Huang).

6. Pyrimidine research: Synthesis of 4-methyl-5-n-butylcytosine. *J. Amer. Chem. Soc.*, 58(1936), 1150.

7. Synthesis of 1-phenyl-2-methyl-4-ethylpyrazol-5-one. *J. Amer. Chem. Soc.*, 58(1936), 1152.(with Chun-Hwa Yang).

8. The alkaloids of Fritillaria Roylei 1. Isolation of pemine. *J. Amer. Chem. Soc.*, 58(1936), 1306.(with Yee-Sheng Kao and Kou-Jen Chang).

9. Chemical investigation of the leaves of Epimedium Macrathum(Yin Yeh Ho) A preliminary report. *J. Chinese Chem. Soc.*, 4(1936), 312.(with Yee–Sheng Kao).

10. The alkaloids of Chinese gelsemium, Kou Wen. *J. Amer. Chem. Soc.*, 60(1938), 1723.(with Yee–Sheng Kao and Yao–Tseng Huang).

杨树勋(P. S. YANG),美国支加哥大学博士,曾任本所专任研究员(1935 年 7 月—1938 年 1 月)。

著作目录:

论文:

1. A theory of the biuret reaction. *J. Chinese Chem. Soc.*, 4(1936), 27.

2. The alkaline hydrolysis of polypeptides composed of Levo-alanine. *J. Chinese Chem. Soc.*, 4(1936), 37.

3. Studies on organo–arsenic compounds. II. arsenation of aniline and some metallic salts of arsanilic acid. *J. Chinese Chem. Soc.*, 4(1936), 447.(with Chian–Pen Lo).

4. Studies on organic–arsenic compounds III. arsenation of phenol and some derivatives of hydroxphenylarsonic acids. *J. Chinese Chem. Soc.*, 5(1937), 89.(T. Y. Wang).

5. Note on the isolation of amino–acids from human black hair. *J. Chinese Chem. Soc.*, 5(1937), 96.(with C. T. Chen).

贺厚赐(Georg, Marin HOHORST)，University Gottingen Chemie Dr. Phil.(1922)，曾任本所专任研究员(1935 年 8 月——1937 年 9 月)。

著作目录：

论文：

1. Ueber die Gwinnung von Tonerde und Duengemitteln aus chinesischem Alunit. Mtiteilung Nr. 2. A. Aufbereitungsversuche mit Alunit. *J. Chem. Eng. China*, 3(1936), 280.(with Wen Schio–Pin).

2. Ueber die Gewinnung von Tonerde und Duengemitteln aus chinesischem Alunit. Mitteilung Nr. 3, A. (1). Der Einfluss des gluehens auf die losslichkeit der Alunit. *J. Chem. Eng. China*, 3(1936), 340.(with H. H. Wang and T. Y. Chang).

3. Ueber die Gewinnung von Tonerde und Duengemitteln aus chinesischem Alunit. Mitteilung Nr. 3 B. (1) Die Aufschliessbarkeit de snatuerlichen Alunit mit Kaliauge (2). *J. Chem. Eng. China*, 4(1937), 21.(with Hou Hsiang–lin).

4. Ueber die Gewinnung von Tonerde und Duengemitteln aus chinesischem Alunit. Mitteilung Nr. 3 C (1). Die Losslichkeit des Alunit in Schwefelsaure. *J. Chem. Eng. China*, 4(1937), 29.(with Wen Cchio–Pin).

5. Ueber die Gewinnung von Tonerde und Duegemitteln aus chinesischem Alunit. Mitteilung Nr. 3 D. Der Abbau des K_2O und SO_3 im Alunit mit NH_3 nach dem Gluhen und die Trennung der Tonerde von ihren Begleitsteffen. *J. Chem. Eng. China*, 4(1937),

134.(with Wang Hsiao–Hai).

6. Ueber die Gewinnung von Tonerde und Duegemitteln aus chinesischem Alunit. Mitteilung Nr. 3 E. Die aufschliessbarkeit der naturlichen Alunit Mit Kalilange. *J. Chem. Eng. China*, 4(1937), 227.(with Hou Hsiang–Lin).

7. Ueber die Gewinnung von Tonerde und Dungemitteln aus chinesischem Alunit. Mtiteilung Nr. 3 F. Der Aufschluss der Tonderde im Alunit mit Matronalauge nach dem Abbau des K_2O und SO_3 mit Ammoniak. *J. Chem. Eng. China*, 4(1937), 234.(with Wang Hsiao–Hai).

8. Ueber die Gewinnung von Tonerde und Dungemitteln aus chinesischem Alunit. Mitteilung Nr. 3 G. Fortsetzung der Versuche ueber die Losslichkeit des Alunit in Schwefelsaeure. Teil Ⅱ. Die Reinigung der Monerde durch Darstellung und Umkristallisation von Alaun und die anschliessend Zersetzung des Alsun mit gasformigen NH_3. *J. Chem. Eng. China*, 4(1937), 280.(with Wen Schia–Pin).

9. Ueber die Gewinnung von Toerde. und Dungmitteln auschinesischem Alunit. Mitteilung Nr. 3 H. Der Aufschluss der Tonerde im Alunit mit Sodakalk im Hassverfahren bei gewohnlichem Druck Mach Dem Abbau des K_2O und SO_3 mit Ammoniak. *J. Chem. Eng. China*, 4(1937), 287.(with P. N. Yu).

潘履洁(Li-Chi Pan),美国哥仑比亚大学化学工程师,曾任本所专任研究员(1936 年 7 月—1938 年 11 月)。

著作目录:

论文:

1. A study of the sunthetic production of cryolite. Part Ⅰ. The treatment of fluorspar. *J. Chem. Eng. China*, 4(1937), 261. (with Yen Wen–Hsing).

张大煜(Ta–Yu CHANG),德国特留诗登工科大学博士,曾任本所专任研究员(1939 年 5 月—1942 年 2 月)。

著作目录:

论文:

1. Fractional digestion of reeds and maize stalk. *J. Chem. Eng. China*, 7(1940), 5.(with Deh–Shi Wang).

2. Miscibility of the thermally treated castor oil with mineral oil. *J. Chem. Eng. China*, 7(1940), 11.(with Chien–Pen Lo and Hsin–Min Chen).

3. Thermal treatment of castor oil. *J. Chinese Chem. Soc.*, 9(1942), 66.(with Chien–Pen Lo and Hsin–Min Chen).

张青莲(Tsing–lien CHANG),德国柏林大学博士,曾任本所副研究员(1937 年 1 月—1939 年 1 月)。

著作目录:

论文:

1. Verbindungen von Zinksalzen mit Chinolin. *Z. anorg.*

allgen. Chem., 41(1939), 205.

2. Loeslichkeit von Natriumchlorid in Gemischen von Protium–und Deuteriumoxyd. *Zeit. Physik. Chem.*, A I, 84(1939), 411.(with Tsin–Chang Chu).

邢其毅(Chi–Yi HSING), 美国意利诺大学博士, 曾任本所副研究员(1937 年 7 月—1940 年 8 月)。

著作目录：

论文：

1. A new method for the cleavage of unsaturated fatty acids. *J. Amer. Chem. Soc.*, 61(1939), 3589.(with Kou–Jen Chang).

2. Untersuchunger Uber die Alkaloide von Han–Fang–chi, Fangchinolin, ein dimethyl–tetrandrin. *Ber.*, 72(1939), 519.(with Chang–Kong Chuang, Yee–Shen Kao and Kou–Jen Chang).

3. A note on the alkaloid contents of cinchona barks cultivated in Yunnan Province. *J. Chem. Eng. China*, 9(1942), 32.(with Chien–Pen Lo and En–Fu Li).

许植方(C. F. HSU), 前国立东南大学毕业, 曾任本所助理研究员(1931 年 3 月—1935 年 6 月)。

著作目录：

论文：

1. A chemical study of the seed of Leonurus Sibiricus, L.(I–Mao–Tsao) and the composition of its oil.(1932).(in Chinese but

with an Abstract in English).

2. The alkaloid of the seed of Leonurus Sibiricus, L.(I–Mao–Tsao). *J. Chinese Chem. Soc*., 2(1934), 337.

王曰玮(Yueh–Wei WANG),国立中央大学理学士,曾任本所助理研究员(1932 年 9 月—1934 年 7 月)。

著作目录：

论文：

1. Ueber die Bindungsweise der Essigsaure in Ginkgoholz (Ginkgo Biloba). *Cellulosechemie* XVI (1935), 90.(with Yuan–Chi Tang and hsioh–Li Wang).

马集铭(MA Chi–Ming),沈阳东北大学化学系理学士,曾任本所助理研究员(1934 年 6 月—1939 年 6 月)。

著作目录：

论文：

1. The constituents of the roots of Ch'ai Hu(Bupleurum Falcatum, L.) *J. Chinese Chem. Soc*., 3(1935), 78.(with Yuoh–Fong Chi).

2. Synthesen mittels Cyclischer Ketonsaure–ester, II. Mittil.: Synthese von Cyclohexan–diessigsaure–(1,2) und Verwandten Verbindungen. *Ber*., 68(1935), 871.(with Chang–Kong Chuang).

3. Kondensation von Oxalester mit β –methyl–tricarballyl–saure–ester. *Ber*., 68(1935), 882.(with Chang–Kong Chuang).

4. Uber 8–Methylhydrindan–derivate und die Cis und trans–

2–Methyl–1–Carboxy–cyclopentan Essigsaure–(2). *Ber.* 58(1935), 1946.(with Chang–Kong Chuang and Yu–Lin Tien).

5. Neue allemeine Methoden zur Synthese von Poly-alicyclischen a–Ketonen mit angularer Methylgruppe. *Ber.*, 69(1936), 1494.(with Chang–Kong Chuang and Yu–Lin Tien).

6. Synthetische Studien in der Sterin und Sexual–hormon–Gruppe, Ⅱ. Mitteil. Synthese eines 3–Keto–hexany–drochrysens. *Ber.*, 72(1939), 713.(with Chang–Kong Chuang and Yao–Iseng Huang).

7. Synthetische Studien in der Sterin–und Sexual–hormen–Gruppe, Ⅲ. Mitteil. Synthese von 7–oxy–3'–keto–3, 4–Dihydro(cyclopenteno–1',2': 1,2–phenanthren) und seines Methylathers. *Ber.*, 72(1939), 949.(with Chang–Kong Chuang, Yu–Lin Tien and Yao–Tseng Huang).

高怡生(Yu–Sheng KAO),国立中央大学化学系理学士,曾任本所助理研究员(1934 年 7 月—1938 年 1 月)。

著作目录:

论文:

1. Pyrimidine research: Synthesis of 4, 5–dimethylcytosine. *J. Amer. Chem. Soc.*, 58(1936), 772.(with Yuoh–Fong Chi).

2. Pyrimidine research: The molecular rearrangement of 2–ethyl–mercapto–4–phenyl–6–thiocyanopyrimidine. *J. Amer. Chem. Soc.*, 58(1936), 773.(with Yuoh–Fong Chi and Yao–Tseng Huang).

3. The alkaloids of Fritillaris Roylei 1. Isolation of peimine. *J.*

Amer. Chem. Soc., 58(1936), 1306.(with Yuoh–Fong Chi and Kou–
Jen Chang).

4. Chemical investigation of the leaves of Epimedium
Macrathum (Yin Yen Ho) A preliminary report. *J. Chinese Chem.
Soc.*, 4(1936), 312. (with Yuoh–Fong Chi).

5. Pyrimidine research :The molecular rearrangement of
2–ethylmercapto–4, 5–di–methyl–6–thiocyanopyrimidine. *J. Amer.
Chem. Soc.*, 58(1936), 769.(with Yuoh–Fong Chi).

6. Untersuchungen Ueber die Alkaloide von Han–fang–chi,
Fangchinolin, ein Dimethyl–tetrandrin. *Ber.*, 72(1939), 519.(with
Chang–Kong Chuang, Chi–yi Hsing and Kuo–Jen Chang).

温学赟(S. P. WEN),国立中央大学化学工程科学士,曾
任本所助理研究员(1934 年 7 月—1937 年 9 月)。

著作目录:

论文:

1. Ueber die Gewinnung von Tonerde und Duengemitteln
aus chinesischem Alunit. Mitteilung Nr. 1. Die chemische
zusammensetzung des chinesischem Alunit. *J. Chem. Eng. China*,
3(1936), 263.(with Wang Hsiao–Hai and Chang Kuo–Jen).

2. Ueber die Gewinnung von Tonerde und Dueagemitteln aus
chinesischem Alunit. Mitteilung Nr. 2. A. Aufbereitungeversuche
mit Alunit. *J. Chem. Eng. China*, 3(1936), 280.(with G. Hohorst).

3. Ueber die Gewinnung von Tonerde und Duengemitteln aus

chinesischem Alunit. Mitteilung Nr. 2 C. (1) Die Loeslichkeit des Alunit in Schwe–felsaure. *J. Chem. Eng. China*, 4(1937), 29.(with G. Hohorst).

4. Ueber die Gewinnung von Tonerde un Duengemitteln aus chinesischem Alunit. Mitteilung Nr. 3 G. Fortsetzung der Versuche ueber die Loeslichkeit des Alunit in Schwefelsaure. Teil Ⅱ. Die Reinigung der Tonerde durch Barstellung und Umkristallisation von Alaun und die Anschliessend Zersetzung des Alaun mit gasformigem NH_3. *J. Chem. Eng. China*, 4(1937), 280.(with G. Hohorst).

汪榕(Y. WANG),国立中央大学化学系学士,曾任本所助理研究员(1934 年 7 月—1938 年 1 月)。

著作目录:

论文:

1. Study on organic–arsenic compounds Ⅲ. arsenation of phenol and some derivatives of hydroxyphenylarsonic acids. *J. Chinese Chem. Soc.*, 5(1937), 89.(with P. S. Yang).

田遇霖(Yu–Lin TIEN),沈阳东北大学化学科学士,曾任本所助理研究员(1934 年 7 月—1939 年 6 月)。

著作目录:

论文:

1. Synthesen mittels Cyclischer Ketonsaeure–ester, 1. Mitteil: Synthese von Verbindungen. *Ber.*, 68(1935), 864.(with Chang–Kong Chuang and Yao–Tseng Huang).

2. Ueber 8-Methyl hydrindan-derivate und die Cis-und Trans-2-Methyl-1-carboxy-cyclopenten-essigsaeure-(2). *Ber.*,68(1935), 1946.(with Chang-Kong Chang and Chi-Ming Ma).

3. Cis-und trans-2, 3-Diketo-dekalin. *Ber.*, 69(1936), 25.(with Chang-Kong Chuang).

4. Neue allgemeine Methoden zur Synthese von Poly-allcyclischen x-Ketonen mit angularer Methyl gruppe. *Ber.*, 69(1936), 1494.(with Chang-Kong Chuang and Chi-Ming Ma).

5. Synthetische Studien in her Sterin-und Sexual-hormon-gruppe, Ⅰ. Mitteil: Synthese Eines 10-Oxy-3-oxo-hexahydro-chrysens und seines Methylathers. *Ber.*, 70(1937), 858.(with Chang-Kong Chuang and Yao-Tseng Huang).

6. Synthetische Studien in der Sterin-und Sexual-hormon Gruppe, Ⅱ. Mitteil: Synthese von 7-Oxy-3'-Keto-3, 4-Dihydro(cyclopenteno-1',2': 1,2-phenanthren) und Seines Methylathers. *Ber.*, 72(1939), 949.(with Chang-Kong Chuang, Chi-Ming Ma and Yao-Tseng Huang).

张国仁(Kan-Jen CHANG),辽宁东北大学理科学士,曾任本所助理研究员(1934 年 9 月—1939 年 12 月)。

著作目录：

论文：

1. Ueber die Gewinnung von Tonerde und Duengemitteln aus chinesischem Alunit. Mitteilung Nr. 1. Die chemische

zusammensetzung des chinesischem Alunit. *J. Chem. Eng. China*, 3(1936), 263.(with Hsiao–Hai Wang and Kou–Jen Chang).

2. The Alkaloids of Fritillaria Roylei 1. Isolation of peimine. *J. Amer. Chem. Soc.*, 58(1936), 1306.(with Yuoh–Fong Chi and Yee–Shen Kao).

3. Untersuchungen ueber die Alkaloide von Han–Fang–Chi, Fangchinolin, Ein Dimethey–tetrandrin. *Ber.*, 72(1939), 519.(with Chang–Kong Chuang, Chi–Yi Hsing and Yee–Shen Kao).

4. A new method for the cleavage of unsaturated fatty acids. *J. Amer. Chem. Soc.*, 61(1939), 3589.(with Chi–Yi Hsing).

严文兴(Wen–Hsing YEN),上海圣约翰大学化学系学士,曾任本所助理研究员(1935 年 7 月—1938 年 1 月)。

著作目录:

论文:

1. Zur Cellulosebestimmung nach dem modifizierten Eintufenvergahren bei erhohter Temperatur. *Cellulosechemie*, XVII(1936), 21.(with Yuan–Chi Tang).

2. Ein neues Verfahren Zurbestimmung der Rohfaser bzw. Cellulose in Lebens und Futtermitteln. *Z. Unters. Lebensm.*, 73(1937), 73. (with Yuan–Chi Tang and Huai–Chun Hsu).

3. A study of the synthetic production of cryolite. Part I. The Treatment of Fluospar. *J. Chem. Eng. China*, 4(1937), 261.(with Pan Li–Chi).

程崇道(Chang-Toe CHENG),国立中央大学化学系理学士,曾任本所助理研究员(1935 年 7 月—1938 年 9 月)。

著作目录:

论文:

1. Note on the isolation of aminoacids from human black hari. *J. Chinese Chem. Soc.*, 5(1937), 96.(with P. S. Yang).

钟道树(Tao-Shu CHUNG),国立中央大学工学士,曾任本所助理研究员(1935 年 7 月—1940 年 6 月)。

著作目录:

论文:

1. Die chemische Zusammensetzung von Yunnan Phosphat. *J. Chem. Eng. China*, Z(1940), 17.(with Hsiao-Hai Wang).

陈新民(CHEN Hsin-Min),国立清华大学理学士,曾任本所助理研究员(1939 年 12 月—1941 年 6 月)。

著作目录:

论文:

1. Miscibility of the thermally treated castor oil with mineral oil. *J. Chem. Eng. China*, 7(1940), 11.(with Ta-Ya Chang and Chien-Pen Lo).

2. Thermal treatment of castor oil. *J. Chinese Chem. Soc.*, 9(1942), 66.(with Ta-Ya Chang and Chien-Pen Lo).

朱汝蓉(Lucy Ju-Yung CHU)，国立清华大学理学士，曾任本所助理研究员(1941 年 1 月—1944 年 7 月)。

著作目录：

论文：

1. Identification of sulfanilamide and some of its related drugs. *J. Chinese Chem. Soc.*, 8(1941), 194.(with Huang-Milon and Chien-Pen Lo).

1A. Identification of sulfanilamide and some of its related drugs. *Sci. Record, Academia Sinica*, 1(1942), 134.(with Huang-Milon and Chien-Pen Lo).

2. Notes on the determination of the iodine values of dehydrated castor oil. *J. Chinese Chem. Soc.*, 8(1941), 218.(with Chien-Pen Lo).

3. A preliminary note on some symmetrically substituted azobisbenzene-sulfonamides. *J. Chinese Chem. Soc.*, 9(1942), 57.(with Huang-Milon and Chine-Pen Lo).

3A. Some symmetrically substituted azobisbenzenesulfonamides. *Sci. Record. Academia Sinica*, 1(1942), 137.(with Huang-Milon and Chien-Pen Lo).

4. Catalytic dehydration of castor oil by normal sulfates and alums. *J. Chem. Eng. China*, 9(1942), 1.(with Chien-Pen Li).

5. Studies in the santonin series. (I) The two new desmotropo-santonins and the two new desmotroposantonous acids. *J. Chinese Chem. Soc.*, 10(1943), 126.(with Huang-Milon and

Chien–Pen Lo).

6.A supplementary note on the identification of sulfanilamide and some of its related drugs. *J. Chinese Chem. Soc.*, 10(1943), 136. (with Huang–Milon and Chien–Pen Lo).

7. Qualitative study of the color reaction of phosphomolybdie acid. *Ind. & Eng. Chem. Anal. Edition* 16(1944), 637.(with Chien–Pen Lo).

8. N^1–acetyl–E^4–benzoyl–sulfanilamide. *J. Amer. Chem. Soc.*, 66(1944), 660.(with Chien–Pen Lo).

9. Studies in the santonins series. (Ⅱ) The bromination products of desmotroposantionins and desmotroposantonous acids. *J. Amer. Chem. Soc.*, 66(1944), 1954.(with Huang–Milon and Chien–Pan Lo).

10. The caffeine contents of the Yunnan teas. *J. Chem. Eng. China*, 12(1945), 15.(with Chien–Pen Lo).

王学理(Hsioh–Li WANG),沪江大学化学系毕业,曾任本所助理员(1933 年 10 月—1934 年 6 月)。

著作目录:

论文:

1. Ueber die Anwendungsmoglichkeit des Modifizierten Einstufenver–fahrens als Bestimmungsmethode der cellulose. *Cellulosechemie*, XVI(1935), 57.(with Yuan–Chi Tang).

2. Ueber die Bindugsweise der Essigsaure in Ginkgoholz

(Ginkgo Biloba). *Cellulosechemie*, XVI(1935), 90.(with Yuan–Chi Tang and Yueh–Wei Wang).

杨琼华(Chun-Hwa YANG),湖南大学化学系毕业,曾任本所助理员(1934 年 9 月—1935 年 5 月)。

著作目录:

论文:

1. Synthesis of 1–phenyl–2–methyl–4–ethylpyrazol–5–one. *J. Amer. Chem. Soc.*, 58(1936), 1152.(with Yuoh–Fong Chi).

张全元(Tsuan-Yuan CHANG),国立浙江大学工学士,曾任本所助理员(1935 年 9 月—1938 年 1 月)。

著作目录:

论文:

1. Ueber die Gowinnung von Tonerde und Duengemitteln aus chinesischem Alunit. Mitteilung Nr. 3, A. (1). Der Dinfluss des Gluehens auf die Löeslichkeit der Alunit. *J. Chem. Eng. China*, 3(1936), 340.(with G. Hohorst and Hsiao–Hai Wang).

侯祥麟(HOU Hsiong-Lin),北平燕京大学化学系理学士,曾任本所助理员(1935 年 9 月—1938 年 1 月)。

著作目录:

论文:

1. Uber die Gewinnung von Tonerde und Duengemitteln aus

chinesischem Alunit. Mitteilung Nr. 2 B. (1). Die Autschliessbarkeit des natuerlichen Alunit mit Kalilaug (2), *J. Chem. Eng. China*, 4(1937), 21.(with G. Hohorst).

2. Uber die Gewinnung von Tonerde und Dungemitteln duschinesischem Alunit. Mitteilung Nr. 3 E. Die Dufschliessbarkeit der naturlichen Alunit mit Kalilzuge. *J. Chem. Eng. China*, 4(1937), 227.(with G. Hohorst).

许怀均(Huoi-Chun HSU),私立沪江大学化学系学士,曾任本所助理员(1935 年 9 月—1938 年 1 月)。

著作目录:

论文:

1. Eines neues Verfahren zur Bestimmung der Rohfaster bzw. cellulose in Lebens-und Futtermitteln. *Z. Unters. Lebensm.*, 73(1937), 346.(with Yuan-Chi Tang and Wen-Hsing Yen).

武迟(WU Shih),北平清华大学理学士,曾任本所助理员 (1936 年 9 月—1937 年 2 月)。

著作目录:

论文:

1. The near ultraviolet bands of acetylene. *J. Chem. Physics*, 6(1938), 240.(with Sho-Chow Woo, Ta-Kong Liu and T. C. Chu).

李恩阜(En-Fu LI),华中大学化学系毕业,曾任本所助理员(1940 年 8 月—1940 年 12 月)。

著作目录：

论文：

1. The chemical investigation of some salt deposits of central Yunnan. *J. Chem. Eng. China*, (1942), 42.(with Chi–Yi Hsing and Chien–Pen Lo).

张师曾(Sze–Tseng CHANG),国立西南联合大学化学系毕业,曾任本所助理员(1942 年 7 月—1945 年 8 月)。

著作目录：

论文：

1. The absorption spectrum of methylglyoxal. *Trans. Faraday Soc.*, 41(1945), 157.(with Sho–Chow Woo).

2. Quantitative determination of methylglyoxal, and the mechanism of its reaction with hypoiodite solution. *J. Chem. Soc. London*, (1945), 162.(with Sho–Chow Woo).

王承易(Cheng–I WANG), 国立西南联合大学理学士 (1943),曾任本所助理员(1943 年 8 月—1948 年 1 月)。

著作目录：

论文：

1. Mechanism of reaction of alcohols, aldehydes and ketones with hypoiodite solution, Ⅱ. Quantitative determination of phenylglyoxal. *J. Chinese Chem. Soc.*, 15(1947), 1.(with Sho–Chow Woo).

五　地质研究所

（一）概况

沿革　本所于民国十七年一月正式成立，由成立至今皆由李四光先生担任所长，负筹划及指导本所工作之责。成立之初，在上海闸北宝通路租得民屋为临时所址。旋于十七年七月迁至霞飞路，十八年十一月复迁至沪西曹家渡小万柳堂。至二十一年九月始迁至南京成贤街（即现在之中央图书馆馆址）办公。终以房屋狭小，标本仪器无法容纳，遂于二十一年冬在北极阁东麓开始自建房屋。二十二年秋建筑工竣，即行移居。二十六年抗日军兴，本所迁赴桂林，复于三十四年转往重庆，至三十五年秋，始迁回南京北极阁原址。

本所职员现有专任研究员十一人，兼任研究员十人，专任副研究员四人，通信研究员七人，助理研究员三人，助理员四人，绘图员二人，技士二人，图书管理员二人及事务员数人。

设备　本所房屋除各研究员之研究室外，现有矿物实验室一处，专为鉴定矿物之化学性质及物理性质而设；古生物实验室一处，化学分析室一处，陈列室一处；凡研究人员在各省采集之矿物、岩石及化石标本，均择其较为完善者陈列于此。

本所之图书馆包括书库及阅览室各一处,举凡各国出版之地质学参考图书及杂志,皆曾尽量设法搜购,罗列于此。关于仪器方面,有仪器储藏室一处,所存仪器,供研究人员随时取用。本所之图书及仪器设备,在战前已差足应用。抗战后复接收前上海自然科学研究所之图书及仪器之一部,故图书及普通仪器,较战前稍有增加。

工作　本所之研究工作,特别注重讨论地质学上之重要理论,换言之,本所研究之目的,在解决地质学上之专门问题,而不以获得及鉴别资料为已足。本所宗旨之所以与国内各地质调查机关稍异者在此。职是之故,凡派赴野外调查之人员,毕特别着重于其所研究之专题。第以我国幅员广袤,地质尚待调查之处极多,本所既不得不派员从事调查以为研究之张本,然事先皆与国内其他地质机关协商联系,藉减同一地区之重复调查而免人力物力之浪费。

本所之职责,除致力于地质学专门问题之研究外,兼为国内公私机关解决关于地质方面之问题,并鼓励促进所外人士对研究地质学之兴趣。频年各公私机关将有关经济地质之问题委托本所研究解决者,在本所之设备及人员分配之可能范围内,莫不尽量接受之。凡所外人士对地质学有特殊研究者,得向本所提出其申请书与论文,本所常给以适当资金,以资奖励。

本所工作性质暂分三组:(一)普通地质组;(二)古生物组;(三)应用地质组。工作虽分为上列三组,但遇有某一专题与各组互有关连时,得由各组之研究人员共同合作,以求问题之彻底解决。

至于本所历年之重要工作有如下列：

（一）民国十七年至十八年，应湖北省政府建设厅之请，派员三队调查该省各矿区之地质矿产。

（二）十八年冬与中央地质调查所合作，派员考察秦岭山脉之地质构造。

（三）十九年至二十年野外工作，着重于长江下游各省之地质，首先完成宁镇山脉之构造及地史之研究。

（四）二十四年派员两队至云南，分赴该省西北部，主要任务为考察区域地质及矿产资源。

（五）二十八年因广西省对煤、铁、锡、铋及钨等矿需用至急，曾派员数队赴该省各部考察，以求解决此项迫切问题。

（六）在三十一年至三十二年期内，为彻底明了南岭山脉及川鄂两省间与湘黔两省间各山脉之地层、构造及矿产起见，曾先后派员数队赴各山区作详确之考察。结果获知此等山脉之主要构造线约可归纳为数组：（1）华夏式褶绉，轴向为北三十度东至北四十五度东；（2）新华夏式褶绉，轴向为北十八度至二十度东；（3）东西向褶绉；（4）弧形构造。

（七）本所最近在研究地质各科中有一种新的发展部门，称为"地质力学"。研究结果得悉岩石不仅具有弹性，且有可塑性。在实验方面，用弹性兼可塑性之物质，加以"水平惯力"（Horizontal inertia force）可产生某种构造型式。

（八）本所近年来在庐山及其他各处发现第四纪冰川，对中国之地质为一划时代之贡献。广西、贵州及湖南西部等处之砂金,亦已证明直接或间接为冰川所造成。

(九)筹划研究我国东部海岸之火成岩现象及海岸线之近代变动情形,现已派员分赴东部沿海各省着手考察。

(十)关于金属矿产之研究工作其重要者为:

(1)广西钟山县糙米坪铀矿之发现。

(2)江西南部钨矿之调查与研究。

(3)湘西砂金矿之普遍考察与研究,知砂金停积之生成确与第四纪冰川有直接之联系。

(4)鄂西铁矿床与铜矿床之发现。

(5)湖南水口山铅锌矿、临武香花岭锡矿及云南个旧锡矿之研究。

(6)云南会泽铜矿床之研究。

(十一)关于古生物方面之研究工作其重要者为:

(1)江苏省及其他各处古生代植物化石之研究,二叠纪玄武岩中发现之树状蕨科化石,尤饶科学上之兴趣。

(2)中国下石炭纪珊瑚化石之广泛采集与研究,确定中国下石炭纪可分为四个化石带,可与欧洲之下石炭纪各层相比拟。

(3)长江下游笔石化石之大量采集与研究,将中国之奥陶纪与志留纪分为若干化石带,可与欧美同时期之地层作详确之比较。

(4)泥盆纪之腕足类化石、二叠纪之蜓科化石及三叠纪菊石化石,均采集甚丰。其中除蜓科化石已详加研究著为专书,三叠纪菊石经初步鉴定得六十余属外,其余各项化石标本为本所陈列室中富有科学价值之陈列品。

（十二）广西全省地质图已测制完竣。全图共分三十六幅，比例尺为二十万分之一，为经费所限，尚未付印。

刊物　本所刊物有下列各种：

（一）专刊甲种——已出版至第七号。

（二）专刊乙种——已出版第二号。

（三）中文集刊——已出版至十一号。

（四）西文集刊——已出版至十六号。十七号在印刷中。

（五）丛刊——已出版至第六号。第七号在印刷中。

（六）地质图及其他刊物详见本所出版图书目录。

（二）现职人员

专任研究员兼所长	李四光			
专任研究员	俞建章	斯行健	许　杰	喻德渊
	赵金科	陈　恺	张文佑	张寿常
	孟宪民	蒋　溶	李承三	王恒升
兼任研究员	田奇瑞	乐森璕	舒文博	张　更
	陈　旭	刘祖彝	高振西	高　平
	南延宗	程裕淇		
通信研究员	翁文灏	朱家骅	德日进	汉　默
	徐渊摩	邵逸周		
专任副研究员	孙殿卿	王嘉荫	马振图	刘之远
助理研究员	吴磊伯	徐煜坚	邓玉书	陈庆宣
助理员	李铭德	谷德振	郭鸿俊	李锡之

技 士	钱翠麟
管理员	陶善缜　侯祐堂

（三）研究人员著作目录

李四光(J. S. LEE)，英国伯明罕(Birmingham)大学博士，本所专任研究员兼所长(1928—现在)。

著作目录：

专书：

1. 古生代以后大陆上海水进退的规程．地质研究所集刊：六期．1928 年．

2. Theory of Torsion Balance, *Mem. Inst. Geol. Acad. Sin.*(1930).

3. A Geological guide to the Lungtan district. Nanking, *Inst. Geol. Acad. Sin. Eng.*(1932), p. 25, Chinese(1932), p. 13, Pls. 4 Geol map 1.(with S. Chu).

4. 中国地势变迁小史．百科小丛书．商务印书馆，1934 年．

5. 冰期之庐山．地质研究所专刊：乙种第二卷．1937 年．

6. The Geology of China, Thomas Murdy & Co. London, (1939).

7. 地质力学之基础与方法．中华书局，1947 年．

论文：

1. The canon of marine transgression in postpalaeozoic times. *Bull. Geol. Soc. China*, vol. 7, No. 1(1928), pp. 81–123.

2. An outline of Chinese Geology, *Geol. Mag. Vol*. 58(1921), pp. 258–265, 324–329, 370–377, London.

3. The stratigraphy of the anthracolithic formation in Linhokou

Coal field North China, *Ann. Geol. Soc. Nat. Univ. Peking*, Vol. 1(1922), pp. 1–18 figs. 5.

4. Outline of the geology of China, *Transactions of the Science Society of China*, Vol. 1(1922), pp. 1–45.

5. Note on traces of recent ice–action in Northern China, *Geol. Mag. Vol.* 59, pp. 14–21(1922), figs. 2, Pls. 2, London.

6. The *nature* and extent of a stratigraphical break in the Cambro–Ordovician limestone of Northern Anhui and its bearing upon the systematic classification of the Cambro–Ordovician strata, *Bull. Geol. Soc. China*, Vol. 1, No. 1–4(1922), pp. 89–96.

7. A graphic method of aid specific determination of Fusulinoides and some results of its applications to the Fusulinae from North China, *Bull. Geol. Soc. China*, Vol. 2, Nos. 3–4(1923), pp. 51–97, *English with Chinese abst*.(1923), pp. 87–97.

8. New terms in the discription of Fusulinae(abst.) *Bull. Geol. Soc. China*, Vol. 3, No. 1(1924), pp. 13–14.

9. Fusulinae from the Pingting Basin Northeastern Shansi(abst) *Ibid.* Vol. 3 No.1(1924), pp. 15–16.

10. Grabouina a transitional form between Fusulinella and Fusulina, *Ibid.* Vol. 3(1924), pp. 51–54, figs. 2.

11. A suggestion of a new method for geological survey of Igneous intrusion *Ibid.* Vol. 3, No. 2(1924), pp. 109–115.

12. Geology of the gorge district of the Yangtze(From I Chang to Tzekuei) with special reference to the development of gorges,

Bull. Geol. Soc. China, Vol. 3, No. 3–4(1924), pp. 351–391. Pls. 2, figs. 7(with Y. T. Chao).

13. Rock formulas, *Ibid*. Vol. 4, No. 2(1925), pp. 99–105.

14. Classification and correlation of Palaeozoic coal bearing formation in N. China, *Ibid*. Vol. 5, No. 2(1926), pp. 107–134 Pls. 2.(with Y. T. Chao).

15. On the age and distribution of the Palaeozoic Coal–bearing formation in North China, *Proe. Third–Pan Pacific Sci. Congr. Tokyo* (1926).

16. The fundamental cause of evolution of the earth's features, *Bull. Geol. Soc. China*, Vol. 5, No. 3–4(1926), pp. 209–262, figs. 10. Also in *Science(Sci. Soc. China)* Vol. 12, no. 12(1929), pp. 1677–1684.

17. Some characteristic structural types in Eastern Asia and their bearing upon the problem of continental movements, *Geol. Mag.* Vol. 66(1929), pp. 358–375, 413–431, 457–473, 501–522, London.

18. The Huanglung limestone and its fauna, *Mem. Inst. Geol. Acad. Sin.*, No. 9(1930), pp. 85–172. Pls. 15.(with S. Chen & S. Chu).

19. Note on the Chihsia limestone and its associated formation, *Bull. Geol. Soc. China*, Vol. 9, No. 1(1930), pp. 37–43, figs. 2,(with S. Chu).

20. Distribution of the dominant types of the fusulinoid

foraminifera in the Chinese Seas, *Bull. Geol. Soc. China*, Vol. 10(1931), pp. 273–290.

21. Variskian or Hercynian movement in southeastern China, *Bull. Geol. Soc. China*, Vol. 11, No. 2(1931), pp. 109–127, figs. 23.

22. Further note on the structural types and earth movement, *Geol. Mag.*, 68, No. 999(1931).

23. 南岭山脉地质调查纪要 . 中央研究院二十一年度总报告 .1932 年(李捷 , 李毓尧等) .

24. Quaternary glaciation in the Yangtze Valley, *Bull. Geol. Soc. China*, Vol. 13, No. 1(1933), pp. 15–44, Pls. 1–9, figs. 1–3.

25. Data relating to the study of the problem of glaciation in the lower Yangtze Valley, *Ibid.*, Vol. 13, No. 3(1934), pp. 395–422, Pls. 5, figs. 12.

26. Framework of Eastern Asia, *Report 16th Intern. Geol. Congr. Washington*(1933); *Reprint abst. pp. Pan Amer. Congr. Geologist*(1934).

27. Taxonomic criteria of Fusulinidae with notes on seven new Permian genera, *Mem. Inst. Geol. Acad. Sin.*, No. 14(1934), pp. 1–32, figs. 8, Pls. 1–5.

28. 东亚恐慌中中国煤铁供给问题 . 国立武汉大学理科季刊 : 五卷二期 173–178.1934 年 .

29. 地壳的观念 . 国立武汉大学理科季刊 : 五卷二期 131–168.1934 年 .

30. 庐山地质志略 . 庐山志上函第一册 .1934 年 .

31. 地质学上的几点新认识. 国立中央大学校刊二十三年十二月份 2181–2185.1934 年.

32. 中国煤的资源. 上海党声. 一卷四八期 .1935 年.

33. Structural pattern of China and its dynamic interpretation(abst.) *Q.J. Geol. Soc. London,* Vol. 91, No. 563, Pts. 3, pp. 106–109. Also Proc., No. 1298(1935), pp. 103–106.

34. Tectonic of Framework of China, *Nature*, No. 136, (1935).

35. Confirmatory evidence of Pleistocene glaciation from the Huang Shan, southern Anhui, *Bull. Geol. Soc. China*, Vol. 15, No. 13(1396), pp. 279–290.

36. Foraminifera from the Donetz Basin and their stratigraphical significance, *Bull. Geol. Soc. China*, Vol. 16(1937), pp. 57–108.

37. 清水涧页岩之层位. 地质论评: 二卷四期 317–320 页. 1937 年.

38. A Geological atlas of the midwestern Nanling (Hengyang–Chu Anhsien Section) *Inst. Geol. Acad. Sin.* (1937), (with Y. Y. Lee, etc.)

39. Sinian Glaciation of China, *Abstracts of Papers, XVII Intern. Geol. Cong.*, (1937), pp. 213–214.

40. Continental Drift, *Geol. Mag.*, Vol. IXXVI, No. 901(1939), pp. 289–293, London.

41. 鄂西川东湘西桂北第四纪冰川现象述要. 地质论评: 第五卷第三期 .1940 年.

42. 中国冰期之探讨 . 学术汇刊 . 1941 年 .

43. 地质物理学上之几个基本问题 . 地质论评 : 第六卷第五、六合期 . 1941 年 .

44. The tectonic pattern of the Kuangsi Platform, *Bull. Geol. Soc. China*, Vol. 21(1941), pp. 1–24.

45. Reflections on twenty years experience, *Ibid.*, Vol. 22, Nos. 1–2(1942), pp. 21–47.

46. The Nanling and the ε structure, *Ibid.*, Vol. 23, (1943), pp. 471–477.

47. 南岭何在 . 地质论评 : 第八卷第一至六期 . 1943 年 .

48. Experimental and theoretical study on the ε structure, *Sci. Rec. Inst. Geol. Acad. Sin.* Vol. 1, Nos. 3–4(1945), pp. 461–470.

49. The Nanling and the ε Structure, *Ibid.*, (1945), pp. 471–478.

俞建章(C. C. YU),北京大学理学士(1924),英国勃瑞斯特(Bristol)大学博士(1935),本所助理研究员(1928—1932),研究员(1932—1939),中央大学借聘(1939—1940),重庆大学借聘(1940—1945),返所,任研究员(1945—现在)。

著作目录:

专书:

1. The Ordovician Cephalopoda of central China, *Palaeon. Sinica*, Ser. B, Vol. 1, Fasc. 2(1930).

2. Lower Carboniferous Corals of China, *Palaeon. Sinica*, Ser. B, Vol. 12, Fasc. 3(1933).

3. The Fengninian Corals of south China, *Mem. Inst. Geol. Acad. Sin.*, No. 16(1937).

论文：

1. Geology of Sinagyang, Nanchang, Icheng, Chingmen, Chunghsiang and Chingshan districts, north Hupeh, *Mem. Inst. Geol. Acad. Sin.*, No. 8(1929), (with W. P. Hsu).

2. The correlation of the Fengninian system, the Chinese lower Carboniferous as based on Coral zones, *Bull. Geol. Soc. China*, Vol. 10, (1931).

3. Notes on the Hiatus between the Ichang limestone and Neichia formation, *Bull. Geol. Soc. China*, Vol. 12(1932).

4. Comparison of *Lunshan limestone at the vicinity of Nanking* with the Ordovician rocks in Hupeh Province, *Cont. Inst. Geol. Acad. Sin.*, No. 3(1933).

5. Description of Corals collected from the maping and the Huanglung limestones in south China, *Mem. Inst. Geol. Acad. Sin.*, No. 14(1934).

6. On Amblysiphonella asiatica sp. nov., a remarkable sponge, *Bull. Geol. Soc. China*, Vol. 14, No. 1(1935).

7. Notes on the development of some upper Lias Ammonites, *Proceedings of the Bristol Naturallists Society*, Ser. 4, Vol. 8, Part 2(1936).

8. A revision of the Coral genus Aulina smith and descriptions of new spieces from Britain and China, *Quarterly Journal of the*

Geological Society of London, Vol. XCIX(1943).

9. Devonian fossils from Kueilin and other localities in Kuangsi, *Bull. Geol. Soc. China*, Vol. XXVII(1947), pp. 123–143.

斯行健(H. C. SZE),北京大学理学士,德国柏林(Berlin)大学博士(1930),本所助理研究员(1930),兼任研究员(1933 年 9)月,专任研究员(1936—现在)。

著作目录:

专书:

1. Beiträge zur Liassischen Flora von China, *Mem. Inst. Geol. Acad. Sin*. No. 12(1931).

2. Beiträge zur Mesozoischen Flora von China, Geol. Surv. *China Palaeot. Sin.*, Ser. A, Vol. 0, Fas. 1(1933).

3. Fossile pflanzen aus Shensi Szechuan und Kueichow, *Palaeont. Sin.*, Ser. A, Vol. 1, Fas. 3(1933).

4. Fossil Plant from Sinkiang(1935).

5. Die Mesozoische Flora der Hsiangchi Kohlen Serie in Westhupeh *Palaeont. Sin.*, Ser. A, Vol. 4, Fas. 3. (1948).

6. Zu Schenks Publikationen über die Ostasiatische Permokarbon Flora, *Inst. Geol. Acad. Sin.* Mem., No. 9(1930).

7. Pflanzenreste aus der Jura von Chinesische Turkestan(Sinkiang), *Ibid.*, Contr., No. 1(1931).

8. On the occurrence of a new species of Palaeoweichselia in Kansu, *Mem. Inst. Geol. Acad. Sin.*, No. 13(1933).

9. Mesozoic Plants from Shensi, *Ibid*., Mem., No. 13(1933).

10. Jurassic Plants from Shensi, *Ibid. Mem*., No. 13(1933).

11. Ueber die Palaeozoische Flora der Prov. Kiangsu, *Ibid. Mem*., No. 13(1933).

12. Ueber Mixoneura und ihr Vorkommen in China, *Ibid. Mem*., No. 13(1933).

13. Ueber fossile Hoelzer aus China, *Ibid. Mem*., No. 13, pp. 87–103.

14. On the occurrence of an interesting fossil wood from Urumachi in Sinkiang, *Bull. Geol. Soc. China*, Vol. 13, No. 4(1934).

15. Ueber die palaeozoische Flora von Suiyuan, *Ibid*., Vol. 13, No. 4(1934).

16. Ueber einem baumförmigen Lepidophyten Rest in der Tiaomachien Serie in Honan, *Ibid*., Vol. 15, No. 1(1936).

17. Ueber das vorkommen von Callipteris conferta Sternb. in der Unteren Shihhotze serie in Central Shansi. *Ibid*., Vol. 14, No. 4(1935), pp. 569–575.

18. Ueber ein Vorkommen von Rhacopteris in Kulm der Prov. Kwangsi, *Bull. Geol. Soc. China*, Vol. 15, No. 2(1936).

19. Ueber die altkarbonische Flora der Prov. Kiangsu mit besonderer Berücksichtigung des Alters des Wutung Quarzites, *Ibid*., Vol. 15, No. 2(1936).

20. Ueber einen Voläufer von Pterophyllen in der unteren Shihhotze Serie in Shansi, *Ibid*., Vol. 15, No. 4(1936).

21. Ueber ein vorkommen von Pflanzen im Kulm der Tseshui Kohlen Serie in Hunan, *Contr., No. 6. Inst. of Geol. Acad. Sin.* (1937).

22. On some Psilophyton–like remains from the Tiaomachien Serie in Central Hunan, *Bull. Geol. Soc. China*, Vol. 17, No. 2(1937).

23. Ueber einige Mesozoische Flora von Hsiwan(Kwangsi), *Ibid.*, Vol. 18, Nos. 3–4(1938).

24. On the occurrence of the Gigantopteris Flora in Kwangsi, *Bull. Geol. Soc. China*, Vol. 20, No. 1(1940).

25. Ueber ein Vorgommen von Ullmannia aus dem Perm in Kwangsi, *Ibid.*, Vol. 20, No. 2(1940).

26. Ueber einige Altkarbonische Pflanzen von Kwangsi, *Ibid.*, Vol. 20, No. 2(1940).

27. Discrepances between the chronological Testimony of fossil plants and animals. *Ann. Meeting Indian Sci. Cong., Abstract.* No. 25(1938), pp. 48–64 Calcutta(with Wadia, Sahni and Sze).

28. A New Occurrence of the Oldest Land Plants from the Chaotung District, Yunnan, *Bull. Geol. Soc. China*, Vol. 21, No. 1(1941).

29. Ueber ein neues Exemplar von Psaronius aus den Omeishan Basalt in Weining(Kueichow) mit besonderer Berück–sichtigung des Alters des Basaltes in Südwestchina, *Bull. Geol. Soc. China*, Vol. 22, No. 1–2(1942).

30. On the Occurrence of Neuropteris gigantea Sternb. In

Kwangsi, *Ibid.*, Vol. 22, Nos. 3–4(1942).

31. Cycalolepis corrugata Zeiller und Pterophyllun aequale Brongnart, *Ibid.*, Vol. 22, Nos. 3–4(1942).

32. On the Occurrence of Sublepidodendron, a Lepidodendroid plant from the Wutung Formation, *Ibid.*, Vol. 23, Nos. 1–2(1943).

33. Culm Plants from Northern Kwangtung, *Ibid.*, Vol. 23, Nos. 3–4(1943).

34. On the Age of Protolepidodendron and Bothriolepis–Bearing formations in Southwestern China, *Ibid.*, Vol. 24, Nos. 3–4(1944).

35. On the Occurrence of Sphenophyllum–like Stems in Southwestern Kwangtang, *Ibid.*, Vol. 24, Nos. 3–4(1944).

36. Plagiozamiopsis podozamioides n.g. et sp. a new Permian Plant from the Gigantopteris Coal Series, *Sci. Record Acad. Sin.*, Vol. 1, Nos. 3–4(1945).

37. The Cretaceous Flora from the Panton Series in Yungan, Fukien, *Journal of Palaeontology U.S.A.*, Vol. 19, No. 1(1945), pp. 45–59.

38. The upper Carboniferous Flora from Ninghsia, *Bull. Geol. Soc. China*, Vol. 25, Nos. 1–4(1945).(with Sze and Lee).

39. The palaeozoic Flora from Tungwei in Kansu, *Ibid.*, Vol. 25, Nos. 1–4(1945).(with Sze and Lee).

40. A Fossil wood from Ninghsia, *Ibid.*, Vol. 26, Nos. 1–4(1946).

41. On the structure of Psaronius sinensis Sze from the Omeishan Basalt Series in southwestern China, *Journal of Geol.*, Vol. IV, No. 3(1947), pp. 160–166 U.S.A., Chicago.

42. 古生代末植物地理学之研究 . 武汉大学理科季刊：一卷二期 . 1930 年 .

43. 古生代末植物分布之情形并讨论大羽羊齿煤系之地质时代 . 北京大学理科季刊：四卷一期 . 1933 年 .

44. 陆地植物的起源与进化植物化石鉴定地层时代之价值与古生代末期植物分布之情形 . 中央大学校刊 . 1934 年 .

45. 广西柳城大浦煤田地质 . 中研院地质所简报 . 1938 年（与张文佑，李有爵合作）.

46. 广西罗城小长安寺门一带煤田地质 . 中研院地质所简报 . 1938 年（与张文佑，李有爵合作）.

47. 广西平乐附近地质 . 中研院地质所简报 . 1938 年（与张文佑，李有爵合作）.

48. 各地质时代植物之演进及其当时之环境 . 地质论评：四卷一期 . 1939 年 .

49. 对于西湾植物的一点小声明 . 地质论评：六卷三、四合期 . 1941 年 .

50. 福建坂头系之下白垩纪植物化石 . 福建地质壤调查所专报 . 1945 年 .

51. 关于跳马涧系 . 地质论评：七卷六期 . 1942 年 .

52. 福建植物化石之研究 . 福建地质调查所年报第二号 . 1944 年 .

53. 鄂西香溪煤系之植物化石 . 地质论评: 九卷三、四合期 .1943 年 .

54. 水杉在科学上之意义 . 上海大公报五月廿八日 . 1948 年 .

55. 介绍北美西岸的红杉 . 南京中央日报 .1948 年六月廿六、廿七、廿八 .

许杰(HSU Chieh),国立北京大学地质系理学士(1925),本所助理研究员(1929—1936),副研究员(1937—1945),研究员(1946—现在)。

著作目录:

专书:

1. The Graptolites of the lower Yangtze valley, *Mono. Inst. Geol. Acad. Sin.*, Ser. A, No. 4(1934).

2. Fresh-water Gastropods from Tertiary and Quarternary Deposits of Kwangsi, *Mono. Inst. Geol. Acad. Sin.*, Ser. A, No. 6(1935).

3. Gastropods from the Siashu Formation, *Mono. Inst. Geol. Acad. Sin.*, Ser. A, No. 7(1936).

4. 云南会泽一带之地质矿产(附英文节要). 云南经济委员会地质调查组特刊 . 民国 33 年 .

5. The Geology of Tung Chuan District, Yunnan. *Mem. Inst. Geol. Acad. Sin*, No. 17.(with H. M. Meng and others).

6. On the "I-Chang Limestone" in I-Tu-Hsien, W. Hupeh, and the graptolite and trilobite fauna contained. *Mem. Inst. Geol.*

Acad. Sin.

论文：

1. The Tremadocian beds in S. Anhuei, *Bull. Geol. Soc. China*, Vol. 15, No. 1(1936).

2. The upper Ordovician and lower Silurian in western Chekiang, *Bull. Geol. Soc. China*, Vol. 17, No. 1(1937).

3. Stratigraphy and Orogeny of S. Anhuei, *Cont. Inst. Geol. Acad. Sin.*, No. 6(1937).

4. Notes on the Lantien Tillite, *Bull. Geol. Soc. China*, Vol. 17, No. 3(1937).

5. 湖北宜昌长阳地质调查报告 . 地质研究所简报 .1939 年(与马振图合著) .

6. On the genus Cardiographtus with description of its Chinese representatives, *Bull. Geol. Soc. China, Grabau's Memorial Volume* (in English), (1947).

7. 江苏仑山高家边层之研究 . 中央研究院总报告 .1931 年 .

8. 长江下游之奥陶纪笔石与含笔石层 . 中央研究院 , 民国二十年总报告 157–160 页 .

喻德渊(T. Y. YU), 北京大学理学士(1929), 英国伦敦(London)大学(1945—1947), 本所助理研究员(1929—1936), 副研究员(1937—1939), 研究员(1940—现在)。

著作目录：

专书：

1. 宁镇山脉之火成岩史．地质研究所专刊：乙种第一号．民国 22 年（与叶良辅合著）．

The Igneous Geology of the Nanking Hills, *Mono. Inst. Geol. Acad. Sin*., Ser. B, No. 1(1933).

论文：

1. 太行山脉之地质．北京大学出版，民国 18 年．

2. 苏州花岗岩．地质研究所丛刊：第四号．民国 22 年．

The Soochow Granite, *Cont. Inst. Geol. Acad. Sin*(1933).

3. 湘西黔东金矿概论．地质论评 IX.1943 年．

4. Sinian Stratigraphy of the Yangtze Valley, *Bull. Geol. Soc. China*(1937).

5. The Huanyang Movement, *Bull. Geol. Soc. China*(1945).

6. 辰溪地质．湖南大学矿冶季刊创刊号．民国廿九年．

赵金科（K. K. CHAO），北京大学理学士（1932），美国哥伦比亚（Columbia）大学（1937），本所副研究员（1939—1943），研究员（1944—现在）。

著作目录：

论文：

1. 中国北部之地文期及黄土问题．北京大学地质会志：第五期 417–436.1930 年．

2. 震旦纪地层之分布及其古地理学之意义．地质论评：一卷四期 417–436.1936 年．

3. Sinian Geosynclines and the concept of a Pangaea, *Bull.*

Geol. Soc. China, Vol. 15, No. 4(1936), pp. 429–451.

4. Sinian Geosynclines and Pangaea, Pan–America *Geologists*, Vol. 68, No. 1(1937), pp. 4–22.

5. Pre–kiulungshan unconformity in the western Hill of Peiping, *Bull. Geol. Soc. China*, Vol. 17, Nos. 3–4(1937), pp. 309–322.

6. Upper Devonian Brachiopods from Hunan, *Science Quarterly, Univ. Peking*, Vol. 6(1937).

7. Upper Palaeozoic Cephalopods from central Hunan, *Journ. Pal.*, Vol. 14, No. 1(1940), pp. 68–73.

8. On the occurrence of Melonechinus in Kwangsi, China, *Bull. Geol. Soc. China*, Vol. 22, Nos. 3–4(1942), pp. 201–204.

9. 广西煤田述要.中央研究院地质研究所简报(与张文佑合著).

10. 广西地层表.本所出版(与李四光,张文佑合作).

11. 广西古大明山及都阳山脉对于地层发育之关系.地质论评:十二卷一、二合期 127–137 页.1947 年.

12. Stratigraphical development in Kwangsi, *Bull. Geol. Soc. China*, Vol. 27,(Grabau Memorial Vol.)(1947), pp. 321–346.

陈恺(M. K. CHERN),北京大学理学士(1932),本所研究员(1943—现在)。

著作目录:

专书:

1. 扬子江下游铁矿志.地质专报:甲种 12 号页 1–191.

1935 年(与谢家荣, 孙建初, 程裕淇合著).

Geology of the Iron Deposits in the Lower Yangtze Region.

2. 福建之坂头系及其上下岩层. 福建地质土壤调查所专报：一号页 1–54. 1943 年.

3. 福建建瓯梨山煤田地质. 福建地质土壤调查所. 地质矿产报告：一号页 1–25. 1941 年(与朱钧合著).

4. 福建南平泰宁间地质矿产. 福建地质土壤调查所地质矿产报告：四号页 1–15. 1942 年(与王宠合著).

5. 福建松溪政和地质矿产. 福建地质土壤调查所地质矿产报告：六号页 1–1. 1942 年.

6. 滇缅未定界南段地质矿产. 中央研究所地质研究所蓝印本：页 1–30. 1926 年(与孟宪民, 何瑭合著).

论文：

1. Note on some thrusts in the western Hills of Peiping, *Bull. Geol. Soc. China*, Vol. 14, No. 4(1935), pp. 535–537.(with Y. H. Hsiung).

2. The structure of the Matienhsü Coal field, Southern Hunan, and its bearing on Coal–Preservation in general, *Bull. Geol. Soc. China*, Vol. 24, Nos. 34–(1944), pp. 239–244.

3. Geology of Kochiu Tin field, Yunnan, *Bull. Geol. Soc. China*, Vol. 16(1937), pp. 421–438.(with H. M. Meng and T. Ho).

4. Geology of the alunite deposits of Luchiang, Anhui, (1935), pp. 1–104.(with Y. C. Cheng).

5. 岩层推劈理之初步观察. 地质研究所中文集刊：七号页 32–70. 1947 年.

6. 福建泰宁沙金矿. 福建地质土壤调查所油印本:页 10. 1942 年.

7. 福建花岗岩概论. 福建地质土壤调查所年报:一号页 61-80. 1941 年.

8. 太古界岩层在福建罕有露头之一解释. 福建地质土壤调查所年报:五号页 1-4. 1947 年.

张文佑(W. Y. CHANG),北京大学理学士(1934),英国伦敦(London)大学及剑桥(Combridge)大学(1945—1946),美国 Johns Hopkins University,美国地质调查所研究(1946—1947),本所助理研究员(1934),副研究员(1938),研究员(1942—现在)。

著作目录:

论文:

1. 华北震旦寒武两纪地层之分界. 北平研究院汇刊:第六卷第二号. 民国 24 年.

2. 房山县坨里附近之构造与火成岩. 北平研究院汇刊:六卷二号. 民国 24 年.

3. 河北省昌平县地质. 北平研究院汇刊:六卷二号. 民国 24 年.

4. 女山——安徽盱眙县之第四纪火山口. 地质论评:第三卷. 民国 26 年(与李捷合著).

5. 浙江西部煤田地质. 浙江建设厅报告. 民国 26 年(与李捷合著).

6. Cambrian Trilobites of Anhuei, central China, *Cont. Inst. Geol. Acad. Sin.*, Vol. 6(1937).

7. 广西来宾迁江煤田地质.地质研究所临时报告.民国 29 年(与吴磊伯合著).

8. 广西地层表.地质研究所出版(单行本).民国 27 年(与李四光,赵金科合著).

9. 广西之煤铁矿.广西建设厅报告.民国 29 年(与赵金科合著).

10. 广西寺门小长安一带煤田地质.地质研究所简报.1940(与斯行健合著).

11. 广西大埔煤田地质.地质研究所简报.1940(与斯行健合著).

12. Note on the Maokou limestone in southern Kuangsi, *Bull. Geol. Soc. China*, Vol. 15, No. 3(1936), p. 271(with C. Lee).

13. Stratigraphical unconformities in Kwangsi, *Bull. Geol. Soc. China*, Vol. 21, Nos. 3–4(1941).(with T. C. Sun and L. P. Wu).

14. Distribution of Dolomite in Kwangsi, *Bull. Geol. Soc. China*, Vol. 21, Nos. 3–4(1941).(with T. C. Sun and L. P. Wu).

15. An additional note on straitigraphical unconformities in Kwangsi, *Bull. Geol. Soc. China*, Vol. 21, Nos. 3–4(1941).(with T. C. Sun).

16. 海阳山花岗岩之构造与钨矿脉生成之关系.地质论评:第 7 卷第 4、5 合期.民国 31 年(与张寿长,马振图合著).

17. 广西山字型构造之雏形.地质论评.第 7 卷第 4、5 合期.民国 31 年.

18. 李四光著中国地质撮要 . 浙江大学发表,民国 31 年 .

19. 广西石林 . 浙江大学发表,民国 31 年 .

20. The structure of the Kuen-lun-kuan Grano-diorite, *Bull. Geol. Soc. China*, Vol. 23, Nos. 1-2(1943).(with Y. C. Hsu).

21. A third note on stratigraphical unconformities in Kwangsi, *Bull. Geol. Soc. China*, Vol. 23, Nos.1-2(1943).(with Y. C. Hsu).

22. A preliminary note on X-and T- shaped joints, *Bull. Geol. Soc.*

23. 赣南钨矿脉与构造之关系 . 地质研究所简报(与孙殿卿,徐煜坚合著).

24. 广西煤田述要(与赵金科合著).

张寿常(S. C. CHANG),北京大学理学士(1934),德国波恩(Bonn)大学理科博士(1940),本所副研究员(1940—1942),研究员(1942—现在)。

著作目录:

1. Tektonische Beobachtungen in den Randzonen des Schiefergelüges, Geol. Rundschau.

2. 广西海阳山脉钨锡矿发生与地质构造之关系 . 地质论评 .

3. 湘南山字型构造及其新华夏式构造之干涉情形 . 地质论评:第七卷第六期 .1942 年 .

4. On minor structures, *Bull. Geol. Soc. China*, Vol. 24, pt. 1-2(1944).

5. 确定岩层面真倾斜之一方法 . 地质论评:第十一卷第

5、6 期 .1946 年 .

6. 预定横切斜层之二法则 . 资委会矿产测勘处近讯 59 期 .1946 年 .

7. On the genesis of Joints and their applications to the Geological Phenomena, *Bull. Geol. Soc. China*, Vol. XXVI(1946).

孟宪民(H. M. MENG),美国麻省理工学院(M.I.T.)硕士 (1927),本所研究员(1928—1942), 1942 年以后,先后借聘至云南经济委员会及清华大学。

著作目录:

1. 云南个旧地质述略 . 地质评论 .1936.

2. 云南矿产种类述略 . 地质评论 .1937.

3. Tin deposits of China(a summary), *Bull. Geol. Soc. China*(1937).

4. Geology of the Hsianghualing Tin deposits, Lingwu, Hunan. *Mem. Inst. Geol. Acad. Sin*. No. 15.

5. Alabandite from Changhua, Chekiang. *Cont. Inst. Geol. Acad. Sin*.

6. Geology of Shaoshin and its neighboring districts in Chekiang with special reference to the Lead−zinc deposits around Huangshan. *Cont. Inst. Geol. Acad. Sin*.

7. Geology of the Nanchang and Tangyang Coalfields, Hupeh. *Mem. Inst. Geol. Acad. Sin*.

8. Geology of the Tungkuanshan Iron deposits, Anhui. *Cont.*

Inst. Geol. Acad. Sin.

9. Geology of the Kochiu Tinfields Yunnan, *Bull. Geol. Soc. China*(1936).

10. Sequence of mineral deposition in the Shuikoushan zinc-lead deposits, Hunan. *Mem. Inst. Geol. Acad. Sin*. No. 15.

11. 云南之锡. 资源委员会特刊.

12. Microchemical methods for the determination of minerals 中研院地质所云南省经济委员会云南地质调查组刊印.

13. Geology of the Tienchuan district Yunnan(in press) 中研院地质所云南人民企业公司合印.

14. The bearing of regional Tectorices on one deposition. Sci. Report. Tsing Hua University, Series C., (in press)(1947).

15. On the Molybdenite–bearing Quartz Veins, Chintien Chekiang. *Cont. Inst. Geol. Acad. Sin.*

16. The geology of Tung–chuan district. Yunnan. *Mem. Inst. Geol. Acad. Sin*., No. 17.(with C. Hsu).

蒋溶(Y. CHIANG),中央大学理学士(1929),本所研究员(1946—现在)。

著作目录：

专书：

1. Geology and mineral resources of Loting, Yunnan, Yunfu, Yangchun and Yangchiang districts, Kwangtung.

两广地质调查所年报. 第五卷：上册.1934.

2. 广东全省地质矿产志：第二篇岩石．两广地质调查所特刊：第十六号第 23-30 页 .1938.

李承三（C. S. LEE），柏林（Berlin）大学博士（1936），本所研究员（1947—现在）。

著作目录：

专书：

1. 普通地质学．中央大学讲义室，1939 年．

2. 川康考察团简报．中山大学理学院，1930 年．

3. 西康地质调查旅行记．重庆独立出版社，1939 年．

论文：

1. 广东海南岛北部地质矿产．两广地质调查所年报，第二卷上册 .1929.

2. 广州市附近地质．两广地质调查所专报 .1930.

3. The structure of Hwa-ling-ping and Fe-yeh-ling.

4. Schichten Folge und Bau des oberlauntzen Schiefer Gebirge（德国柏林大学博士论文）

5. 康定道孚之冰川地形．地质论评：第四卷第一、二期 . 1939.

6. 西康道孚菜子沟铁矿．地质论评：第四卷第五期 .1940.

7. 西康道孚及瞻化之金矿．地质论评：第四卷第六期 .1940.

8. 西康东部地质之检讨．地质论评：五卷第一、二期 .1940.

9. 云南盐津临江溪金竹湾之山崩．地质论评：第五卷第一、二期 .1941.

10. 西康磨西面之水利问题．地质论评：第四卷第五期 .1940.

11. 叙昆铁路北段之选线研究 . 交通月刊 .1941.

12. On the Devonian of northern Yunnan. *Bull. Geol. Soc. China*,(1941).

13. 叙昆铁路北段游记 . 地理：第一、二卷第一、二期 .1941.

14. 离堆与离堆山考 . 地理：第一卷第三期 .1941.

15. 广元大巴山冰川地形 . 地理：第二卷第一、二期 .1942.

16. 青城山 . 主教杂志 .1940.

17. 嘉陵江三峡地质地形与温泉形成因之关系 . 地理集刊：第一号 .1942.

18. 昭代石罐子水磨沟间地形地质及构造之检讨 . 地理集刊：第一号 .1942.

19. 广元大巴山地层及构造 . 地理集刊：第一号 .1942.

20. 河西走廊在国防上之重要性 . 边政公论 .1942.

21. 从西北地理环境谈建设 . 中央周刊：1942.

22. 西北第四纪冰川地形 . 地理：第二卷第三、四期 .1943.

23. 青海茶卡盐矿 . 地理：第三卷第一、二期 .1943.

24. 灌县都江堰附近之今昔地理 . 地理：第三卷第三、四期 .1943.

25. 甘肃青海地理考察纪要 . 地理：第四卷第一、二期 .1944.

26. 新疆北部考察纪要 . 地理：第四卷第一、二期 .1944.

27. 新疆边界考察报告 . 地理：第四卷第一、二期 .1944.

28. 新疆阿尔太金矿 . 地理：第四卷第一、二期 .1944.

29. 西北矿产报要与复员计划 . 地理：第四卷第一、二期 .1944.

30. 扬子江水系地文发育史 . 地理：第四卷第三、四期 .1944.

31. 嘉陵江流域地理考察报告（上卷）地形 . 地理专刊：第

一号 .1946.

32. 新疆北部国防考察纪实 . 寰球 .1946 年 .

33. 中国地理研究所的六年和将来 . 中国地理研究所，1946 年 .

王恒升(H. H. WANG)，德国楚里溪(Zurich)大学博士(1937)，本所研究员(1948—现在)。

著作目录：

论文：

1. 唐山山海关一带地质旅行报告 . 国立北京大学地质研究会年刊二期 .1923.

2. The Ta–yeh iron deposit, *Bull. Geol. Soc. China*, No. 5, (1926), p. 161.

3. Igenous rocks of Miao–feng–shan and Tiao–chi–shan in the Western Hills of Peking, *Bull. Geol. Sur. China*, No. 11(1928).

4. The ancient volcanoes of Hsuan–hua, their rock types and geologic age, *Bull. Geol. Sur. China*, No. 10, (1928).

5. Rectangular graphs as applied to the proximate analysis of the Chinese coal, *Bull. Geol. Soc. China*, No. 7, (1928), p. 175.

6. 安徽省宣城水东煤田地质 . 农矿公报：第 17 期 .1929 年 .

7. The geology in eastern Shantung, *Bull. Geol. Soc. China*, Vol. 9, No. 1, (1930).

8. 关于测制廿万分之一地质图之商讨(讨论回答之二). 地质论评：五卷六期 558–560. 1940 年 .

9. 浙江省硫铁矿调查摘要 . 浙江省建设厅 .

10. Geological reconnaissance along Nanking–Nanping section of the projected railway line from Nanking to Canton, *Bull. Geol. Soc*. China, No. 14, (1930) (with C. Y. Lee).

11. 湖南湘潭县小花石楼厦一带侏罗纪煤田地质. 经济部地质—调查所简报：第 23 号油印本 19 面图五.1938 年(与赵家骧合著).

田奇瑞(C. C. TIEN), 北京大学地质系毕业理学士(1923), 本所兼任研究员(1947—现在)。

著作目录：

专书：

1. Geology of the Kouyatung Coalfield between Hunnan and Kwangtung Provinces, *Bull. Geol. Sur. China* No. 29, (1936).

2. Devonian Brachiopods of Hunan(pp. English Chinese 22 plates)(in press) *Palaeon. Sinica* Ser. B, Vol. 7, Fasc. 3.

3. Carboniferous Crinoids of China, (pp. 57 English–Chinese, 3 plates) *Palaeon. Sinica* Ser. B, Vol. 5, Fasc. 1(1926).

4. Lower Triassic Cephalopods of south China (pp. 43 English, 2 Chinese 4 plates) *Palaeon. Sinica* Ser. C. Vol. 15, Fasc. 1, (1933).

5. Lower Carboniferous Brachipods from China.

乐森璕(S. H. YOU), 北京大学理学士(1924), 德国哥廷根(Guttingen)大学博士(1936), 本所兼任研究员(1947—现在)。

著作目录:

专书:

1. The Coral Fauna of Chihsia Limestone of the lower Yangtze Valley, *Palaeon. Sinica* Ser. B, Vol. 3, fasc. 1(Peiping), (1932), (with T. K. Huang).

2. Die Korallenfauna des Mitteldevous aus der Proving Kwnagsi, Südchina, *Palaeontographica* Bd.LXXXVII Abt. A Stuttgart(1937).

论文:

1. Geological reconnaissance of western Kueichow, *Bull. Geol. Soc. China*, No. 12 *Geol. Surv. of China*(Peiping), (1929).

2. Geological Reconnaissance of S. Kueichow, *Bull. G. S. Ch.* No. 12, *Geol. Surv. of China*(Peiping),(1929).

3. Notes on the Geology of Pou Mu Chung Oilfield near Kueiyang Kueichou Province. *Bull. Geol. Sin. China*, No. 12 *Geol. Surv. of China*(Peiping), (1929).

4. Geology and Mineral resource of Kwangsi, *Ann. Report*, Vol. 2, Pt. 2, *Geol. Surv. K. & K.* (Canton), (1929).

5. On a new species of Clisiophyllid Coral from the lower Carboniferous of Central Kwangsi Province. *Special Pub. of Geol. Surv. of K. & K.* No. 1(Canton), (1929).

6. Some new Corals from the Tetrapora bed of northern Kwangsi Province. *Special Pub. of Geol. Surv. of K. & K.* No. 2(Canton), (1929).

7. On the occurrence of Gigantopteris flora in the Chekiang Province. *Bull. Geol. Soc. China*, Vol. XI, No. 1(Peiping), (1931).

8. Geology of the Coalfield of S. W. Chekiang, *Ann. Report*, Vol. 3, Pt. 1, *Geol. Surv. of K. & K.* (Canton), (1930).

9. Beitrag zur Kenntnis des marinen oberen Unterdevons und unteren Mittel devons Südchinas, *Bull. Geol. Soc. China*, Vol. XVIII, No. 1, (Changsha), (1938).

10. On the inner structure of a new species of Yangtzeella, *Bull. Geol. Soc. China*, Vol. XXIV, Nos.1–2, (Pehpei), (1945).

11. 贵州地质矿产纲要. 贵州企业季刊:第二卷第二期.1944.

12. 贵州主要矿产之分布与重工业中心之建立. 贵州企业季刊:第三卷第一期.1945.

13. 贵州中部之水矾土矿及其经济价值. 贵州企业季刊:第一卷第一期.1942.

14. 贵州贞丰安龙龙头山煤田地质. 贵州企业季刊:第三卷第一期.1945（与蒋溶合作）.

15. 贵州威宁县铜矿初勘报告. 贵州经济建设月刊:第一卷第二、三期.1947.

舒文博(W. P. SHU)，北京大学理学士(1924)，本所助理员(1928—1929)，助理研究员(1929—1932)，副研究员(1940—现在)。

著作目录：

论文：

1. 湖北蒲圻嘉鱼咸宁崇阳武昌等县煤田．地质研究所集刊：第四号．民国十七年（与李捷合作）．

2. 湖北襄阳南漳宜城荆门钟祥京山等县地质．地质研究所集刊：第八号．民国十八年（与俞建章合作）．

3. 浙江西部地质矿产．地质研究所集刊：第十号．民国十九年．

4. The Geology and mineral resources of Western Chekiang. *Cont. Inst. Geol. Acad. Sin*. Vol. II, (1931).

张更（CHANG Keng），中央大学理学士（1928），美国哈佛（Harvard）大学（1934-1936），本所助理研究员（1929—1936），副研究员（1936—1938），研究员（1939—1940），兼任研究员（1941—现在）。

著作目录：

论文：

1. 南京汤山附近地质．科学：第十三卷第五期．民国十七年．

2. 雨花台之石子．科学：第十三卷第五期．十七年．

3. 浙江青田之印章石．地质研究所丛刊：第一号．二十年（合作）．

4. Remarkable occurrence of Fusin in Lung Chuan Hsien, Chekiang Prov. *Bull. Geol. Soc. China*, Vol.XII, No. 1, (1932), 29-34.

5. Magnetite deposits of the Tung-Kuan-shan, Tungling, Anhui, *Cont. Inst. Geol. Acad. Sin.*, No. 4,(1933).

6. Anabandite from Changhua, Chekiang, *Cont. Inst. Geol. Acad. Sin.*, No. 4, (1933).

7. On the Molybdenite–quartz Veins of Shih–ping–chuan, Tsingtien, Che–kiang, *Cont. Inst. Geol. Acad. Sin*, No. 4, (1933).

8. Sequence of Mineral deposition in the Shuikoushan Zinc–lead deposits, Hunan, *Mem. Inst. Geol.Acad. Sin.*, No. 15, (1935).

9. A study of the Tin sands of Fu–Ho–Chung, Kwangsi, *Cont. Inst. Geol. Acad. Sin.*, No. 6, (1937).

10. 广西贺县双程乡钼矿. 地质研究所简报:第五号. 二十七年.

11. 广西怀集县谠山及饭匙山钨矿. 地质研究所简报:第六号. 二十七年.

12. 广西藤县太平庄附近钨矿. 地质研究所简报:第八号. 二十七年.

13. 广西信都大桂山钨矿. 地质研究所简报:第九号. 二十七年.

14. 广西宾阳之钨矿. 地质研究所简报:二十八年.

15. The native antimony of Lamo, Nantang, Kwangsi, *Bull. Geol. Soc. China*, Vol. XXI, No. 1, (1941).

16. Alteration of Chalcocite in Tamoshan, Siujen, Kwangsi. *Bull. Geol. Soc. China*, Vol. XXI, No. 1, (1941).

陈旭(S. CHEN), 北京大学理学士(1925), 美国耶鲁(Yale)大学(1938), 本所助理研究员(1928—1934), 副研究

员(1934—1939),研究员(1940—1941),兼任研究员(1987—现在)。

著作目录：

专书：

1. Fusulinidae of South China, *Mono. Inst. Geol. Acad. Sin.*, Ser. A, Vol. V, (1934).

2. 福建省长汀、清流、宁化、连城等县地质矿产. 福建地质土壤调查所出版(与王宠合作).

论文：

1. The Huanglung Limestone and its Fauna, *Mem. Inst. Geol. Acad. Sin*. No. 9(1930), pp. 85–144.(with J. S. Lee and S. Chu).

2. Fusulinidae of the Huanglung and Maping Limestones, *Kwangsi Mem. Inst. Geol. Acad. Sin.*, No.14(1934).

3. On the subdivisions of the Yang–hsing Limestone, Hupei, *Bull. Geol. Soc. China*.

4. A new from of Fusulinidae from the Meitien Limestone, Hunan, Bull, Geol. Soc. China.

5. The marine Triassic beds in Fukien, *Bull. Geol. Soc. China*.

刘祖彝(T. Y. LIU),北京大学理学士(1927),本所助理研究员(1929—1934),兼任研究员(1945—现在)。

著作目录：

专书：

1. 中国南部及西北各省金矿. 经济部采金局印行,1940 年.

论文：

1. 安徽和县与含山县地质. 地质研究所丛刊：第三号. 1933 年.

2. 彭水涪陵铁矿简述. 建设通讯：一卷六期页 5–7. 1937 年.

3. 酉阳秀山硃砂矿简述. 建设通讯：一卷十期页 13–14. 1937 年.

4. 湖南金矿地质概述. 湖南大学矿冶期刊创刊号：页 17–22. 1940 年.

5. 四川涪陵彭水铁矿及附近煤田地质. 地质论评：四卷五期页 347–362. 1939（与王哲惠合著）.

高振西（C.H. KAO），北京大学理学士（1931），本所兼任研究员（1947—现在）。

著作目录：

论文：

1. Notes on the Sinian stratigraphy of north China, *Bull. Geol. Soc. China*, Vol. 13, No. 4(1934),(with Y. H. Hsung and P. Kao).

2. 中国喀斯特地形论略. 地质论评：一卷四期. 1936 年.

3. 广西上林武鸣金矿. 中央地质调查所简报. 1938 年.

4. 广西桂平木圭马皮一带锰矿. 中央地质调查所简报. 1938 年.

5. 广西武宣三里坪一带锰矿. 中央地质调查所简报. 1938年.

6. 福建地质调查及地质问题. 福建地质土壤调查所年报一号. 1941 年.

7. 福建山脉水系及海岸. 福建地质土壤调查所年报二号.

1943 年.

8. 福建永春德化及大田等县地质矿产. 福建地质土壤调查所年报二号.1941 年.

9. 福建安溪同安南安及晋江等县地质矿产. 福建地质土壤调查所年报二号.1942 年.

10. 福建长汀连城地质矿产. 福建地质土壤调查所年报二号.1947 年.

11. Permian strata and Permian Palaeogeography of Fukien, *Bull. Geol. Soc. China*.(In Printing).

12. 福建坡头系及其上下岩层. 福建地质土壤调查所, 1943 年(陈恺著序).

高平(P. KAO),北京大学理学士(1932),本所兼任研究员(1947—现在)。

著作目录:

论文:

1. 江西省玉山广丰二县煤田地质. 中央地质调查所汇刊第 23 号 . 民国 22 年.

2. 中国北部之震旦纪地层. 中国地质学会会志:第十三卷第二期 . 民国 23 年.

3. 湖南湘乡县一带煤田地质. 中央地质调查所汇刊:第 24 号 . 民国 23 年.

4. 浙江东部地质.中央地质调查所汇刊:第 25 号 . 民国 24 年.

5. 中国南部中生代末期花岗岩分布与地质构造之关

系．中国地质学会地质论评：第一卷第四期．民国 25 年．

6. 广东紫金县宝山嶂铁矿报告．中央地质调查所汇刊：第 27 号．民国 25 年．

7. 江西省煤田概论．江西省地质调查所汇刊：第一号．民国 28 年．

8. 新喻土江桥及分宜县万溪煤田．江西省地质调查所汇刊：第一号．民国 28 年．

9. 丰城县煤田地质．江西省地质调查所汇刊：第一号．民国 28 年．

10. 安源慈化间地质矿产．江西省地质调查所汇刊：第一号．民国 28 年．

11. 江西永新乌石山铁矿．江西省地质调查所汇刊：第一号．民国 28 年．

12. 江西省地质矿产图表．江西省地质调查所专刊：民国 28 年．

13. 江西西部地质志．中央地质调查所地质专报：甲种第十六号．民国 29 年．

14. 江西之鸣山层．中国地质学会地质论评．

15. 江西省全省地质图．江西省地质调查所，民国 32 年．

16. 江西全省矿产分布图．江西省地质调查所，民国 32 年．

17. 广东云浮县铁矿报告．中央地质调查所汇刊：第 27 号．民国 25 年．

南延宗（Y. T. NAN），中央大学理学士（1931），本所兼任研究员(1947—现在)。

著作目录：

论文：

1. Microscopic study of Sui–Kua–Shan Lead–zinc deposit of Chang–ning, Hunan. *Bull. Geol. Soc. China*, (1934).

2. Ore deposit of King–chuan–tang, Chin–huin, S. Hunan. *Bull. Geol. Soc. China*, (1936).

3. 福建莆田永泰二县地质矿产. 福建建设厅地质专报：第一号. 民国 26 年.

4. 福建建瓯南平二县地质矿产. 福建建设厅矿务汇刊：第一号. 民国 26 年.

5. 福建平和南靖二县地质矿产. 福建建设厅地质专报：第二号. 民国 26 年未刊.

6. 江西上高蒙山地质矿产. 江西地质调查所汇报：第六号. 民国 30 年.

7. 江西安远盘古山钨铋矿. 江西地质调查所汇报：第七号. 民国 31 年.

8. 江西石油矿问题. 江西地质调查所汇报：第七期. 民国 31 年.

9. 几种新矿产的探寻. 矿产测勘处近讯 57–70 期. 民国 34 年 –35 年.

10. 东北之稀有金属矿产. 矿产测勘处近讯 65 期. 民国 35 年.

11. 广西富贺镇区铀矿之发现. 地质论评. 民国 34 年.

12. Notes on some Uranium Minerals in E. Kuangsi. *Bull.*

Geol. Soc. China, (1945).

程裕淇(Y. C. CHEN),清华大学理学士(1935), 英国利物浦大学博士(1938),本所兼任研究员(1947—现在)。

著作目录:

论文:

1. Alunite deposits of Luchiang district central Anhui, *Bull. Geol. Surv. China*, 26(1935), pp. 1–32(Chinese), pp. 1–64(English), (with K. Cheng).

2. Geology of the Iron Deposits in the lower Yangtze region, *Mem. Geol. Surv. China*, Ser. A, 13, (1935), pp. 1–78(Chinese), pp. 1–191(English), (with C. Y. Hsieh and others).

3. Geology and Mineral deposits of Anchi, Yangchuan and Yangtai districts, Fukien, *Bull. Geol. Surv. China*, 27(1936), pp. 1–12(Chinese), pp. 1–30(English), (with C. Y. Hsieh).

4. Geology of Liulingcha Gold deposits, Yangling district, Hunn, *Bull. Geol. Surv. China*, 27(1936),pp. 49–72(Chinese), pp. 47–64(English summary), (with Y. S. Hsiung).

5. 水成岩之接触变质. 地质论评:第一卷第五期页 545–487. 1936 年.

6. The lead–zinc deposits of central Hunan, *Bull. Geol. Surv. China*, 29(1937), pp. 1–19(Chinese), pp. 1–72(English), (with C. Y. Hsieh).

7. 介绍一岩石新分类法. 地质论评:第二卷第六期页 271–284. 1937 年.

8. Geology of the Iron Deposits of Ninghsiang, Hunan, *Bull. Geol. Surv. China*, 32(1938), pp. 1–32(Chinese), pp. 1–11(English summary), (with Y. L. Wang and T. Y. Liu).

9. Orogenesis in China, *Proc. Liverpool Geol. Soc.*, XVII, pt. 3(1938), pp. 231–242.

10. 云南昆阳中邑村歪头山间磷灰岩矿地质. 地质论评第四卷第三、四合期 185–194. 1939 年.

11. Reaction principle as applied to certain Mineral Transformations in Migmatitic Rocks, *Bull. Geol. Soc. China*, XX, 2(1940), pp. 113–119.

12. On the occurrence of Metamorphism of late palaeozoic extrusive Rocks of Taofu, Sikang, *Bull. Geol. Soc. China*, XXI, 1(1941), pp. 1–52.

13. 湖南阮陵桃源边区脉金矿地质(地层构造变质及矿床生成之研究). 地质调查所简报：七十号.1941 年.

14. On the discovery of Pre–Middle Devonian Volcanic series in eastern Sikang, *Bull. Geol. Soc. China*, XXII, 3–4(1942), pp. 253–261.

15. The Luku Magnetite deposit Sikang, *Bull. Geol. Surv. China*, 35(1942), pp. 1–14(Chinese), pp.1–6(English summary), (with K. S. Tsui and T. C. Chow).

16. Hsiaoheitsing Iron deposit, Huili, Sikang, *Bull. Geol. Surv. China* 35(1942), pp. 15–24(Chinese),pp. 7–10(English summary), (with V. C. Tuan and T. C. Chow).

17. Iron Ore deposit of Tsaitsukou, Taofu, Sikang, *Bull. Geol. Surv. China*, 35(1942), pp. 29–44(Chinese), pp. 13–28(English), (with K. S. Tsui and T. C. Chow).

18. Iron Ore deposits near Tsienshan, Huili, Sikang, *Bull. Geol. Surv. China*, 35(1942), pp. 25–28(Chinese), pp. 11–12(English summary).

19. A Hornblendic complex, including appinitic types in the Migmatite area of north Sutherland, *Proc. Geol. Assoc.*, LIII, pt. 2(1942), pp. 67–85.

20. The Migmatite area around Betty hill, Sutherland, *Q. Jour. Geol. Soc. London*, XCIX, pts. 3 & 4(1943), pp. 107–154.

21. Spontaneous combustion of Jurassic Coal series in Sinkiang, *Science Record, Academia Sinica*, I, Nos. 3–4(1944), pp. 500–506.

22. On the occurrence of pleistocene, Glaciation along the northern margin of the Tarim Basin, *Science Record, Acad. Sin.*, I, Nos. 3–4(1944), pp. 492–499,(with Huang).

23. On successive zones of regional Metomorphism in the vicinity of Tanpa, Sikang, *Science Record, Acad. Sin.*, I, Nos. 3–4(1944), pp. 519–526.

24. Report on Geological investigation of some Oilfields in Sinkiang, *Mem. Geol. Surv. China*, Ser.A, 21(1947), pp. 1–118, (with T. K. Huang and others).

孙殿卿(T. C. SUN), 北京大学理学士(1935), 本所助理员(1939—1940), 助理研究员(1941—1943), 副研究员(1944—现在)。

著作目录：

论文：

1. Stratigraphical unconformities in Kwangsi. *Bull. Geol. Soc. China*, Vol. 21, Nos. 2–4(1941). (with W. Y. Chang and L. P. Wu).

2. Distribution of Dolomite in Kwangsi. *Bull. Geol. Soc. China*, Vol. 21, Nos. 2–4(1941). (with W. Y. Chang and L. P. Wu).

3. An additional note on stratigraphical unconformities in Kwangsi. *Bull. Geol. Soc. China*, Vol. 22,Nos. 3–4(1942). (with W. Y. Chang).

4. 赣南钨锡矿分布与构造关系之初步观察. 中央研究院地质所, 钨业管理处合作报告：第一号(同张文佑, 徐煜坚合作).

5. 广西第四纪冰川遗迹之初步观察. 地质论评：9 卷 3、4 期(同徐煜坚合作).

6. Glacial features in northwestern Kuangsi. *Bull. Geol. Soc. China*, Vol. 24, Nos. 1–2(1944).

7. Sinian Tillite in eastern Kweichow. *Science Record*, Vol. I, Nos. 3–4(1945). (with Yith y. S. Teng).

8. 答论广西第四纪冰流遗迹. 地质论评：10 卷 1、2 期(同徐煜坚合作).

9. 广东和平连平间新华夏式与东西向构造线之截接现象. 地质论评(摘要)10 卷 3、4 期(同徐煜坚合作).

10. 赣东闽西北之红色岩层（摘要）. 地质论评：10 卷 3、4 期（同徐煜坚合作）.

11. 赣东闽西北之构造型式及其干涉现象（摘要）. 地质论评：10 卷 3、4 期（同徐煜坚合作）.

12. 再答丁先生论广西第四纪冰流遗迹. 地质论评：11 卷 1、2 期（同徐煜坚合作）.

13. An analysis of joint–systems in a gentle Anticline. *Science Record*, Vol. 2, No. 1(1947). (with Y.C.Hsu).

14. Joints and incised meanders in the red basin, Szechuan. *Cont. Inst. Geol. Acad. Sin.*, No. 7. (with Y. C. Hsu).

王嘉荫（C. Y. QANG），北京大学理学士（1935），本所助理研究员（1942），副研究员（1943—现在）。

著作目录：

论文：

1. 岩组分析实例. 地质论评：第八卷第一、六合期 181–190. 32 年 12 月.

2. 江西虔南大吉山之层解石. 地质论评：第九卷第三、四合期 151–158. 33 年 4 月.

3. 钨矿脉石之研究. 地质论评：第十卷第五、六合期 261–266. 34 年 12 月.

4. 喀斯特地形之地质环境. 地质论评：第十一卷第一、二合期 39–49. 35 年 4 月.

5. 湘南山系构造概略. 地质论评：第十二卷第三、四合期

181–190. 36 年 6 月.

6. 钨矿深度之探测.资委会钨业管理处油印本.34 年 8 月.

7. Petrofabric analyses of Quartz Veines in the Hengshan Granodiorite, *Bull. Geol. Soc. China*, Vol. XXVI(Dec. 1946), 121–128.

8. A segment of Nanling range from Kianghua to Lanshan districts, S–W. Hunan, *Bull. Geol. Soc. China*, Vol. XXVII(Nov. 1947), 359–366.

马振图(C. T. MA),北京大学理学士(1933),本所图书管理员(1935—1936),助理员(1936—1941),助理研究员(1941—1943),副研究员(1943—现在)。

著作目录：

论文：

1. 湖南宁乡清溪冲煤田.地质研究所简报.1939 年(与李毓尧合作).

2. 湖北宜都长阳地质调查报告.地质研究所，1939 年.

3. 湖北宜昌松滋一带沙金矿.地质研究所，1939 年.

4. 湖北五峰鹤峰宜昌宜都等县所见之冰川现象.地质论评.1940.

5. 江西宁都廖坑钨矿.地质研究所，1943 年.

6. 江西大庾荡坪钨矿调查述要.地质研究所，1943 年.

7. 江西兴国画眉坳钨矿.地质研究所，1943 年.

8. 江西泰和小龙钨矿.地质研究所，1943 年.

9. 探求钨矿深度之途径.地质论评.1946 年.

10. 江西虔南大吉山钨矿区之构造与矿床.地质研究所稿本.

11. 湖北鹤峰五峰长阳宜都一带之地质矿产.地质研究所稿本.

12. 河南安阳林县汤阴洪县汲县一带地下水调查报告.行政院农村复兴委员会(为地质所合作机关),1935年(与王钰吴燕生合著).

13. 江西南昌附近之地下水.行政院农村复兴委员会(为地质所合作机关),1934年(与朱庭祜等合著).

14. 浙江桐庐建德兰溪衢地下水调查报告及水利计划.行政院农村复兴委员会(为地质所合作机关),1935年.

15. 河南新乡辉县修武博爱等县地下水调查报告.行政院农村复兴委员会(为地质所合作机关),1935年.

刘之远(C. Y. LIU),北京大学理学士(1935),本所副研究员(1946—现在)。

著作目录:

论文:

1. 湘湖之成因.浙江青年:七卷三期.25年.

2. 浙江省之氟石矿论.浙江青年:八卷六期.26年.

3. 石器的形成与地层之探讨.江苏研究:三卷五、六期.26年.

4. 义乌之氟石矿.浙江省矿产探勘队,单印本.26年.

5. 单轴矿物光性之研究.西湖博物馆馆刊:五号.26年.

6. 遵义桐梓雨县地质纲要.浙江大学史地研究部史地丛

刊:第一号 11–28. 31 年.

7. 遵义团溪洞上锰矿报告. 单印本 .31 年.

8. 川黔铁路沿线地质矿产. 川黔铁路测量总队,单印本 . 32 年.

9. 遵义团溪之锰矿. 油印本 .33 年.

10. 黔北地层发育史. 地质研究所丛刊:第七号 .36 年.

11. 黔北寒武纪与奥陶纪地层间之不连续. 地质论评:12 卷五、六期 .36 年.

吴磊伯(L. P. WU),北京大学理学士(1938),本所助理员(1938—1940),助理研究员(1941—现在)。

著作目录:

论文:

1. 广西象县圣母岭之重晶石矿床. 地质论评:第九卷第一、二合期 103–108. 33 年.

2. 广西富贺钟区铀矿之发现. 地质论评:第九卷第一、二合期 85–92. 33 年.

3. Note on some Uranium Minerals in eastern Kwangsi. *Bull. Geol. Soc. China*, Vol. 23, Nos. 3–4(1943), pp. 169–172.

4. 与王炳章先生讨论广西之铀矿问题. 地质论评:第十一卷第一、二合期 133–137. 35 年.

5. 广西花山花岗岩之流线与岩脉排列之关系. 地质论评:第十二卷第三、四合期 223–230. 36 年.

6. Distribution of the Tapu Dolomite in Kwangsi, *Bull. Geol. Soc. China*, Vol. 22, Nos. 1–2(1942), pp.159–163.

7. The Tungmuling Cassiterite-bearing Pegmatite, Nanling, S. Kiangsi, *Bull. Geol. Soc. China*, Vol.23, No. 1-2(1943), pp. 95-104.

8. Brief note on the Bentonite in Cretaceous Volcanic ash beds of Chekiang, *Cont. Inst. Geol. Acad. Sin.*, No. 7(1947).

徐煜坚(Y. C. HSU),清华大学理学士(1940),本所助理员(1940—1944),助理研究员(1945—现在)。

著作目录:

论文:

1. 湖南零陵六甲冲煤田地质报告 . 本所简报(赵金科吴磊伯合作).

2. On the type species of *Chusenella. Bull. Geol. Soc. China*, Vol. 22, Nos. 3-4(1942).

3. A third note on the stratigraphical unconformities in Kuangsi. *Ibid.*, Vol. 23, Nos. 1-2(1943). (with W. Y. Chang).

4. The structure of the Kuenlunkuan Granodiorite and its relation to the formation of Ore-bearing Quartz Veins. *Ibid.*, Vol. 23, Nos. 1-2(1943).

5. 赣南钨锡矿与构造关系之初步观察 . 本所与钨业管理处合作报告:第一号(张文佑,孙殿卿合作).

6. 广西第四纪冰川遗迹之初步观察 . 地质论评:第九卷第三、四合期(孙殿卿合作).

7. 广东和平连平间新华夏式与东西向构造线之截接现象 . 地质论评:第十卷第三、四合期(摘要)(孙殿卿合作).

8. 赣东闽西北之红色岩层．地质论评：第十卷第三、四合期（摘要）（孙殿卿合作）．

9. 赣东闽西北之构造型式及其干涉现象．地质论评：第十卷第三、四合期（摘要）（孙殿卿合作）．

10. 答论广西第四纪冰流遗迹．地质论评：第十卷第一、二合期（孙殿卿合作）．

11. 再答丁骕先生论广西第四纪冰流遗迹．地质评论：第十一卷第一、二合期（孙殿卿合作）．

12. An analysis of joint-systems in a gentle Anticline. *Science Record*, Vol. 2, No. 1(1947). (with T.C.Sun).

13. Joints and incised meanders in the Red Basin, Szechuan. *Cont. Geol. Inst. Acad. Sin*., No. 7. (with T. C. Sun).

14. 广西西部地质图（包括百色，田东，田阳，靖西，凌云，万岗，果德，宜山，宾阳，横县等）（赵金科，张文佑合作）．

邓玉书（T. S. TENG），重庆大学理学士（1940），本所助理员（1940—1946），助理研究员（1946—现在）。

著作目录：

论文：

1. The Su-ku uplift of eastern Yunnan. Published by The *Geologic Section, Yunnan Provincial Economic Council*, (1945).

陈庆宣（C. H. CHEN），北京大学理学士（1941），本所助理员（1945—1947），助理研究员（1947—现在）。

著作目录：

论文：

1. 云南宜良可保村煤田地质（毕业论文与芮树屏，宁孝懃合著）。

2. 贵州咸宁二堂拱桥煤田地质. 资委会矿产测勘处刊印（与燕树檀合著）。

3. 贵州水城小河边煤田地质. 资委会矿产测勘处刊印（与燕树檀合著）。

4. 贵州咸宁水城赫章地质矿产. 资委会矿产测勘处刊印（与燕树檀合著）。

5. 贵州平坝清镇地质矿产. 资委会矿产测勘处刊印（与王承祺合著）。

6. Tin and Tungsten Deposits of Machiangyuan, Kianghua, Hunan, *Cont. Economic Geology*, (1944). (with F. M. Lee).

7. Experiments with Clay on shear factures, *Bull. Geol. Soc.*, Vol. 18, 1948. (with J. S. Lee and F. M. Lee).

李铭德（Fanshan M. Lee），中央大学理学士（1942），本所助理员（1944—现在）。

著作目录：

论文：

1. Tin Arsenic and Copper deposits of the southern part of Hunan, *Cont. Economic Geology*(1944).

2. 湖南桂阳常宁境内大义山南段地质矿产. 资委会矿产

测勘处临时报告：第 32 号共 25 页 .1944 年 .

3. Tin and Tungsten deposits of Machiangyuan, Hunan, *Cont. Economic Geology*, (1944). (with C. H. Chen.)

4. 湖南临武香花岭锡砒矿 . 资委会矿产测勘处临时报告：第 33 号共 23 页 . 民国 31 年 .

5. 广西恭城栗木钨锡矿 . 资委会锡业管理处专报：共 13 页 . 民国 33 年 5 月 .

6. 广西钟山平头山黄灰厂锡砒矿 . 资委会锡业管理处专报：共 4 页 . 民国 33 年 2 月 .

7. 广西富川大桂山白石岩钨矿 . 资委会锡业管理处专报：共 4 页 . 民国 33 年 2 月 .

8. 广西钟山珊瑚区钨锡矿 . 资委会锡业管理处专报：共 11 页 . 民国 33 年 2 月 .

9. Brief note on Bentonite in Gretaceous Voleanic Ash beds of Chuchih, Chekiang. *Cont. Inst. Geol. Acad. Sin.*, (1947). (with L. P. Wu).

10. Experiments with clay on shear fractures, *Bull. Geol. Soc.*, Vol. 18, (1948). (with J. S. Lee and C. H. Chen).

谷德振(T. C. KU)，北京大学理学士（ 1942 ），本所助理员（ 1946—现在 ）。

著作目录：

论文：

1. 云南—平浪盐田地质 .

2. 四川南江旺苍间火成岩体之侵入时代．地质论评：第十卷第一、二合期（与杨敬之合著）．

3. 大渡河下游沙湾五渡溪一带铝土页岩．地质论评：第十卷第一、二合期（与钱尚忠合著）．

4. 南江旺苍间地质．四川地质调查所地质丛刊：第八号．

5. 大渡河下游沙金地质．四川地质调查所地质丛刊：第七号（与钱尚忠合著）．

郭鸿俊（H. C. KUO），中央大学理学士（1945），本所事务员（1946–1947），助理员（1947—现在）。

著作目录：

论文：

1. Permian Corals from Hanyang.

李锡之（Lee Si-Chih），中央大学理学士（1947），本所助理员（1947—现在）。

著作目录：

论文：

1. 龙潭附近之地质概况．民国 36 年．

叶良辅（YIH Liang F），美国科仑比亚（Columbia）大学硕士，曾任本所研究员（1928—1937），本院评议会第一届补选评议员。

著作目录：

专书：

1. The alunitization and pyrophylitization of the Ryolite and Tuff in some maritime provinces of southern China. *Mem. Inst. Geol. Acad. Sin.*, No. 11(1931), p. 31.

2. The Igneous Geology of Nanking Hills, *Mono. Zinst. Geol. Acad. Sin.*, Series B, Vol. 1(1934), pp.English 83, Chinese 137, pls. 18, maps 3.(with T. Y. Yu).

论文：

1. Geology and Mineral deposits of Yang–Sin, Tayeh, and O–Cheng districts, Hupeh, *Mem. Inst. Geol. Acad. Sin.*, No. 1(1928), Chinese, pp. 1–38, English 4, pls. 3, map 1.

2. The Lin–Hsiang Iron deposits of Hupeh. *Ibid.*, No. 5(1928), English 9. pp. Chinese 10 pp., pls. 7,map 1.(with K. P. Chiao).

3. 浙江平阳县之明矾土．地质研究所集刊：第十号．十九年（与李璜，张更合作）．

4. Igneous rocks of southern coast of China. *2nd Ann. Report*, Acad. Sin., (1929–1930), (1931), pp.145–147, pls. 3.

5. A preliminary observation of shore change in Shantung and Igneous rocks of Tsintao. *3rd Ann. Report*, Acad. Sin., (1932), pp. 175–176, pls. 2.

6. 浙江青田县之印章石．地质研究所丛刊：第一号．民国廿年（与张更，李璜合著）．

李捷（C. LI），曾任本所研究员（1928—1945）。

著作目录：

论文：

1. 中国地质图说明书(南京开封幅).1920年.

2. Geology and Mineral resources of I'Tang and Yu districts, N.W. Chihli. *Bull. Geol. Surv. China*, No.4(1922).

3. 调查安徽全省地质江北区.地质调查所一号简报.1926年.

4. The Choukoutien fossil deposit, *Bull. Geol. Soc. China*, Vol. 6(1927). P. 337.

5. Coal fields of Puchi, Kiayu, Hsienning, Chung–yang and Wu–chang districts, Hupeh Province, *Mem. Inst. Geol. Acad. Sin.*, No. 4(1928), (with C. C. Yu and W. P. Shu).

6. Geology of Puchi, Kiayu, Hsienning, Chung–yang and Wu–chang districts, Hupeh Province, *Mem. Inst. Geol. Acad. Sin.*, No. 3(1928).

7. 秦岭山脉中段地质调查略记.中央研究院:17年度总报告.1929年.

8. 秦岭中段南部地质.地质研究所集刊:第九号.1930年(与朱森合作).

9. 镇江孟河间地质概况.中央研究院19年度总报告.1931年.

10. Notes on the stratigraphy of the Environs of Maping City, central Kwangsi, *Bull. Geol. Sca. China*, Vol. 13(1934), p. 215, (with S. Chui).

11. Notes on the Mao–kou Limestones in Southern Kwangsi,

Bull. Geol. Soc. China, Vol. 15, No. 3(1936), p. 271, (and Y. S. Wu).

12. 广西罗城黄金寺门附近地质 . 地质论评：一卷三期 . 1936 年 .

13. 安徽盱眙县女山火山口 . 地质论评：二卷二期 .1937（与张文佑合作）.

14. A Preliminary note on Quaternary Glaciation in western Hupeh, *Bull. Geol. Soc. China*, Vol. 20,No. 1(1940), (with Y. S. Wu).

15. 湖北巴东矿产地质调查简报 . 地质研究所简报 .1940 年(与吴燕生合作).

李毓尧(Y. Y. LEE), 英国伦敦(London)大学皇家学院毕业, 曾任本所研究员(1927—1937)。

著作目录：

专书：

1. 宁镇山脉地质(中文附英文节要). 地质研究所集刊：第十一号 .1935 年(与李捷, 朱森合作).

论文：

1. 江西北部修水附近地质(中文附英文节要). 地质研究所丛刊：第三号 .1933 年 .

2. The Sinian Glaciation in lower Yangtse Valley, *Bull. Geol. Soc. China*, Vol. XV, No. 1(1936), pp.131–134.

3. Stratigraphy and Orogeny of S. Anhuei, *Cont. Inst. Geol. Acad. Sin.*, No. 6, (1937), (with Singwu C. Hsü).

4. Notes on the Lantien Tillite, *Bull. Geol. Soc. China*, Vol. 17,

No. 3(1937)(with Singwu C. Hsü).

5. 湖南宁乡清溪冲煤田 . 地质研究所简报 .1939（与马振图合作）.

何作霖(T. L. HO)，北京大学理学士，曾任本所助理员 ,（ 1928—1931)，助理研究员(1931—1933)，兼任研究员（ 1933—1937)，研究员(1940—1942)。

著作目录：

专书：

1. 湖北大冶阳新一带火成岩之分类 . 中央研究院地质研究所专刊 .1920 年 .

2. 弗氏旋转台(Federoff Universal stage)用法说明 . 中央研究院地质研究所专刊 .1933 年 .

3. 光性矿物学 . 商务印书馆，大学丛书， 1935 年 .

论文：

4. A method of locating poles of the stereographic projection with out the curved ruler, *Bull. Geol. Soc. China*, Vol. XII, No. 3(1933).

5. The anothoclase perthite of Chu Chia Tsian, Chekiang, China. *Cont. Inst. Geol. Acad. Sin.*, No.4.

6. A rapid method for the determination of plagioclase by the Federoff Stage, *American Mineralogist*, Vol. 20, No. 11(1935).

7. Note on some rare earth mineral from Beiyin Obo. Suiyan, China, *Bull. Geol. Soc. China*, Vol. XIV, No. 2(1935).

8. The grantic intrusions of the Western Hills of Peking. *Cont. Inst. Geol. Acad. Sin.*, No. 5(1936).

9. An unusual porphiritic texture of the Fangshan Granodiorite, *Bull. Geol. Soc. China*, Vol. XVI(1937).

10. 用弗氏旋转台(Federoff Universal Stage)研究矿物岩石之方法.中国地质学会,(中文刊)地质论评:第一卷第二期.1937 年.

11. 用 X 光研究岩组之方法.师大学刊.第二集.1943 年.

12. The petrofabric analysis of Wutai Schist and its bearings on the tectonites. *Bull. Geol. Soc. China*, Vol. XXVI(1946).

13. The petrofabric analysis by means of X–ray, *Bull. Geol. Soc. China*, Vol. XXVII(1947).

14. A modified Schiebold rotation goniometer for the cylindrical film and a device for auto–graphical analysis of the photographs, *Bull. Geol. Soc. China*, Vol. XXVII(1947).

15. X 光材料鉴定术.世界科学社,科学时报:第十四卷第四期.1947 年.

16. 斜方晶体消光角之计算.中国地质学会,(中文刊)地质论评:第十二卷第六期.1947 年.

王恭睦(WANG Kung–Moh),德国明兴大学博士,曾任本所研究员(1928—1930 年)。

著作目录:

论文:

Die obermiocänen Rhinocerotiden von Bayern, *Paläont. Zeitschr.*, Bd. X, Berlin(1928).

Die fossilien Rhinocerotiden des Wiener Beckens, *Mem. Inst. Geol. Acad. Sin.*, No. 7, Shanghai(1929).

Die fossilien Rhinocerotiden von Chou–kou–tien, *Cont. Inst. Geol. Acad. Sin.*, No. 1(1931), pp. 69–76.

Die neue Gruppierung von fossilien Dinotherium Van Europa, *Mem. Inst. Geol. Acad. Sin.*, No. 7,Shanghai(1929).

Die Höhlen ablagerung von Drachen–Moule–Höhle von Kiang–shan, Chin–kiang, *Cont. Inst. Geol.Acad. Sin.*, Shanghai.

1. 矿物学名词(英法德日中五国名词对照). 国立编译馆出版,教育部公布.

2. 陕西邠县永寿油页岩区地质. 地质论评.

3. 陕西褒城钟山油页岩之发现. 地质论评.

4. 陕西之石油. 工矿建设:第 1 卷第四期.1947 年.

5. 陕西白水县煤田.工矿建设:第1卷第四期至七期.1947年.

周光(K. CHOW),北京大学理学士(1932),曾任本所副研究员(1942—1946)。

著作目录:

论文:

1. 四川江油县之砂金矿床. 经济部采金局,油印本.民国 29 年(与刘祖彝合作).

2. 广西田阳田东天保向都金矿. 经济部采金局,油印本.

民国 32 年(与吴燕生合作).

吴燕生(Y. S. WU),北京大学理学士(1932),曾任本所仪器标本管理员(1935—1937),助理研究员(1938—1940),副研究员(1941)。

著作目录:

论文:

1. Notes on the Mao–kou Limestones in Southern Kwangsi, *Bull. Geol. Soc. China*, Vol. 15, No. 3,(1936)(with C. Li).

2. A Preliminary note on Quaternary Glaciation in Western Hupeh, *Bull. Geol. Soc. China*, Vol. 20, No. 1, (1940)(with C. Li).

3. 湖北巴东矿产地质调查简报 . 地质研究所简报 .1940 年(与李捷合作).

丘捷(T. CHIU),国立北京大学理学士,曾任本所助理研究员(1928—1934)。

著作目录:

地质图:

1. A Geological Atlas of the Mid–Western Nanling, 19 colored Geol. Maps, *Inst. Geol. Acad. Sin.*(1937)(with J. S. Lee, S. Chu, H. M. Meng, C. Li, K. Chang).

李璜(H. LI),北京大学理学士(1925),曾任本所助理研究员(1929—1934),技士(1934—1938)。

著作目录：

论文：

1. 浙江平阳县之明矾石（中文）. 地质研究所集刊：第十号 .1930 年（与叶良辅，张更合著）.

2. 浙江青田县之印章石（中文）. 地质研究所丛刊：第一号 .1931 年（与叶良辅，张更合著）.

江泒玄（T. H. KIANG），曾任本所助理研究员（1929—1937）。

著作目录：

论文：

1. 南京附近汤山句容间重力变异之测定 . 地质研究所丛刊：第六号 61–77. 1937 年 . 附图二（与李四光同著）.

张祖还（T. H. CHANG），中央大学理学士（1933），曾任本所助理研究员（1933—1936）。

著作目录：

论文：

1. 江苏东海县之燐灰石 . 地质研究所丛刊：第五号，插图六，图版十，地质图二，75—116. 1936 年 .

以下为已故研究人员之著作：

吴筱朋（Wu Ssia-Peng），英国满切斯特（Manchester）大学工程学士，曾任本所研究员（1929—1930）。

著作目录：

专书：

1. 应力与弹性变形 . 地质研究所单行本 .1930 年 .

2. Experimental determination of Young's Moduli of Rocks, *Mem. Inst. Geol. Acad. Sin*. No. 10, (1930).

朱森(S. CHU)，北京大学理学士(1928)，美国科仑比亚 (Columbia)大学(1935—1937)，曾任本所助理研究员(1928—1935)，研究员(1935—1937)。

著作目录：

专书：

1. Coral and Brachiopoda of the Kinling Limestone, *Mono. Inst. Geol. Acad. Sin.*, Ser. A, No. 2 (1933).

论文：

1. 秦岭中段南部地质 . 地质研究所集刊：第九号 .1930 年(与李捷合作) .

2. The Huanglung Limestone and its fauna. *Mem. Inst. Geol. Acad. Sin.*, No. 9, (1930), (with J. S. Lee, and S. Chen).

3. A Geological guide to the Lungtan district, Nanking. *Inst. Geol. Acad. Sin.* (with J. S. Lee).

4. Geological map of the Nanking Hills, *Inst. Geol. Acad. Sin.*, (1935), (with C. Li, and Y. Y. Lee).

5. Orogenesis in China, abst. pp. XVIII, *Intern. Geol. Cong. U.S.S.R.*, (1937), p. 158.

6. Orogenesis in China, *Pan-American Geol*., IXX(1938), pp. 209–210.

7. 嘉陵江观音峡及天府煤矿区之地质观察.地质论评:第四卷第三,四合期页 153–160. 1939 年（与吴景祯合作）.

赵国宾(K. P. CHAO)，北京大学地质系毕业理学士，曾任本所助理研究员(1928—1931)。

著作目录:

论文:

1. 湖北阳新大冶鄂城之地质矿产.地质研究所集刊:第一号 1928 年(与叶良辅合作).

2. 湖北鄂城灵乡铁矿.地质研究所集刊:第五号.1928 年(与叶良辅合作).

3. 陕西泾洛两河下游间之地质.地质研究所丛刊:第二号.1931 年.

南京稀见文献丛刊

国立中央研究院概况（下）

（民国）国立中央研究院 编

审校 杨颖奇

南京出版传媒集团
南京出版社

六　动物研究所

（一）概况

沿革　本所溯源于民国十八年一月，由院聘钱天鹤先生等七人在京筹设自然历史博物馆。十九年一月，该馆成立，主任为钱天鹤先生，民国二十三年七月一日改组，彼时研究范围，包括动物植物，因此定名为动植物研究所，所长由王家楫先生担任。民国二十六年，抗战军兴，由京迁赴湖南南岳，在南岳工作三月，复迁赴广西阳朔，民国二十八年一月，再自阳朔迁至四川北碚。民国三十三年五月，经本院评议会之决议，始将动物植物分为两所，本所所长，仍由王家楫先生担任。民国三十四年战事结束，经院务会议议决，暂进复员于上海。

本所现有专任研究员兼所长一人，专任研究员六人，兼任研究员二人，通信研究员四人，助理研究员五人，助理员九人；技士一人，技佐二人，练习技佐一人；事务员一人，事务练习生一人。

设备　本所研究必需之基本设备，尚称齐备。专门图书，则有杂志二百八十八种，大部分用本所出版之丛刊，向欧美各学术机关交换得来，杂志以外，尚有西文专刊及其他参考书籍一千零二十六种。仪器较重要者，则有高倍显微镜，双管解剖显微镜、切片机、孵卵器、电流保温箱、定温器、蒸气消毒器等二十八种七十余件。标本存所者,有鱼类昆虫等寄生虫等共计十七万七千五百号,二万三千九百余种;至于前自然历史博物馆时代所搜集之兽类、鸟类标本,大部分移交中央博物院筹备处保管,不计算在内。

工作 在自然历史博物馆时代,动物方面研究工作,皆集中于分类,对于长江流域淡水鱼及我国沿海海产鱼之调查,颇为详尽。淡水平鳍鳅种类之厘订,贡献亦多,按平鳍鳅生长于急流,以分布于吾国之种类为最多,其胸鳍腹鳍,均经特化,用为附著岩石之上,乃用比较解剖学方法,阐明其肩带腰带之演化,以推究其血统关系。鱼类以外,两栖类、爬虫类、鸟类及寄生圆虫等之调查,亦有成绩发表。

经两次改组后,本所研究范围,略事扩充。过去及现在尚在进行之工作,可以(一)鱼类生物学,(二)昆虫学,(三)寄生虫学,(四)原生动物学,(五)实验动物学五项,包括之。鱼类生物学之研究,前数年曾集中于鳝鱼问题,鳝鱼辅助呼吸器官之形体与生理,循环系统之解剖,胚胎皮浆腺与孵化之关系,幼年器官之功用等等,皆已先后发表。鳝鱼幼时全为雌性,产卵后方逆转成雄,亦经本所发现,并继续探讨此种现象。鳝鱼以外,其他鱼类生物学方面之研究,亦颇多成就,最近发见旁皮鱼之胚动,亦感兴趣。

昆虫学方面工作,侧重于粉虱科、果蝇科及金花虫科之分类。其为害于农作物之种类,特别加以注意。关于昆虫形体方面之研究,曾完成金花虫科马氏管之比较,尖头螽斯前足听器之结构及其功用,皮翅目昆虫前翅之气管分枝等工作。又根据昆虫起源于多足类之说,并研究各目昆虫幼虫之形体、发生及习性,以阐明幼虫之分型,得解释其演化之过程。水蚁类昆虫皆栖息于水面之下,其身体各部,经本所研究,颇多特化,为呼吸作用之适应。

本所对于寄生虫学,过去皆集中于野生脊椎动物及家禽家畜寄生圆虫之调查。最近计划,则以研究鱼类之寄生虫为中心工作,凡寄生于鱼类之菌、孢子原虫、桡脚类、等脚类、钩头虫、吸虫、绦虫,皆在研究之例,不仅限于圆虫。

原生动物学方面工作,偏重于双鞭毛虫及绒毛虫。关于双鞭毛虫,集中于壳板形体之研究,对于腹区壳板之机构,更特别注意。绒毛虫之研究,可以吸住虫之生命史、纤毛虫之纤维系统及淡水纤毛虫之分类包括之。肠寄生鞭毛虫细胞学方面之研究,亦已进行。

实验动物学工作之已经结束者,有蜈蚣马氏管尿酸之分泌,门鱼与鳗鲡之渗透压调节及氯化物分泌细胞,两栖类胚层之轴及其感应作用等。

除上述各项外,本所曾于战前从事渤海及山东半岛之海洋物理性、化学性及浮游生物等调查,现在关于海洋学方面之工作,仍待恢复。

本所历年研究结果,大部分发表于本所刊行之丛刊。在抗战期内,丛刊出版,从未间断,现在已出十八卷。仍利用丛刊以交换国内外其他动物学或与斯学有关之杂志,以充实本所图书馆内容。

（二）现职人员

专任研究员兼所长	王家楫			
专任研究员	伍献文	陈世骧	倪达书	史若兰
	陈则湍	朱树屏		
兼任研究员	童第周	贝时璋		
通信研究员	秉 志	胡经甫	陈 桢	李约瑟
助理研究员	张孝威	杨平澜	胡荣祖	
	陆 桂	陈启鎏		
助理员	易伯鲁	朱宁生	王祖熊	郭 郱
	顾国彦	夏凯龄	尹文英	施璟芳
技 士	白国栋			

（三）研究人员著作目录

王家楫（ Chia-Chi WANG ），美国本薛文尼（ Pennsylvania ）大学博士（ 1928 ），本院动植物研究所专任研究员兼所长（ 1934—1944 ），本所专任研究员兼所长（ 1944—现在 ）。

著作目录：

1. Study of the Protozoa of Nanking, part Ⅰ. *Cont. Biol. Lab. Sci. Soc. China*, vol. 1 (1925), pp. 92–177.

2. On the postnatal growth in the area of the optic nerve in albino and in gray Norway rats. *Jour. Comp. Neur.*, vol. 43(1927), pp. 201–220.

3. On the amount of the alcohol extract according to sex from the

brain of the albino rat. *Jour. Comp. Neur.*, vol. 47(1928), pp. 67–73.

4. The occurrence of *Paramecium calkinsi. Science*, vol. 68(1928), pp. 270–271. (with Dr. Wenrich).

5. Ecological studies of the seasonal distribution of Protozoa in a freshwater pond. *Jour. Morph.& Physiol.*, vol. 46(1928), pp. 431–478.

6. Notes on some new and rare species of Hypotrichous Infusoria. *Cont. Biol. Lab. Sci. Soc. China*,Vol. 6(1930), pp. 9–18.

7. On two new Ciliates (Holophya latericollaris sp. nov. and Choanostoma pingi gen. and sp. nov.).*Cont. Biol. Lab. Sci. Soc. China*, Vol. 6(1930), pp. 105–111.

8. The conductivity of Protozoan culture. *Proc. Soc. Exp. Biol. & Med.*, vol. 28(1931), pp. 176–178.(with Slifer, Herber, Sun and Blumenthal).

9. The hydrogen–ion concentration of the alimentary tract of normal albino rats. *Physiol. Zool.* Vol. 5(1932), pp. 191–197.(with Sun, Slifer, Blumenthal and Herber).

10. Notes on *Amoeba* and its allies of Nanking. *Cont. Biol. Lab. Sci. Soc. China*, vol. 8 (1932), pp.113–136.

11. A survey of the marine Protozoa of Amoy. *Cont. Biol. Lab. Sci. Soc. China*, vol. 8 (1932), pp. 285–385.(with Nie).

12. Studies of Sarcodina of Nanking Ⅰ. *Cont. Biol. Lab. Sci. Soc. China*, vol. 9(1933), pp. 341–387.(with Nie).

13. Report on the rare and new species of fresh–ater Infusoria, Part Ⅰ. *Cont. Biol. Lab. Sci. Soc. China*, vol. 10(1933), pp. 1–100. (with Nie).

14. Notes on *Trachelomonas* of Nanking. *Sinensia*, vol. 5(1934), pp. 122–146.

15. Notes on *Entamoeba muris*(Grassi)and *Trichomonas caviae* Davaine. *Proc. Fifth Pan–Pacif. Sci. Congr.*, vol. 4(1934), pp, 2991–2993. (with Nie).

16. On the marine Protozoa of Amoy. *Proc. Fifth Pan–Pacif. Sci. Congr.* Vol. 5(1934), pp. 4207–4211. (with Nie).

17. Notes on the marine Infusoria of Amoy. *Rep. Mar. Biol. Ass. China*, vol. 3(1934), pp. 50–70.

18. Report on the rare and new species of fresh–water Infusoria, part Ⅱ. *Sinensia*, vol. 6(1935), pp. 399–524. (with Nie).

19. *Volvox africanus* West of Nanking. *Chinese Jour. Zool.*, vol. 1(1935), pp. 87–101. (with Nie).

20. *Dinoflagellata* of the Gulf of Pehai. *Sinensia*, vol. 7(1936), pp. 128–172.

21. Notes on *Tintinnoinea* from the Gulf of Pehai. *Sinensia*, vol. 7(1936), pp. 353–370.

22. Report on the oceanographical and biological survey of the Gulf of Pehai and along the coast of Shantung Penisula, part Ⅰ. Introductory note. *Sinensia*, vol. 8(1937), pp. 1–10.

23. Notes on some new fresh–water Infusoria. *Sinensia*, vol. 11(1940), pp. 11–32.

24. *Dinoflagellata* of the Hainan Region Ⅲ. On *Metadinophysis sinenesis*, a new Genus and species of *Dinophysidae*. *Sinensia*, vol.

12(1941), pp. 217–226. (with Nie).

25. *Dinoflagellata* of the Hainan Region Ⅴ. On the Thecal morphology of the Genus *Goniodoma* with description of species of the region. *Sinensia*, vol. 13(1942), pp. 61–68. (with Nie).

26. *Dinoflagellata* of the Hainan Region Ⅷ. on *Sinophysis microcephalus*, a new Genus and species of *Dinophysidae*. *Sinensia*, vol. 15(1944), pp. 145–152. (with Nie).

27. The variation of *Nyctotherus ovalis* Leidy, and its fibrillar system. *Sinensia*, vol. 18(1948), pp.43–58. (with Kuo–Tung Pai).

伍献文(Hsien Wen WU), 南京高等师范学校毕业 (1911), 厦门大学理学士(1927), 法国巴黎大学博士(1932), 自然历史博物馆动物组技师(1932—1934), 动植物研究所专任研究员(1934—1944), 动物研究所专任研究员(1944—现在)。

著作目录:

1. A new nematode from the stomach of a scylloid shark. *Cont. Biol. Lab. Sci. Soc. China*, vol. 3, no.2(1927), 1–3, 2 pls.

2. Preliminary observations on the sense organs and the adjacent structures of two scyphomedusae at young stage. *Cont. Biol. Lab. Sci. Soc. China*, vol. 3, no. 4(1927), pp. 1–5.

3. Four birds from Fukien. *China Jour. Sci. Arts*, vol. 9(1928), pp. 198–200.

4. On Halocercus pingi, n. sp., a lung–worm from the porpoise,

Neomeris phocoenoides. Jour. Parasit., vol. 15(1929), pp. 276–279.

5. Osteosternum amoyense, a new frog from Amoy. *Cont. Biol. Lab. Sci. Soc. China*, vol. 5, no. 2(1929), pp.1–9.

6. Free–living nematodes from Fookien and Chekiang. *Archiv f. Schif. und Trop. Hyg. Patho. und Ther. Exot. Krank*, Band 33, no. 1(1929), pp. 35–43, 7 pls. (in collaboration with R. Hoeppli).

7. Study of the fishes of Amoy, part 1. *Cont. Biol. Lab. Sci. Soc. China*, vol. 5, no. 4(1929), pp. 1–99.

8. Description de Poissons nouveux de Chine. *Bull. Mus. Nat. Hist. Paris*, ser. 2, vol. 2, no. 3(1930), pp. 255–259.

9. A preliminary artificial key of the brachyurous crabs of Amoy. *Trans. Sci. Soc. China*, vol. 6(1930), pp.43–56.

10. On some fishes collected from the upper Yangtse Valley. *Sinensia*, vol. 1, no. 6(1930), pp. 65–86.

11. Herpetological notes from Hangchow. *Sci. Rep. Nat. Cent. Univ.*, ser. B, vol. 1, no. 1(1930), pp.51–58.

12. On *Zoarces tangwangi*, a new eelpout from Chinese coast. *Cont. Biol. Lab. Sci. Soc. China*, vol.6, no. 6(1930), pp. 59–63.

13. Notes on some fishes collected by the biological Laboratory of the *Science* Society of China. *Cont. Biol. Lab. Sci. Soc. China*, vol. 6, no. 5(1930), pp. 45–57.

14. Notes on the fishes from the coast of Foochow region and Ming River. *Cont. Biol. Lab. Sci. Soc. China*, Vol. 7, no. 1(1931), pp. 1–64.

15. Description de deux Poissons nouveaux provenant de la Chine. *Bull. Mus. Nat. Hist. Paris*, vol.3, no. 2(1931), pp. 219–221.

16. Liste dss Poissons d'eau douce du Tchêkiang(Chine). Description de deux éspèces nouvelles de la Famille des Cyprinidès. *Bull. Mus. Nat. Hist. Paris*, vol. 3, no. 5(1931) pp. 433–439.

17. On a collection of fishes from the upper Yangtse Valley. *Cont. Biol. Lab. Sci. Soc. China*, vol. 7,no. 6(1931), pp. 221–237. (in collaboration with K. F. Wang).

18. Four new fishes from Chefoo. *Cont. Biol. Lab. Sci. Soc. China*, vol. 8, no. 1(1931), pp. 1–7. (in collaboration with K. F. Wang).

19. Notes sur les Poissons marine recuillis par M. Y. Chen sur la côte du Tchékiang, avec synopsis des éspèces du genre *Tridentiger. Sinensia*, vol. 1, no. 11(1931), pp. 165–174.

20. Parasitic copepods of the flat–fishes from China. *Bull. Fan Mem. Inst. Biol.*, vol. 3, no. 4(1932),pp. 55–75, 8 pls. (in collaboration with S. C. Yu).

21. Preliminary note on the lips of *Parabramis terminalis* (Richardson). *Cont. Biol. Lab. Sci. Soc. China*, vol. 8, no. 10(1932), pp. 387–391. (in collaboration with K. F. Wang).

22. Contribution a l'Etude morphologique, biologique et systématique des Poissons hétèrosomes (Pisces heterosomata) de la Chine. *Theses. Univ. Paris*, ser. A, no. 244(1932), pp. 1–179.

23. A review of the discobolous fishes on the Chinese coast. *Cont. Biol. Lab. Sci. Soc. China*, vol. 9,no. 2(1933), pp. 77–86. (in

collaboration with K. F. Wang).

24. Helminthological Notes I . *Sinensia*, vol. 4, no. 3(1933), pp. 51–59.

25. Notes on *Pontobdella morrei* Oka of China. *Sinensia*, vol. 3, no. 10(1933), pp. 269–271.

26. Notes on the Nematomorpha of China. *Sinensia*, *vol*. 3, no. 7(1933), pp. 173–178.(in collaboration with S. F. Tang).

27. Supplementary notes on the fishes of Heterosomata of China. *Cont. Biol. Lab. Sci. Soc. China*,vol. 9, no. 7, (1933), pp. 297–304. (in collaboration with K. F. Wang).

28. Notes on the parasitic nematodes from an Indian elephant. *Sinensia*, vol. 5, nos. 5–6(1934), pp.512–533.

29. Enumeration of the river–crabs(Potamoniae) of China, with descriptions of three new species. *Sinensia*, vol. 4, no. 11(1934), pp. 338–352.

30. Notes on the Fresh–water fishes of Fukien in the Museum of Amoy University. *Rep. Mar. Biol. Assoc.*, China, (1934), pp. 91–100.

31. On the intestinal worms of goats in Nanking. *Sinensia*, vol. 6, no. 6(1935), pp. 698–700. (in collaboration with T. P. Hu).

32. Notes on the fishes of Heterosomata from Hainan. *Sinensia* vol. 6, no. 3(1935), pp. 391–397.(in collaboration with S. F. Tang).

33. On a new river–crab, *Parathelphusa*(paraphelphusa) *Chongi*, sp. nov. *Chinese Jour. Zool.*, vol.1(1935), pp. 69–74.

34. A review of the scorpions and whip–scorpions of China.

Sinensia, vol. 7, no. 2(1936), pp. 113–127.

35. A preliminary note on the spawning ground of *Trichiura japonicus* (Schlegel) in Poh–Hai. *Lingnan Sci. Jour.*, vol. 15, no. 4(1936), p. 651. (in collaboration with S. F. Tang).

36. On the extent of infestation of the intestinal nematoda parasites of chicken in Nanking. Abstract: *Rep. of the Annual Meeting of the 7 Scientific Societies*. (1936).

37. Report on the oceanographical and biological survey in the gulf of Poh–Hai and along the coast of Shantung Peninsula, Pt. Ⅲ, chemical conditions of sea water. *Sinensia*, vol. 8, no. 1(1937), pp. 51–62. (in collaboration with S. F. Tang).

38. Parasitic nematodes from Hainan. *Sinensia*, vol. 9, nos. 5–6(1938), pp. 275–298. (in collaboration with Y. T. Hu).

39. On the Fishes of Li–kiang. *Sinensia*, vol. 10, nos. 1–6(1939), pp. 92–142.

40. Teratological notes on some Chinese fishes. *Sinensia*, vol. 10, nos. 1–6(1939), pp. 269–272.

41. On the accessory respiratory organ of Monopterus. *Sinensia*, vol. 11, nos. 1–2(1940), pp. 69–75.(in collaboration with C. C. Kung).

42. On the structure of the "adhesive apparatus" of Glyptosternum. *Sinensia*, vol. 11, nos. 1–2(1940), pp. 69–75. (in collaboration with C. K. Liu).

43. The bucco–pharyngeal epithelium as the principal

respiratory organ in *Monopterus javanensis*. *Sinensia*, vol. 11, nos. 3–4(1940), pp. 221–239. (in collaboration with C. K. Liu).

44. Helminthological notes, II. *Sinensia*, vol. 11, nos. 5–6(1940), pp. 397–406. (in collaboration with C. K. Liu).

45. Notes on some parasitic nematodes. *Sinensia*, vol. 12, nos. 1–2, (1941), pp. 61–73. (in collaboration with C. K. Liu).

46. A case of polymely in frog. *Rena nigromaculata*. *Sinensia*, vol. 12, nos. 1–2(1941), pp. 75–80. (in collaboration with C. K. Liu).

47. On the larval organs of *Monopterus* and their function of respiration. *Science Record*, vol. 1,nos. 1–2(1942), pp. 250–255. (in collaboration with C. K. Liu).

48. On the breeding habits and the larval metamorphosis of *Monopterus javanensis*. *Sinensia*, vol.13, nos. 1–6(1942), PP. 1–13. (in collaboration with C. K. Liu).

49. On the blood vascular system of *Monopterus javanensis*, an ari–breathing fish. *Sinensia*, vol. 14, nos. 1–6(1943), pp. 61–97. (in collaboration with C. K. Liu).

50. Helminthological notes, III. *Sinensia*, vol. 14, nos. 1–6(1943), pp. 99–105. (in collaboration with C. K. Liu).

51. Notes on the plastron of *Testudo emys* Schl. & Mull. from the ruins of Shang Dynasty at Anyang. *Sinensia*, vol. 14, nos. 1–6(1943), pp. 107–109.

52. Some suckered Nematoda of Fowl in Chungking. *Sinensia*, vol. 15(1944), pp. 119–123. (in collaboration with C. C. Kung).

53. Integumentary serous glands and eclosion of larval *Monopterus*. *Science Record*, vol. 1, no. 3(1945), pp. 611–616. (in collaboration with C. K. Liu).

54. Artificial hybrids between carp and goldfish. *Sinensia*, vol. 16, nos. 1–6(1945), pp. 27–30. (in collaboration with C. K. Liu).

55. On the structures of the intestine in the Chinese pond loach with special reference to its adaptation to aerial respiration. *Sinensia*, vol. 16, nos. 1–6(1945), pp. 1–8. (in collaboration with H. W. Chang).

56. Parasitic nematodes of amphibians from Pehpei, Szechuan, China, *Sinensia*, vol. 16, nos. 1–6(1945), pp. 73–83. (in collaboration with C. C. Kung).

57. On the arterial system of the gills and the suprabranchial cavities in *Ophiocephalus argus*, with especial reference to the correlation with the Bionomics of the fish. *Sinensia*, vol. 17, nos. 1–6(1947), pp. 1–10. (in collaboration with H. W. Chang).

58. On the aerial respiration of the spiny eel. *Mastacembelus aculeatus* (Basil.). *Sinensia*, vol. 17, nos. 1–6(1947), pp. 11–14. (in collaboration with P. L. Yih and H. W. Chang).

59. On the Blastokinensis occurring in the egg of the common Chinese bitterling, *Rhodeus ocellatus*. *Sinensia*, vol. 17, nos. 1–6(1947), pp. 15–22. (in collaboration with H. W. Chang).

60. On the structure of the Malpighian tubes of the centripede and their excretion of uric acid. *Sinensia*, vol. 18, (1948), pp. 1–11.

(in collaboration with T. H. Wang).

陈世骧(Sicien H. CHEN),复旦大学生物学学士(1928),法国巴黎大学博士(1934),本院动植物研究所专任研究员(1934—1944),动物研究所专任研究员(1944—现在)。

著作目录:

1. Descriptions de trois espèces nouvelles de Chrysomelini de l'Asie orientale. *Bull. Mus. Paris*, 2e série, Ⅲ, 1(1931), pp. 110–112.

2. Descriptions de trois Chrysomelinae nouveaux de l'Asie orientale. *Bull. Soc. ent. France*, (1931), pp. 127–131, 2 figs.

3. Description d'un *Lamprosoma nouveau* de la Chine occidentale. *Bull. Soc. Ent. France*, (1932),p.108.

4. Nouvelles espèces d'Halticini (co. Chrysomelidae) appartenant aux genres *Hespera Weise et Parhespera, n. g. Bull. Soc. Ent. France*, (1932), pp. 193–197, 1 fig.

5. Tableau synoptique des espèces du genre *Neorthaea* Maulik appartenant à la famille des Chrysomelidae, avec descriptions d'espèces nouvelles. *Bull. Soc. Ent. France*, (1933), pp. 88–96, 3 figs.

6. Study of Chinese Halticine beetles with descriptions of some exotic new species. *Sinensia*, Ⅲ,9(1933), pp. 211–254, 14 figs.

7. Descriptions de deux halticinae nouveaux de la Chine et du Japan. *Bull. Soc. Ent. France*, (1933),pp. 143–144.

8. Deux Halticides nouveaux du Japon. *Bull. Soc. Ent. France*, (1933), PP. 187–189.

9. Tableaux des espèces tonkinoises appartenant aux genres *Hyphasoma* Jacoby et *Sebaethe* Baly. *Bull. Soc. ent. France*, (1933), pp. 273–278.

10. Chrysomelidae nouveaux de 1'Asie tropicale, 1re note. *Bull. Mus. Paris*, 2e série, V, 5(1933), pp. 381–388.

11. Chrysomelidae nouveaux de 1' Asie tropicale, 2e note. *Bull. Mus. Paris*, 2e série, V, 6(1933), pp.449–456, 2 figs.

12. Schwedisch–Chinensische Wissenschaftliche Expedition nach der Nordwestlichen Provinzen Chinas. 19, Coleoptera Chrysomelinae & Halticinae. *Ark. för Zool*. Bd. 27A, 5(1934), pp. 1–13, 5 figs.

13. Sur la position systématique du genre *Timarcha* Latr. *Bull. Soc. ent. France*, (1934), pp. 35–39,3figs.

14.Sur une larve de Chrysomelidae du Mozambique(*Mesoplatys ochroptera Stäl*). *Bull. Soc. ent. France*, (1934), pp. 270–271.

15. Descriptions of some new Asiatic Chrysomelidae. *Trans. Sci. Soc. China* VIII, 1(1934), pp. 61–65, 4 figs.

16. Some species of Halticinae from Canton. *Peking Nat. Hist. Bull*. VIII, 1(1934), pp. 43–58, 3 figs.

17. On some species of Chrysomelidae in the British Museum. *Stylops*, III(1934), pp. 66–78, 3 figs.

18. Coléoptères recueillis par M. H. Sauter à Formose. *Ann. Soc. ent. France*, CIII(1934), pp. 175–185.

19. Deux Chrysomelidae nouveaux de 1'Asie orientale. *Ann.*

Soc. ent. France, CIII(1934), p. 186.

20. Recherches sur les Chrysomelinae de la Chine et du Tonkin. Thèse, *Univ. Paris*, (1934), 105 pp. 61 figs.

21. Revision of the Halticinae of Yunnan and Tonkin. *Sinensia* V, nos. 3–4(1934), pp. 225–393, 85 figs.

22. Descriptions of some Philippine Halticinae. *Sinensia* V, nos. 3–4(1934), pp. 394–402.

23. List of Sino–Tonkinese Halticinae. *Sinensia V, nos*, 3–4(1934) pp, 403–416.

24. On the Chinese species of the genus *Corynodes* (Col. Eumolpinae). *Sinensia* V, nos. 5–6(1934),pp. 484–504, 29 figs.

25. Coleoptera Halticinae de la collection du Muséum de Paris recueillis par la Dr. J. Harmand au Sikkim. *Bull. Soc. ent. France*, (1935), pp. 75–80, 3 figs.

26. Classification of Asiatic *Phytodecta* (Col. Chrysomelidae). *Chinese Journ. Zool.* I (1935), pp. 125–133.

27. A new Dermaptera from Kwangsi. *Sinensia* VI, 2(1935), pp. 219–220, 1 fig.

28. Study on Chinese Eumolpid beetles. *Sinensia* VI, 3(1935), pp. 221–387, 42 figs.

29. Notes on some Flea–beetles from Tropical Asia(1). *Sinensia* VI, 6(1935), pp. 647–655, 5 figs.

30 New and rare Chinese Coleoptera. *Sinensia* VI, 6(1935), pp. 768–781, 7 figs.

31. Notes on some Flea–beetles from Tropical Asia(2). *Sinensia* VI, 6(1936), pp. 80–88.

32. On Chinese citrus Flea–beetles and allied species. *Sinensia* VII, 3(1936), pp. 371–398, 30 figs.

33. Notes on some Flea–beetles from Tropical Asia(3). *Sinensia* VII, 5(1936), pp. 594–600.

34. Genera of Oriental Halticinae. *Sinensia* VII, 6(1936), pp. 625–667.

35. The Chrysomelid genus *Ambrostoma*. *Sinensia* VII, 6(1936), pp. 713–729, 9 figs.

36. The Chinese species of the genus *Chreonoma*. *Chinese Journ. Zool.* II (1936), pp. 163–170, 2 figs.

37. Catalogue des Chrysomelinae de la Chine, de l'Indochine et du Tonkin. *Notes d'Ent. Chinoise* III, 5(1936), pp. 63–102, 1 pl.

38. Chrysomelinae et Halticinae récoltés par M. K. Kolthoff dans la Province du Kiangsu. *Ark. For Zool*. Bd. 30 B, 4(1937), pp. 1–4, 1 fig.

39. Trypetidae of North China. *Sinensia* IX, 1–2(1938), pp. 1–180, 8 pls., 44 figs. (with Y. Zia).

40. Flea–beetles of Kwangsi. *Sinensia* X, (1939), pp. 20–55.

41. New genera and species of Chinese Halticinae. *Sinensia* X, (1939), pp. 56–91.

42. Etude sur les Diptères Conopides de la Chine. *Notes d'Ent. Chinoise* VI, 10(1939), pp. 161–231, 45 figs.

43. 昆虫之中文命名问题. 科学: 第 24 卷第 182–200 页.（1940）.

44. Two new Dacinae from Szechwan. *Sinensia* XI, (1940), pp. 131–135.

45. On the Coleoptera Chlamydinae of China. *Sinensia* XI, (1940), pp. 189–206.

46. New genera of Eumolpidae from Oriental Asia. *Sinensia* XI, (1940), pp. 207–212.

47. Attempt at a new classification of the Leaf–beetles. *Sinensia* XI, (1940), pp. 450–481, 30 figs.

48. Notes on Chinese Eumolpidae. *Sinensia* XI, (1940), pp. 483–528.

49. Rectifications of the nomenclature of some Trypetidae. *Sinensia* XI, (1940), p. 529.

50. Notes on Donaciine Beetles. *Sinensia* XII, (1941), pp. 1–18.

51. Two new Stylosomus from North China. *Sinensia* XII,(1941), pp. 19–22.

52. New Leaf–beetles from China. *Sinensia* XII, (1941), pp. 189–198.

53. The Coleopterous genus *Asiphytodecta Chen*. *Sinensia* XII, (1941), pp. 199–210. (with B. Young).

54. On the protective value of the egg–pedicel of Chrysopidae. *Sinensia* XII, (1941), pp. 211–215,1 fig. (with B. Young).

55. Remarks on the carriage of eggs on the elytra by the males of *Sphaerodema. Sinensia* XIII, (1942), pp. 103–104. (with B. Young).

56. Synopsis of the Coleoptera Sagrinae of China and Indochina. *Sinensia* XIII, (1942), pp. 105–108.

57. Synopsis of the Coleopterous genus *Cryptocephalus* of China. *Sinensia* XII, (1942), pp. 109–124.

58. Observations on the reflex immobilization of *Mimastra cyanura* Hope. *Sinensia* XIII, (1942), pp.125–129.

59. Galerucinae nouveaux de la faune chinoise. *Notes d'Ent. Chinoise* IX, (1942), pp. 9–67.

60. The retention of ancestral food–habits in the larval stage of difformitrophic insects. *Sinensia* XIV, (1943), pp. 29–32.

61. The relation of elytra to flight in the cucumber beetles. *Sinensia* XIV, (1943), pp. 33–36.

62. Sound–production in insects: its origin and specialization. *Sinensia* XIV, (1943), pp. 37–40.

63. On the orientation of some Aphids in feeding. *Sinensia* XIV, (1943), pp. 41–44. (with Y. Zia).

64. Observations on the mating behaviour of *Bombyx mori. Sinensia* XIV, (1943), pp. 45–48, 2 figs.(with B. Young).

65. Further remarks on the carriage of eggs on the hemelytra by the males of *Sphaerodema rusticum. Sinensia* XIV, (1943), pp. 49–53, 3 figs. (with B. Young).

66. Vision and flight: an experimental study on the cicada

Cryptotympana pustulata F. *Sinensia* XIV, (1943), p. 55–60. (with B. Young).

67. The tegminal tracheation of Dermaptera and its phylogenetic significance. *Sinensia* XV, (1944), pp. 127–128, 1 fig.

68. Entomological notes 1–4. *Sinensia* XVI, (1945), pp. 31–35, 3 figs.

69. Evolution of insect larva. *Trans. R. ent. Soc. Lond.*, 97, pt. 15(1946), pp. 381–404, 6 figs.

70. 虫翅之研究（一）翅之起源 . 科学：第 25 卷第 275 页 . 1946.

71. 幼虫的分型学说 . 科学：第 29 卷第 80 页 .1947.

72. 全变态昆虫之起源与演化 . 科学：第 29 卷第 142 页 . 1947.

73. On the variation of *Bemisia giffardi* and its relation to host–plants. *Sinensia* XVII, (1947), pp. 43–46. ((with B. Young).

74. Chinese and Japanese Pyrgotidae. *Sinensia* XVII, (1947), pp. 47–74.

75. Notes on Chinese Trypetinae. *Sinensia* XVIII, (1948), pp. 69–123, 18 figs.

倪达书（ Dashu NIE ），中央大学理学士，动植物研究所 副研究员（ 1941—1943 ），动植物研究所研究员（ 1944 ），动物研究所研究员（ 1945—现在 ）。

著作目录：

1. On some intestinal ciliates from *Rana limnocharis* Gravenhorst. *Cont. Biol. Lab. Sci. Soc. China*,vol. 8, no. 6(1932).

2. A survey of the marine Protozoa of Amoy. *Ibid.*, vol. 8, no. 9(1932). (joint with Dr. Chia—chi Wang).

3. Notes on three new species of fresh—water *Tintinnoinea. Ibid.*, vol. 9, no. 5(1933).

4. Studies of *Sarcodina* of Nanking, I. *Ibid.*, vol. 9, no. 10(1933). (joint with Dr. Chia—chi Wang).

5. Report on the rare and new species of fresh—water Infusoria, Part I. *Ibid.*, vol. 10, no. 1(1934).(joint with Dr. Chia—chi Wang).

6. On the marine Protozoa of Amoy. *Proceeding of 5th Pacific Science Congress*, vol. 5(1934). (joint with Dr. Chia—chi Wang).

7. Notes on *Entamoeba muris*(Grassi)and *Trichomonas caviae Davaine. Ibid.*, vol. 4 (1934). (joint with Dr. Chia—chi Wang)

8. Notes on *Tintinnoinea* from the Bay of Amoy. *3rd annual report of Marine Bio. Asso. China*, (1934).

9. Studies of the intestinal ciliates of sea urchine from Amoy. *Ibid.*, (1934).

10. Notes on *Trachelomonas* of Nanking. *Sinensia*, vol. 5, no. 1 & 2(1934). (joint with Dr. Chia—chi Wang).

11. Intestinal ciliates of Amphibia of Nanking. *Cont. Biol. Lab. Sci. Soc. China*, vol. 11, no. 2 (1935).

12. *Volvox africanus* West of Nanking. *Chinese Jour. of Zool*, vol. 1(1935). (joint with Dr. Chia—chi Wang).

13. Report on the rare and new species of fresh—water Infusoria, part II. *Sinensia*, vol. 6, no. 4(1935). (joint with Dr.

Chia–chi Wang).

14. *Dinoflagellata* of the Hainan region, Ⅰ. *Ceratium. Cont. Biol. Lab. Sci. Soc. China*, vol. 12, no.3(1936).

15. *Dinoflagellata* of the Hainan region, Ⅱ. On the thecal morphology of *Blepharocysta*, with a description of a new species. *Ibid.*, vol. 13, no. 2 (1939).

16. 角鞭毛虫属骨板之形态及腹区骨板之讨论．科学：第 23 卷第 584–600 页（1939）．

17. *Dinoflagellata* of the Hainan region, Ⅲ. On *Metadinophysis sinensis*, a new genus and species of *Dinophysidae. Sinensia*, vol. 12, no. 1–6(1941), pp. 217–226. (joint with Dr. Chia–chi Wang).

18. *Tintinnoinea* of the Hainan region. *Cont. Biol. Lab. Sci. Soc. China*, vol. 14, no. 3(1941). (joint with Ping–sin Ch'eng).

19. *Dinoflagellata* of the Hainan region, Ⅳ. On the thecal morphology of the genus *Podolamps* with description of the species. *Sinensia*, vol. 13, no. 106(1942), pp. 53–60.

20. *Dinoflagellata* of the Hainan region, Ⅴ. On the thecal morphology of the genus *Goniodoma*, with description of species of the region. *Sinensia*, vol. 13, no. 1–6(1942), pp. 61–68. (joint with Dr. Chia–chi Wang).

21. *Dinoflagellata* of the Hainan region, Ⅵ. On the genus *Diplopsalis. Sinensia*, vol. 14, no. 1–6(1943), pp. 1–21.

22. *Dinoflagellata* of the Hainan region, Ⅶ. On the thecal morphology of *Ornithocercus thurni*(Schmidt)Kofoid et Skogsberg.

Sinensia, vol. 14, no. 1-6(1943), pp. 23-28.

23. Note on some epizoic Infusoria from the fresh-water shrimps, *Palaemon niponensis. Sinensia*,vol. 14, no. 1-6(1943). (joint with Y. L. Ho).

24. *Dinoflagellata* of the Hainan region, Ⅷ. On *sinophysis microcephalus*, a new genus and species of *Dinophysidae. Sinensia*, vol. 15, no. 1-6(1944), pp. 145-151. (joint with Dr. Chia-chi Wang).

25. *Sinodiniidae*, a new family of *Peridiniida*(protozoa, *Dinoflagellata). Trans. Amer. Micro. Soc.*, vol. 64, no. 3(1945), pp. 196-202.

26. Studies on *spathocyathus caridina* Gen. et. Sp. nov., A *Suctoria* attached to the antennae of a fresh-water shrimp, *Caridina* sp. *Sinensia*, vol. 16, no. 1-6(1945), pp. 57-64. (joint with Kuei S. Y. Lu).

27. The structure and division of *Chilomastix intestinales* Kuczynski, with a note on similar forms in man and other vertebrates. *J. Morph*, vol. 82, no. 3(1948), pp. 287-330.

史若兰(Nora G. Sproston), University of London [External B. Sc. (Special) Honours: Zoology (Parasitology)] (1938),动物研究所专任研究员(1947—现在)。

著作目录：

专书：

1. A synopsis of the Monogenetic Trematodes. *Trans. Zool. Soc. London*, (1947), 500 pp., 118 figs.

论文：

1. The macro and micro–fungi of Hartlebury Common Worcestershire. *Trans. Birmingham Nat. Hist. Phil. Soc.*, 15, 7, (1928).

2. A new Syndrome, apparently due to over–activity of the posterior pituitary. *Lancet* 234, 5966, (1938), 11–13, Tables 1–4. (with Dr. E. I. Jones).

3. Notes sur la faune parasitaire des poissons Roscoff. *Travaux Stat. Biol. Roscoff,* 16, (1939), 1–28, fig. 1.

4. Further observations on the colonization of a new rocky shore at Plymouth. *Journ. Animal Ecol.*, 9, 2, (1940), 31–327. (with Dr. H. B. Moore).

5. Osmotic relations of some metazoan parasites. *Parasitology* 33, 2, (1941), 214–223, 3 Tables. (with Dr. N. K. Panikkar).

6. The Metacercaria of *Cercaria doricha* Roths., 1934, or a closely related species. *Parasitology* 33, 3, (1941), 359–362, figs. 1–2. (with M. Rothschild).

7. The ecology of some parasitic copepods of Gadoids and other fishes. *Journ. Mar. Biol. Assoc. U. K.*, 25, (1941), 361–392, figs. 1–2, Tables 1–11. (with P. H. T. Hartley).

8. Observations on the bionomics and physiology of *Trebius caudatus* and *Lernaeocera branchialis* (Copepoda). *Journ. Mar. Biol.*

Assoc. U. K., 25(1941), 393–417, figs. 1–5, Tables 1–4. (with P. H. T. Hartley).

9. The developmental stages of *Lernaeocera branchialis* (Linn). *Journ. Mar. Biol. Assoc. U. K.*, 25, (1942), 441–466, figs. 1–6.

10. Some Crustacean parasites of local food fishes. *Trans. Plymouth Inst. & Devon. & Cornwall Nat. Hist. Soc.*, (1944), 213–218.

11. *Ichthyosporidium hoferi* (Plehn & Mulsow), an internal fungoid parasite of the mackerel (*Scomber scombrus*). *Journ. Mar. Biol. Assoc. U. K.*, 26, (1944), 72–98, figs. 1–44.

12. The genus Kuhnia n. g., (Trematoda: Monogenea) and examination of the value of some specific characters, including factors of relative growth. *Parasitology* 36, (1945), 176–190, figs. 1–7.

13. A note on the comparative anatomy of the clamps in the superfamily *Diclidophoroidea* (Trematoda: *Monogenea*). *Parasitology* 36, (1945), 191–194, fig. 1.

14. Fish mortality due to a brown. Flagellate. *Nature* 158, (1946), 70.

15. On the genus *Dinobothrium* van Beneden (Cestoda), with a description of two new species from sharks, and a note on *Monorygma* sp. from the electric ray. *Parasitology*, (1948), 18 pp., 25 figs.

16. A noted on the genus *Lernanthropus* (Copepoda Parasitica), with a description of the male of *L. ilishae* Chin. *Sinensia* 18, (1948),

35–42, 11 figs. (with Y. Y. Wu).

朱 树 屏(S. P. CHU)，PH. D. (London University)(1942)，助理研究员(1934—1938)，研究员(June,1947—现在)。

著作目录：

1. On *Lepocinclis* of Nanking. *Sinensia*, vol. 6(1935), pp. 158–184.

2. On new and rare species of *Lepocinclis*. *Sinensia*, vol. 7(1936), pp. 266–325.

3. The influence of the mineral composition of the medium on the growth of planktonic algae. Part Ⅰ. Methods and culture media. *J. Ecol.*, vol. 30(1942), pp. 284–325.

4. The influence of the mineral composition of the medium on the growth of planktonic algae. Part Ⅱ. The influence of the concentration of inorganic nitrogen and phosphorus. *J. Ecol.*, Vol. 31(1943), pp. 109–148.

5. Phytoplankton studies. *Ann. Rep. Freshw. Biol. Assoc. Brit. Emp.*(1944–1945), 1945.

6. The utilization of organic phosphorus by phytoplankton. *J. Mar. Biol. Assoc. U. K.*, vol. 26(1946), pp. 285–295.

7. Note on the technique of making bacteria–free cultures of marine diatoms. *J. Mar. Biol. Assoc. U. K.*, vol. 26(1946). pp. 296–302.

8. Contribution to our knowledge of the Genus *Euglena*. *Sinensia*, vol. 17(1947), pp. 75–136.

童第周(Ti-Cho TUNG), 比国比京大学科学博士(1934), 动物研究所兼任研究员(1945 年 4 月起—现在)。

著作目录：

1. On the area in cross section of the sciatic nerve of the frog, according to sex. *Sci. Rep. Nation.Cen. Uni.*, Sere. B, vol. 1, no. 1(1930).

2. Expériences de coloration vitale sur l'oeuf *d'Ascidiella aspersa. Arch. de Biol*. T. LⅢ, Fasc. Ⅳ(1932).

3. Recherches sur la détermination du plan médian dans l'oeuf de *rana fusca. Arch. de Biol.*, T. XLIV, Fasc. 4(1933), p. 1.

4. L'organisation de l'oeuf féconde *d'Ascidiella scabua* au début de la segmentation. *C. R. Soc. Biol.*, vol. 115(1934), p. 1375.

5. Autonomie et corrélations dans l'ontogénèse des *Ascidies simples C. R. Ass. anat., 29ᵉ Reun. Bruxelles.*(1934).

6. Recherches sur les potentialités des blastomères chez *Ascidiella scabra. Arch. D'Anat. Micros*., T. XXX, Fasc. Ⅲ(1934), p. 381.

7. On the time of determination of the dorso–ventral axis of the pronephros in *Discoglossus. Pek. Nat. Hist. Bull.*, vol. 10, part 2(1935), p. 115.

8. On the development of a double–headed embryo of *Rana nigromaculata. China jour. of Exp. Biol.*, vol. 1(1936), p. 97.

9. Some experiments on the extirpation and transplantation of the mesonephros in *Rana nigromaculata. Lingnan Sci. Jour.*, vol.

17(1938), p. 247.

10. Experimental studies on the determination of polarity of ciliary action of anuran embryos. *Arch. De Biol.*, T. LI(1940), p. 203.

11. The organization of the egg of *Ciona intestinalis* before fertilization. *Lingnan Sci. Jour.*, vol. 20, no. 1(1941).

12. The development of the ascidian egg centrifuged before fertilization: *Biol. Bull.*, vol. 80, no. 2(1941).

13. Duration of the inductive power of polarity of ectoderm and notochord. *Pro. Chi. Physi. Soc.*, vol. 1(1941).

14. The effect of temperature on the induction of polarity. *Pro. Chi. Physi. Soc.*, vol. 1(1941).

15. Experimental studies on the caudal extension of pronephric duct. *Pro. Chi. Physi. Soc.*, vol. 1(1941).

16. Experiments on the transmission of inducing stimuli of polarity. *Pro. Chi. Physi. Soc.*, vol. 1, no. 6(1943).

17. Experimental studies on the development of goldfish. *Pro. Chi. Physi. Soc.*, vol. 2, no. 1(1943).

18. Development of egg fragment isolated latitudinally in goldfish. *Pro. Chi. Physi. Soc.*, vol. 2, no. 1(1943).

19. Experimental studies on the development of the pronephric duct in anuran embryos. *Bri. Jour. Anat.*(1943).

20. The development of egg fragments, isolated blastomeres and fused eggs in goldfish. *Pro. Zool. Soc. London*, Parts I and II, vol. 114(1944), pp. 46–64.

21. Experiments on the developmental potencies of blastoderms and fragments of teleostean eggs separated latitudinally. *Pro. Zool. Soc. London*, vol. 115(1945).

22. The regional differences of the inducing force of the polarity of mesoderm. *Pro. Chin. Physi. Soc.*, vol. 2, no. 6(1945).

23. Experiments on the inducing action of polarity. *Jour. Exp. Zool.* (1947) (in the press).

24. Experimental studies on the polarity and its inducing action of embryonic tissues. *Jour. Exp. Zool.* (1947).

25. Induction of polarity in epidermis by dead tissues. *Jour. Exp. Zool.* (1947).

贝时璋(Sitsan PAI),动物研究所兼任研究员(1947 年 8 月—现在)。

著作目录:

1. Lebenszyklus der *Anguilulla aceti Zool. Anz.*, Bd. 74(1927).

2. Die Phasen des Lebenszyklus der *Anguilulla aceti* und ihre experimentell-morphologische Beeinflussung, *Zeitschr. f. wiss. Zool.*, Bd. 131(1928).

3. Regenerationversuche an Rotatorien, *Sci. Rep. Nat. Univ. Chekiang*, vol. 1(1933).

4. Das Problem der Zellkonstanz in Beziehung zur Regeneration, *Sci. Rep. Nat. Univ. Chekiang*, vol.1, 1933.

5. Diploide intersexe bei *Chirocephalus nankinensis, Sci.*

Rec., vol. 1(1942).

6. Heteropycnosis and chromatin–diminution in *Cosmocerca sp.*, *Sci. Rec.*, vol. 1(1942). (with T. Yao).

7. Yolk granules and cell transformation, *Science*, vol. 26(1943), (Chin.).

8. The relations between natural fission and regeneration in *Stylaria fossularis*, *Physiol. Zool.*, vol.17(1944). (with J. Chu).

9. Corpus allatum and corpus cardicum in *Chironomus sp.*, *Amer. Nat.*(1944). (with H. C. Zee).

10. Ueber die Transformation der Genitalzellen bei den Chirocephalus–Intersexen, *Sci. Rec.*, vol.1(1945).

11. Die Chromosomen der undifferenzierten Somazellen und der Keimbahnzellen von *Cosmocerca sp.*, *Chin. Journ. Epex. Biol.*, vol. 2(1944). (with T. Yao).

12. Die Determination der Polarität der Chromosomen bei *Cosmocerca sp.*, *Chin. Journ. Exp. Biol.*,vol.2(1944). (with T. Yao and T. L. Wang).

13. Heterochromatin and chromocentre formation in *Cosmocerca sp.*, *Chin. Journ. Exper. Biol.*, vol. 2(1945).

14. Ueber das Koppelungsvermögen des Heterochromatins bei *Cosmocerca sp.* und die Frage der Sammelohromosomenbildung, *Chin. Journ. Exp. Biol.*, vol. 2(1944). (with T. Pao and Y. S. Chuang).

15. Chromatophore activity in relation to temperature and eyestalk extract concentration. *Proc.Zool. Soc., London*, vol.

115(1945). (with H. C. Zee).

16. Constitution of the salivary gland chromosomes of *Chironomus. Nature*, vol. 155(1945). (with T. Chu).

17. Fission and disintegration in *Stylaria fossularis* at different temperatures. *Physiol. Zool.*, vol. 19(1946). (with T. F. Tsui and T. Chu).

杨平澜(Bainley YOUNG),浙江大学农学士(1940),动植物研究所助理员(1940 年 7 月—1943 年 12 月),动植物研究所助理研究员(1944 年 1 月—1944 年 3 月),动物研究所助理研究员(1944 年 4 月—现在)。

著作目录:

1. Two caterpillars injurious to ramie in Kwangsi. *Sinensia*, XI (1940), pp. 577–587, 2 pls.

2. The Coleopterous genus *Asiphytodecta Chen. Sinensia*, XII (1941), pp. 199–208, figs. (in coll. with S. H. Chen).

3. On the protective value of the egg–pedicel of Chrysopidae. *Sinensia*, XII (1941). pp. 211–215,1 fig. (in coll. with S. H. Chen).

4. White–flies attacking Citrus in Szechwan. *Sinensia*, XIII (1942), pp. 95–101, 13 figs.

5. Remarks on the carriage of eggs on the elytra by the males of *Sphaerodema. Sinensia*, XIII (1942), pp. 103–104. (in coll. with S. H. Chen).

6. Onservations on the mating behaviour of *Bombyx mori* L. *Sinensia*, XIV (1943), PP. 45–48, 2 figs. (In coll. with S. H. Chen).

7. Further remarks on the Carriage of eggs on the hemelytra by the males of *Sphaerodema rusticum*. *Sinensia*, XIV(1943), pp. 49–53, 3 figs. (in coll. with S. H. Chen).

8. Vision and flight: an experimental study on the cicada *Cryptotympana pustulata* F. *Sinensia*, XIV(1943), pp. 55–60. (in coll. with S. H. Chen).

9. Aleurodidae from Szechwan Ⅰ. *Sinensia*, XV(1944), pp. 129–139, 8 figs.

10. Respiratory adaptations in an aquatic Hemipteron *Cheirochela*. *Sinensia*, XV(1944), pp. 141–144, 4 figs.

11. Studies on the haemolymph circulation in the wings of the cicada *Cryptotympana pustulata*. *Sinensia*, XVI(1945), pp. 37–43, 2 figs.

12. Studies on the haemolymph circulation in the wings of two Dipterous insects. *Sinensia*, XVII(1947), pp. 37–42, 3 figs.

13. On the variation of *Bemisia giffardi* and its relation to food–plants. *Sinensia*, XVII(1947), pp. 43–46.

张孝威(Hsiao–Wei CHANG),东吴大学理学士(生物系),(1941 年 1 月),助理员(1942 年 9 月—1943 年 12 月),助理研究员(1944 年 1 月—现在)。

著作目录:

1. Notes on the fishes of Western Szechwan and Eastern Sikang. *Sinensia*, vol. 15(1944), pp. 27–60.

2. On the structure of the intestine of the Chinese pond loach

with special reference to its adaptation for aerial respiration. *Sinensia*, vol. 16(1945), pp. 1–8. (with Dr. H. W. Wu).

3. Comparative study on the girdles and their adjacent structures in Chinese Homalopterid fishes with special reference to the adaptation to torrential streams. *Sinensia*, vol. 16(1945), pp. 9–26.

4. 利用土产鱼类扑灭孑孓之试验. 实验卫生: 第 3 卷 21–28.1945（与刘建康合作）.

5. On the arterial system of the gills and the suprabranchial cavities in *Ophiocephalus argus*, with especial reference to the correlation with the bionomics of the fish. *Sinensis*, vol. 17(1947), pp. 1–10. (with Dr. H. W. Wu).

6. On the aerial respiration of the "spiny eel" *Mastacembelus aculeatus*(Basil.). *Sinensia*, vol. 17(1947), pp. 11–14. (with Dr. H. W. Wu and Mr. P. L. Yih).

7. On the blastokinesis occurring in the egg of the common Chinese bitterling, *Rhodeus ocellatus*. *Sinensia*, vol. 17(1947), pp. 15–22. (with Dr. H. W. Wu).

8. The pectoral and pelvic musculature of Homalopterid fishes. *Sinensis*, vol. 18(1947), pp. 59–68.

胡荣祖(Yung Tsu HU)，国立中央大学理学士(1935 年 7 月)，动植物研究所助理员(1935 年 7 月—1941 年 6 月)，动植物研究所助理研究员(1941 年 7 月—1942 年 10 月)，教育部特设大学先修班生物首席教员(1942 年 11 月—1945 年 6

月), 动物研究所助理研究员(1945 年 7 月—现在)。

著作目录:

1. Parasitic Nematodes from Hainan. *Sinensia*, vol. 9, Nos. 5–6(1938), pp. 275–297. (with Dr. H. W. Wu).

2. Notes on fresh–water Copepods from Pehpei, Szechwan. *Sinensia*, vol. 14, Nos. 1–6(1943), pp.115–128.

陆桂(Kuei S. Y. LU), 上海圣约翰大学理学士(1942 年), 助理员(1943 年 11 月—1946 年 9 月), 助理研究员(1946 年 10 月—现在)。

1. Studies on *Spathocyathus caridina* gen. et sp. nov., a *Suctoria* attached to the antennae of a fresh–water shrimps, *Caridina* sp. *Sinensis*, vol. 16, no. 1–6(1945), pp. 57–64.

2. On some parasitic ciliates from frogs of Pehpei. *Sinensia*, vol. 16, no. 1–6(1945), pp. 65–72.

易伯鲁(Peh Lu YIH), 国立西南联合大学理学士(1943 年 6 月), 助理员(1945 年 1 月—现在)。

著作目录:

1. The life history of an oriental minnow, *Pseudorasbora parva*. *Sinensia*, XVII(1947), pp. 23–32, 12 figs.

2. On the aerial respiration of the "spiny eel", *Mastacembelus aculeatus*(Basil.). *Sinensia*, XVII(1947), pp. 11–14. (with Dr. H. W. Wu and Mr. H. W. Chang).

3. The lateral canal system of *Monopterus javanensis*. *Sinensia*, XVIII(1948), p. 13–20, 5 figs.

4. 滇池枝角类及桡角类的研究.北平研究院动物学研究所中文报告汇刊:第29号1–11页.北京研究院出版课(1935)(与张玺合作).

王祖熊(Tsu Hsiung WNAG),国立中央大学理学士,1945年7月,助理员(1945年8月—现在)。

著作目录:

On the structure of the Malpighian tubes of the centipede and their excretion of uric acid. *Sinensia*, vol. 18, no. 1–6(1948), pp. 1–12. (with Dr. H. W. Wu).

常麟定(L. T. CHONG),Docteur es *Sciences* de l'Universitede Dijon, France(30 Sep., 1941),自然历史博物馆动物采集员(1929—1933),动植物研究所助理研究员(1934—1937)。

著作目录:

论文:

1. Study on the fishes referring to *Siniperca* of China. *Sinensia*, vol. 2(1932), pp. 137–192. (In collaboration with P. W. Fang).

2. Contributions to the Ornithology of Kwangsi. *Sinensia*, vol. 3(1932), pp. 161–172.

3. Notes on some birds of Honan and South Anhwei. *Sinensia*, vol. 7(1936), pp. 459–470.

4. Notes of birds from Yunnan–Part I . *Sinensia*, vol. 8(1937), pp. 363–398.

唐世凤(S. F. TANG),动植物研究所助理员(1933—1937)。

著作目录：

1. Notes on the Nematomorpha of China. *Sinensia*, vol. 3(1933), pp. 173–178. (with H. W. Wu).

2. Descriptions of three new species of the Nematomorpha of Fukien. *Sinensia*, vol. 4(1934), pp.201–208.

3. Notes on the fishes of Heterosomata from Hainan. *Sinensia* vol. 6(1935), pp. 391–397. (with H.W. Wu).

4. Report on the oceanographical and biological survey in the Gulf of Po–Hai and along the coast of Shantung Peninsula, pt. 2, physical conditions of sea water. *Sinensia*, vol. 8(1937), pp. 10–50.

5. Report on the oceanographical and biological survey in the Gulf of Po–Hai and along the coast of Shantung Peninsula, pt. 3, chemical conditions of sea water. *Sinansia*, vol. 8(1937), pp. 51–62. (with H. W. Wu).

谢蕴贞(ZIA Yontsun), Diplôme d'études supérieures, Faculté des *Sciences*, Université de Paris (1934), 通讯编辑员(1933—1938)。

著作目录：

论文：

1. On the Languriidae of Kweichow and yunnan. *Sinensia*,

Ⅳ(1933), pp. 15–37, 24 figs.

2. On some species of Languriidae of Hangchow. *Sinensia*, Ⅳ(1934), pp. 353–358, 6 figs.

3. Notes sur les Flatinae et les Ricaniinae de la Chine du Sud et du Tonkin. *Sinensia*, Ⅵ(1935),pp. 525–540, 6, figs.

4. Catalogus of Chinese Languriidae with description of a new species. *Sinensia*, Ⅵ(1936), pp. 689–697, 3 figs.

5. Comparative studies of the male genital tube of Coleoptera Phytophaga. *Sinensia*, Ⅶ(1936), pp. 319–352, 12 pls.

6. A new Diptera Trypetidae from Hainan. *Chinese Journ. Zool.*, Ⅱ(1936), pp. 157–162, 4 figs.

7. Study on the Trypetidae or Fruit–flies of China. *Sinensia*, Ⅷ(1937), pp. 103–226, 24 figs., 7 pls.

8. Trypetidae of North China. *Sinensia*, Ⅸ(1938), pp. 1–180, 44 figs. (in collaboration with S. H. Chen).

9. Notes on Trypetidae collected from South China. *Sinensia*, Ⅹ(1939), pp. 1–19, 1 pl.

10. On the orientation of some Aphids in feeding. *Sinensia*, XIV(1943), pp. 41–44. (in collaboration with S. H. Chen).

徐凤早(Fontzou HSU), 比国鲁文(Louvain)大学博士, 动植物研究所副研究员(1943—1944)。

著作目录:

论文:

1. On some species of Sagitta of China. *Sinensia*, vol. 14(1943), pp. 129–140.

2. Note on the structure and function of the tibial tympanic organ of a Tettigonid, *Conocephalus sp. Sinensia*, vol. 15(1944), p. 21–25.

3. The number and behavior of misotic chromosomes of *Brachytrupes portentosus* Lichtenstein(Gryllidae, Orthoptera). *Science Record*, vol. 1, nos. 3 & 4(1945), pp. 565–572.

方炳文(P. W. FANG),自然历史博物馆技师(1928—1933),动植物研究所副研究员(1933—1943)。

著作目录：

论文：

1. Notes on the gill rakers and their related structures of *Hypophthal michthys nobilis* and *H. Molitrix. Cont. Biol. Lab. Sci. Soc., China*, vol. 4, no. 5(1928), pp. 1–30.

2. Notes on a new species of *Pheretima* from Kwangsi, China, *Sinensia*, vol. 1, no. 2(1929), pp. 15–24.

3. New and inadequately known Homalopterian loaches of China. *Cont. Biol. Lab. Sci. Soc., China*,vol. 6, no 4(1930), pp. 25–43.

4. Sinogastromyzon szechuanensis, a new Homalopterid fish from Szechuan, China. *Cont. Biol. Lab. Sci. Soc., China*, vol. 6, no. 9(1930), pp. 99–104.

5. New Homalopterin loaches from Kwangsi, China. *Sinensia*,

vol. 1, no. 3(1930), pp. 25–43.

6. New species of *Gobiobotia* from upper Yangtse River. *Sinensia*, vol. 1, no. 5(1930), pp. 57–64.

7. Notes on Chelonians of Kwangsi, China. *Sinensia*, vol. 1, no. 8(1930), pp. 95–136.

8. Notes on new species of Homalopterin loaches referring to Sinohomaloptera from Szechuan, China. *Sinensia*, vol. 1, no. 9(1930), pp. 137–145.

9. New and rare species of Homalopterid fishes of China. *Sinensia*, vol. 2, no. 3(1931), pp. 41–64.

10. Amphibia of Nanking. *Cont. Biol. Lab. Sci. Soc. China*, vol. 7, no. 2(1931), 65–114. (with Mangwen L. Y. Chang).

11. A study of Ophidians and Chelonians of Nanking. *Cont. Biol. Lab. Sci. Soc. China*, vol. 7, no. 8(1931), pp. 249–288. (with T. H. Chang).

12. A review of the fishes of the genus *Gobiobotia. Cont. Biol. Lab. Sci. Soc. China*, vol. 7, no. 9(1931), pp. 289–304.

13. The elasmobranchiate fishes of Shangtung coast. *Cont. Biol. Lab. Sci. Soc. China*, vol. 8(1932), pp. 213–283. (with K. F. Wang).

14. Notes on *Tylototriton Kweichowensis*, sp. nov. And Ty. asperrimus Unterstein with synopsis to species. *Sinensia*, vol. 2, no. 9(1932), pp. 111–122. (with Mangwen L. Y. Chang).

15. Study on the fishes referring to *Siniperca* of China. *Sinensia*, vol. 2, no. 12(1932), pp. 137–192.(with L. T. Chang).

16. Notes on a small collection of earthworms from Ichang, Hupeh. *Sinensia*, vol. 3, no. 7(1933), pp. 179–184.

17. Notes on a new Cyprinoid genus *Pseudogyrinocheilus* and *P. Procheilus*(Sauvage and Davery)from Western China. *Sinensia*, vol. 3, no. 10(1933), pp. 255–264.

18. Notes on *Gobiobotia tungi*, sp. nov. *Sinensia*, vol. 3, no. 10(1933), pp. 265–268.

19. Notes on some Chinese Homalopterid loaches. *Sinensia*, vol. 4, no. 3(1933), pp. 39–50.

20. Notes on some Chelonians of China, *Sinensia*, vol. 4, no. 7(1934), pp. 145–199.

21. Study on the fishes referring to Salangidae of China. *Sinensia*, vol. 4, no. 9(1934), pp. 231–268.

22. Notes on *Myxocyprinus asiaticus* (Bleeder) in Chinese freshwaters *Sinensia*, vol. 4, no. 11(1934), pp. 329–337.

23. Supplementary notes on the fishes referring to Salangidae of China. *Sinensia*, vol. 5, nos. 5 &6(1934), pp. 505–511.

24. Study on the Crossostomoid fishes of China. *Sinensia*, vol. 6, no. 1(1934), pp. 44–97.

25. 中国鱼类概说.方志月刊：七卷四期 11–20. 1934.

26. On *Mesomisgurnus*, Gen. Nov. & *Paramisgurnus*, sauvage with descriptions of three rarely known species & synopsis of Chinese Cobitoid Genera. *Sinensia*, vol. 6, no. 2(1935), pp. 128–146.

27. On some Nemacheilus fishes of northwestern China &

adjacent territory in the Berlin Zoological Museum's collection, with description of two new species. *Sinensia*, vol. 6, no. 6(1935), pp. 749–767.

28. A new Homalopteroid, *Paraprotomyzon multifasciatus*, from eastern Szechuan, China, Gen. nov. Sp. Nov. *Sinensia*, vol. 6, no. 2(1935), pp. 99–107. (with J. Pellegrin).

29. Studies of the Botoid fishes of China. *Sinensia*, vol. 7, no. 1(1936), pp. 1–49.

30. On some Schizothoracid fishes from Western China preserved in the National Research Institute of Biology, Academia Sinica. *Sinensia*, vol. 7, no. 4(1936), pp. 421–458.

31. *Sincyclocheilus tingi*, a new genus and species of Chinese Barbid fishes from Yunnan. *Sinensia*, vol. 7, no. 5(1936), pp. 588–593.

32. Chinese fresh–water fishes referring to Cyprinidae(Sen. Str.). *Sinensia*, vol. 7, no. 6(1936), pp.686–712.

33. On *Huigobio chenhsienensis*, Gen. & Sp. Nov. *Bull. Fan. Mem. Inst. Biol.* (Zool. Ser.), vol. 8, no.3(1938), pp. 237–243.

34. Poissons de Chine de M. Ho, description de deux especes nouvelles. *Bull. de la Soc. Zool de France* vol. 64(1939), pp. 338–343. (with J. Pellegrin).

龚建章(C. C. KUNG),动物研究所助理研究员(1944—1945)。
著作目录:
论文:

1. On the accessory resporatory organ of *Monopterus*. *Sinensia*, vol. XI(1940), pp. 69–75. (with H. W. Wu).

2. Some suckered Nematoda of fowl in Chungking. *Sinensia*, vol. 15(1944), pp. 119–123. (with H. W. Wu).

3. Parasitic Nematodes of Amphibians from Pehpei, Szechuan, China. *Sinensia*, vol. 16(1945), pp.73–83. (with H. W. Wu).

4. On the structure of the oesophageal glands of *Rhabdias bicornis*(Rhabdiasoidea, Nematoda). *Sinensia* vol. 17(1947), pp. 33–35.

曹景熹(Ching-Hsi TSAO),浙江大学农学士(1940),动物研究所助理员(1944—1945),动物研究所助理研究员(1946)。

著作目录：

论文：

1. On the larval structure of two Longicorn beetles. *Sinensia*, XVI(1945), pp. 51–55, 4 figs.

刘建康(C. K. LIU),动植物研究所研究生(Jan., 1938—June, 1938),动植物研究所助理研究员(July,1938—1944),动物研究所副研究员(1944—1946)。

著作目录：

1. Disposition of the efferent branchial arteries on the circulus cephalicus in Chinese fishes of Cyprinidae. *Sinensia*, vol. 10, nos. 1–6(1939), pp. 143–146.

2. On the structure of the "adhesive apparatus" of Glyptosternum. *Sinensia*, vol. 11, nos. 1–2(1940), pp. 69–75. (in collaboration with Dr. H. W. Wu).

3. Preliminary study on the air–bladder and its adjacent structures in Gobioninae. *Sinensia*, vol. 11,nos. 1–2(1940), pp. 77–104.

4. On two new fresh–water gobies. *Sinensia*, vol. 11, nos. 3–4(1940), pp. 213–219.

5. The bucco–pharyngeal epithelium as the principal respiratory organ in *Monopterus javanensis*. *Sinensia*, vol. 11, nos. 3–4(1949), pp. 221–239. (in collaboration with Dr. H. W. Wu).

6. Helminthological notes, Ⅱ. *Sinensia*, vol. 11, nos. 5–6(1940), pp. 397–406. (in collaboration with Dr. H. W. Wu).

7. Notes on some parasitic nematodes. *Sinensia*, vol. 12, nos. 1–2(1941), pp. 61–73. (in collaboration with Dr. H. W. Wu).

8. A case of polymely in the frog. *Rana nigromaculata*. *Sinensia*, vol. 12, nos. 1–2(1941), pp. 75–80.(in collaboration with Dr. H. W. Wu).

9. On the spawning ground of Carp in Chü Ho. *Sinensia*, vol. 12, nos. 3–4(1941), pp. 227–233.

10. On the breeding habits and the larval metamorphosis of *Monopterus javanensis*. *Sinensia*, vol.13, nos. 1–6(1942), pp. 1–13. (in collaboration with Dr. H. W. Wu).

11. Osmotic regulation and "chloride secreting cells" in the paradise fish, *Macropodus opercularis*. *Sinensia*, vol. 13, nos.

1–6(1942), pp. 15–20.

12. On the larval organs of *Monopterus* and their function of respiration. *Science Record*, vol. 1,nos. 1–2(1942), pp. 250–255. (in collaboration with Dr. H. W. Wu).

13. On the blood vascular system of *Monopterus javanensis*, an air–breathing fish. *Sinensia*, vol. 14, nos. 1–6(1943), pp. 61–97. (in collaboration with Dr. H. W. Wu).

14. Helminthological notes, Ⅲ. *Sinensia*, vol. 14, 1–6(1943), pp. 99–105. (in collaboration with Dr. H. W. Wu).

15. Sodium sulfate as an agent causing the development of the "chloride secreting cells" in *Macropodus*. *Nature*, vol. 153, no. 3878(1944), p. 252.

16. Rudimentary hermaphroditism in the symbranchoid eel, *Monopterus Javanensis*. *Sinensia*, vol.15, nos. 1–6(1944), pp. 1–8.

17. Integumentary serious glands and eclosion of larval *Monopterus*. *Science Record*, vol. 1, nos. 3–4(1945), pp.161–611. (in collaboration with Dr. H. W. Wu).

18. Artificial hybrids between Carp and Goldfish. *Sinensia*, vol. 16, nos. 1–6(1945), pp. 27–30. (in collaboration with Dr. H. W. Wu).

19. 利用土产鱼类扑灭孑孓之试验. 实验卫生:3 卷 1 期 21–28 页(与张孝威合作).

谭娟杰 燕京大学理学士,动植物研究所助理员(1941—1943),动物研究所助理员(1944),动物研究所助理研究员

（1944 年 4 月—1947 年 1 月）。

著作目录：

论文：

1. On the structure of some Chrysomelid larvae. *Sinensia*, XI(1940), pp. 549–571, 6 pls.

2. Study on the natural enemies of Culicid larvae and their rôle in mosquito control. *Sinensia*, XIII(1942), pp. 69–88.

3. Biological studies on two species of vegetable Chrysomelidae of Pehpei, Szechwan (*Phaedon brassicae* and *Colaphellus bowringi*). *Sinensia*, XIII(1942), pp. 89–93.

4. Study on the natural infection on *Anopheles hyrcanus var. Sinensis* with malaria parasites in Pehpei, Szechwan. *Sinensia*, XIV(1943), pp. 141–142.

5. Comparative study on the malpighian vessels of some Chrysomelidae. *Sinensia*, XV(1944), pp.125–126, 3 figs.

6. On the larval structures of *Armigeres obturbans* Walker and *Lutzia fuscanus* Wiedemann. *Sinensia*, XVI(1945), pp. 44–49., 2 pls.

白国栋（K. T. PAI），国立北平师范大学理学士（1937 年 7 月），动物研究所技士（1945 年 4 月—现在）。

著作目录：

论文：

1. The variation of *Nyctotherus ovalis* Leidy, and its fibrillar system. *Sinensia*, vol. 18(1948), pp. 43–58. (with Dr. C. C. Wang).

七　植物研究所

（一）概况

沿革　植物研究所之历史，仅三载余，但其前身，当追溯至本院自然历史博物馆之时代。该馆于民国十八年一月开始筹备，十九年一月正式成立。内分动物植物二组。民国二十三年夏，改组自然历史博物馆为动植物研究所，取消二组，但植物学部分仍存在，有高等植物分类学、真菌学、植物病理学等部门，二十五年冬，添置藻类学研究室。抗战军兴，动植物研究所一再播迁，自南京至衡阳、阳朔，最后始定居于四川之北碚。西迁以后，研究植物之人员，仅存四人。民国三十三年三月，本院第二届评议会，举行第二次年会于重庆，决议将动植物研究所分为动物研究所及植物研究所。聘罗宗洛为植物研究所所长，积极筹备，于五月一日正式成立，所址暂设北碚。胜利后满一年，本所与本院各所同时还都，奉命迁入上海岳阳路现址。

组织　本所成立伊始，仅有高等植物分类学、藻类学、植物生理学三研究室，复员后，借调在甘之研究员邓叔群先生回所，恢复真菌学研究室，同时成立森林学研究室。三十五年十二月，副研究员王伏雄先生到任，创设植物形态学研究室。三十六年七月，研究员魏景超、李先闻二先生先后到所,植物病理学研究室及细胞遗传学研究室相继成立。至民国三十六年十二月止,本所共有八研究室,附图书室标本室各一,研究工作必需之仪器药品设备,尚称完备,专门书籍四千二百余册,期刊一百九十余种,论文二千四百余册,历年采集及接收与购置之植物标本,都二十余万号,堪称齐备。有研究员六名、副研究员二名、助理研究员八名、助理员八名、技士一名、技佐二名、事务员二名、练习技佐一名,共计职员三十名。此外尚有通讯研究员四名、兼任研究员一名。

　　工作　高等植物分类学研究室初注重于蕨类植物之分类,至动植物研究所时代,范围稍广,本所成立前后,集中于伞形科植物之研究,还都而后,因所址所在关系,将注意于中国东部高等植物之研究。藻类学研究室初着手于东南海产藻类之调查,及播迁而后,距海日远,不得不就地取材,故十年来皆在研究淡水藻类,今后除继续此研究,以期完成中国西南藻类志外,将着手于中国南部海藻之调查。真菌学研究室之中心工作为《中国真菌志》之完成。森林学研究室正在整理在西北调查所得之材料,将次就绪,此后将研究中国重要林木之培植及森林生态、森林经理等问题。植物生理学研究室在最近数年间致力于微量元素对植物体内碳水化合物之分解与合成之影响的研究,待正在订购之仪器药品到齐后,当更进一步探讨微量元素对植物体内氮化合物新陈代谢之作用。植物形态学研究室之主要工作为裸子植物之胚胎发育及国产木材解剖之研究。植物病理学研究室正在进行之工作为:(一)大豆病害防治之研究,(二)2-4-dich-lorophenyloxyacetic acid 对菌孢子发芽及生长之影响,及(三)果实作物病害之调查。细胞遗传学研究室虽成立未久,然李先闻先生自民国三十五年应聘后,即利用四川省稻麦改良场进行小麦属间杂种及其多元种之染色体行动之研究,得极有趣味之结果;来所后除继续小麦及小麦属之遗传研究外,将兼及小米属、高粱、甘蔗等之细胞遗传及育种。

刊物 本所于三十六年刊行季刊一种,定名曰《国立中央研究院植物学汇报 Botanical Bulletin of Academia Sinica》专载本所同人研究心得。第一卷四期,均能按期出版,共计论文三十三篇,此外尚刊行年报一种,概述本所各研究室之工作,植物学汇报之中文摘要,及采集记行等,其第一号(民国三十三年——三十六年)业于三十七年一月出版,以后当年出一册。

今后之展望 本所发展之经过,似尚差强人意。唯本所成立于国难期间,先天不足,今后数年,应就现在范围,求内容之充实。约言之有下列数事:(一)图书仪器之补充添置;(二)温室场圃之设立;(三)中级干部之充实;(四)刊物质量之提高。

（二）现职人员

专任研究员兼所长	罗宗洛			
专任研究员	邓叔群	饶钦止	裴　鉴	李先闻
	魏景超			
兼任研究员	高尚荫			
通信研究员	钱崇澍	钱天鹤	胡先骕	张景钺
专任副研究员	单人骅	王伏雄		
助理研究员	黎尚豪	柳大绰	黄宗甄	何天相
	倪晋山	金成忠	周重光	周太炎
助理员	刘玉壶	唐锡华	喻诚鸿	黎功德
	夏镇澳	刘锡琏	林克治	李整理
技　士	韦光周			

（三）研究人员著作目录

罗宗洛（T. L. LOO），日本北海道帝国大学博士 (1931)，本所专任研究员兼所长（1944—现在）。

著作目录：

论文：

1. Uber die Beeinflussung des Pflanzen Plasmas durch die H−ionen in verschiedenen Konzentrationen. *Bot. Mag. Tokyo*, 39(1925) 61−76. (with T. Sakamura).

2. The influence of hydrogen ion concentration on the growth of the seedlings of some cultivated plants. *Bot. Mag. Tokyo*, 41(1927) 33−41.

3. On the mutual effects between the plant growth and the change of reactions of the nutrient solution with ammonium salts as the source of nitrogen. *Jap. Jour. Bot.*, 3(1927) 163–203.

4. The effect of renewal of nutrient solutions upon the growth of culture plant and its relation to aeration. *Jap. Jour. Bot.*, 4(1928) 71–91.

5. Studies on the absorption of ammonia and nitrate by the root of Zea–Mays–seedlings, in relation to the concentration and the actual acidity of the culture solution. *Jour. Fac. Agr., Hokkaido Imp. Univ.* 30(1931) 1–117.

6. Further studies on the absorption of ammonia and nitrate by the root system of the higher plants. *Bull. Dep. Biol., Coll. Sci., Sun Yat–sen Univ.* No. 10(1931), 1–130.

7. Studies on the culture of isolated root–tips under sterile conditions. I . The effects of leaf extract on the growth of root–tips. *Sci. Rep. Ser. B., Biol., Nat. Central Univ.*, 2(1935) 51–71. (with S. W. Loo).

8. Studies on the culture of isolated root–tips under sterile conditions. II . Further experiments on the effects of the leaf extract on the growth of root tips. *Chinese Jour. Exp. Biol.*, 1(1936), 189–206. (with S. W. Loo).

9. Growth stimulation by manganese, indole–3–acetic acid and colchicine in the seed germination and the early growth of rice plant, Oryza Sativa L. *Sci. Rec.* 1(1942) 229–237.

10. Growth stimulation by manganese sulphate, indole-3-acetic acid and colchicine in pollen germination and pollen tube growth. *Amer. Jour. Bot.*, 31(1944) 356–367. (with T. C. Huang).

11. The essentiality of micro-elements in plant growth as compared with the effect of indole-3-acetic acid and colchicine. *Chinese Jour. Sci. Agric.*, 1(1944), 219–222. (in Chinese).

12. The effect of nitrogenous source upon the growth of excised root-tips. *Chinese Jour. Exp. Biol.*,2(1944) 139–186. (with S. W. Loo).

13. A comparison of the effect on plant growth of micro-elements and of indole acetic acid and colchicine. *Ann. Bot.*, 8(1944) 357–362.

14. Growth stimulation by manganese sulphate, indole-3-acetic acid, and colchicine in the seed germination and early growth of several cultivated plants. *Amer. Jour. Bot.*, 32(1945) 106–114. (with Y. W. Tang).

15. The effects of manganese sulphate, indole-3-acetic acid, and colchicine on the starch digestion in germinating wheat seeds. *Sci. Rec.* 1(1945) 584–588. (with T. S. Ni).

16. Micro-elements, auxin and plant growth. *Science & Arts*. 17(1947) 98–120. (in Chinese).

17. The effect of micro-elements, auxin and colchicine upon the hydrolysis of starch in the leaves of kidney bean. *Bot. Bull. Acad. Sinica*, 1(1947) 213–220. (with T. C. Huang and T. S. Ni).

邓叔群(S. C. TENG),美国康乃尔大学硕士(1926),本所专任研究员(1933—现在)。

著作目录:

专书:

1. A contribution to our knowledge of the higher fungi of China. 614 pages. *Inst. of Zoology & Botany, Acad. Sin.* (1939).

论文:

A. Papers on Forestry

1. The early history of forestry in China. Jour. Forest. 26(1928), 564–570.

2. The present forestry problem of China. *Sinensia*, 10(1939), 240–248.

3. Studies of the Hunba forest. *Sinensia*, 10(1939), 249–268.

4. Studies of Chinese timber trees in reference to forest management, Ⅰ .*Sinensia*, 11(1940), 363–395.

5. Studies of Chinese timber trees in reference to forest management, Ⅱ . *Bot. Bull. Acad. Sinica*, Ⅰ (1947), 309–321.

6. The forest regions of Kansu & their ecological aspects. *Bot. Bull. Acad. Sinica*, Ⅰ (1947), 187–200.

7. Silviculture of Kansu trees. *Bot. Bull. Acad. Sinica*, Ⅰ (1947), 221–242.

8. Forest geography of the East–Tibetan Plateau. *Bot. Bull. Acad. Sinica*, Ⅱ (1948), 62–67.

9. A provisional sketch of the forest geography of China. *Bot.*

Bull. Acad. Sinica, II (1948), 133–146.

10. Propagation of weeping willow from seed. *Bot. Bull. Acad. Sinica*, II (1948), 131–132.

B. Papers on *Phytopathology*

11. Rhizoctonosis of *Lobelia*. *Phytopathology*, 19(1929), 585–588.

12. Observations on the germination of the chlamydospores of *Tilletia horrida*. *Contr. Biol. Lab. Sci. Soc. China, Bot. Ser.*, VI(1931), 111–115.

13. An easy method for isolating single spores. *Contr. Biol. Lab. Sci. Soc. China, Bot. Ser.*, VIII(1933),219–221.

14. Studies on the control of major diseases of cotton in China. *Sinensia*, 6(1935), 725–748.

15. The cyrtosis of cotton. *Sinensia*, 7(1936), 63–79.

16. Factors influencing the development of certain cotton pathogenes. *Sinensia*, 8(1937), 63–78.

17. Studies of plant disease control under conditions in China, I – II . *Sinensia*, 7(1936), 570–578.

18. Studies of plant disease control under conditions in China, III . *Sinensia*, 8(1937), 481–486.

19. Studies of plant disease control under conditions in China, IV . *Sinensia*, 12(1941), 135–162.

20. Diseases of economic plants in China, I . *Sinensia*, 9(1938), 181–217.

C. Papers on Mycology

21. A contribution to our knowledge of the Myxomycetes of China. *Sinensia*, 8(1937), 445–479.

22. Supplement to higher fungi of China. *Sinensia*, 11(1940), 105–129.

23. Additions to the Myxomycetes and the Carpomycetes of China. *Bot. Bull. Acad. Sinica*, Ⅰ (1947), 25–44.

饶钦止(C. C. JAO),美国密昔根大学博士(1935),本所专任研究员(1936—现在)。

著作目录:

论文:

1. New Oedogonia collected in China. Ⅰ. *Papers Mich. Acad. Sci., Arts & Lett.*, 19(1934) 83–92.

2. Oedogonium in the vicinity of Woods Hole, *Massachusetts, Rhodora*, 36(1934) 197–214.

3. New Zygnemataceae from Woods Hole. *Trans. Amer. Micros. Soc.*, 54(1935) 1–7.

4. New Oedogonia collected in China. Ⅱ. *Papers Mich. Acad. Sci., Arts & Lett.* 20(1935) 57–63.

5. Studies on the freshwater algae of China. Ⅰ. Zygnemataceae from Szechwan. *Sinensia*, 6(1935), 551–645.

6. Notes on Oedogonium and Bulbochaete in the vicinity of Woods Hole, Massachusetts. *Rhodora*, 36(1936) 67–73.

7. New Rhodophyceae from Woods Hole. *Bull. Torrey Bot.*

Club, 63(1936) 237–257.

8. New Oedogonia collected in China. Ⅲ. *Papers Mich. Acad. Sci. Arts ξ Lett.*, 21(1936) 89–96.

9. New Zygnemataceae collected in China. *Amer. Jour. Bot.*, 23(1936) 53–60.

10. Studies on the freshwagter algae of China. Ⅱ. Vaucheriaceae from Szechwan. *Sinensia*, 7(1936) 730–747.

11. New marine algae from Washington. *Papers Mich. Acad. Sci., Arts & Lett.*, 22(1936) 99–116.

12. New Oedogonia collected in China. Ⅳ. *Sinensia*, 8(1937) 299–313.

13. New Oedogonia collected in China. Ⅴ. *Sinensia*, 9(1938) 263–273.

14. Studies on the freshwater algae of China. Ⅲ. New Chlorophyceae from Hopeh, Chekiang and Szechwan. *Sinensia*, 10(1939) 147–161.

15. Studies on the freshwater algae of China. Ⅳ. Subaerial and aquatic algae from Nanyoh, Hunan. Part Ⅰ. *Sinensia*, 10(1939) 161–239.

16. Studies on the freshwater algae of China. Ⅳ. Subaerial and aquatic algae from Nanyoh, Hunan. Part Ⅱ. *Sinensia*, 11(1940) 241–360.

17. Studies on the freshwater algae of China. Ⅴ. Some freshwater algae from Sikang. *Sinensia*, 11(1940) 531–547.

18. Studies on the freshwater algae of China. Ⅵ. Additional Zygnemataceae from Szechwan. *Sinensia*, 12(1941) 53–59.

19. Studies on the freshwater algae of China. Ⅶ. Lithoderma zonatum, a new freshwater member of the Phaeophyceae. *Sinensia*, 12(1941), 239–244.

20. Studies on the freshwater algae of China. Ⅷ. A preliminary account of the Chinese freshwater Rhodophyceae. *Sinensia*, 12(1941) 245–290.

21. Studies on the freshwater algae of China. Ⅸ. Coelodiscaceae, a new family of the Chlorophyceae. *Sinensia*, 12(1941) 291–298.

22. Studies on the freshwater algae of China. Ⅹ. Oedogoniaceae from Szechwan. *Sinensia*, 13(1942) 21–51.

23. Studies on the freshwater algae of China. Ⅺ. Sphacelaria fluviatilis, a new freshwater brown alga. *Sinensia*, 14(1943) 151–154.

24. Studies on the freshwater algae of China. Ⅻ. The attached algal communities of the Kialing River. *Sinensia*, 15(1944) 61–73.

25. Studies on the freshwater algae of China. XIII. New Myxophyceae from Kwangsi. *Sinensia*, 15(1944) 75–90.

26. Some Characeae from Kunming, Yunnan. *Bot. Bull. Acad. Sinica*, 1.

27. Studies on Oncosaccus terasporoides, gen. et sp. nov. *Bot. Bull. Acad. Sinica*, 1(1947) 53–66.

28. Studies on the freshwater algae of China. XIV. Some

freshwater algae from Kansu. *Bot. Bull. Acad. Sinica*, 1(1947) 67–75.

29. Studies on the freshwater algae of China. XV. Oedogoniaceae and Zygnemataceae from Kwangsi. *Bot. Bull. Acad. Sinica*, 1(1947) 81–102.

30. Notes on Vaucheria Jaoi Ley. *Bot. Bull. Acad. Sinica*, 1(1947) 103–106. (with junior author S. H. Ley).

31. Echinocoleum elegans, gen. et sp. nov. *Bot. Bull. Acad. Sinica*, 1(1947) 107–109.(with jounior author K. T. Lee).

32. Prasiola yunnanica, sp. nov. *Bot. Bull. Acad. Sinica*, 1(1947), 110.

33. Studies on the freshwater algae of China, XVI. Protococcales from Kwangsi. *Bot. Bull. Acad. Sinica*, 1(1947) 243–254.

34. Coelodiscus bullatus, sp. nov., a second species of the Coelodiscaceae. *Bot. Bull. Acad. Sinica*, 1(1947) 255–256.

35. Studies on the freshwater algae of China. XVII. Ulotrichales, Siphono–cladiales and Siphonales from Kwangsi. *Bot. Bull. Acad. Sinica*, 1(1947) 257–269.

36. Studies on the freshwater algae of China. XVIII. Freshwater algae in the vicinity of Chengku, Shensi. (in manuscript).

37. Studies on the freshwater algae of China. XIX. Desmidiaceae from Kwangsi. (in manuscript).

裴 鉴(C. PEI), 美国斯丹福大学学士(1927), 硕 士

（1928），博士（1930），本所专任研究员（1945—现在）。

著作目录：

专书：

1. Verbenaceae of China *Men. Sci. Soc*. China，Ⅰ. No. 3,
(1932), 1, 193, pl. Ⅰ. XXXII.

2. Icones of Chinese medicinal plants book. Ⅰ, published by
the Biological Laboratory of the Science Society of China(1939).

论文：

1. Phytogeography of Chinese Verbenaceae. *Contrib. Biol.
Lab. Sci. Soc. China, Bot. Ser.*, Ⅵ. (1931) 35–38.

2. Additional notes on Chinese Verbenaceous plants. *Cont.
Biol. Lab. Sci. Soc. China, Bot. Ser.*, Ⅶ.(1931) 205–213.

3. Enumeration of the Verbenaceous plants collected by R. C.
Ching and Y. Tsiang. *Sinensia*, Ⅱ. (1931) 65–78.

4. The Vascular plants of Nanking Ⅰ. *Contr. Biol. Lab. Sci.
Soc. China, Bot. Ser.*, Ⅷ. (1932) 77–98.

5. The Vascular plants of Nanking Ⅱ. *Contr. Biol. Lab. Sci.
Soc. China, Bot. Ser.*, (1933) 280–297.

6. Notes on some Anemone from Szechuan. *Contr. Biol. Lab.
Sci. Soc. China, Bot. Ser.*, Ⅸ. (1933)1–7.

7. The Vascular plants of Nanking Ⅲ. *Contr. Biol. Lab. Sci.
Soc. China, Bot. Ser.*, Ⅸ. (1933) 58–91.

8. Notes on the Genus Gymnotheca of the Family, Saururaceae.
Contr. Biol. Lab. Sci. Soc. China, Bot. Ser. Ⅸ. (1934) 109–112.

9. The Vascular plants of Nanking Ⅳ. *Contr. Biol. Lab. Sci. Soc. China, Bot. Ser.*, Ⅸ (1934) 141–187.

10. General description of the flora and vegetation of Nanking. *Proc. Fifth Pacific Sci. Congr., Canada* Ⅳ (1934) 3163–3168.

11. A new Clematis from Kweichow. *Contr. Biol. Lab. Sci. Soc. China, Bot. Ser.*, Ⅸ. (1934) 305–306.

12. Notes on *Pinellia* of China. *Contr. Biol. Lab. Sci. Soc. China, Bot. Ser.*, Ⅹ. (1935) 1–3.

13. The vascular plants of Nanking, Ⅴ. *Contr. Biol. Lab. Sci. Soc. China, Bot. Ser.*, Ⅹ. (1935) 35–67.

14. A discussion on the allied species of Clematis Armandi Fr. *Sinensia*, Ⅵ. (1935) 388–390.

15. Chloranthus of China. *Sinensia*, Ⅵ. (1935) 665–668.

16. The vascular plants of Nanking Ⅵ. *Contr. Biol. Lab. Sci. Soc. China, Bot. Ser.*, Ⅹ. (1936) 172–206.

17. An enumeration of vascular plants from Chekiang, Families: Saururaceae, Chloranthaceae, Amarantaceae and Ranunculaceae. *Contr. Biol. Lab. Sci. Soc. China, Bot. Ser.*, Ⅹ (1936) 93–107.

18. New and noteworthy Clematises from southern and southwestern China. *Sinensia*, Ⅶ. (1936),471–476.

19. Illustrated account of Chinese medicinal plants, Ⅰ. Science (Sci. Soc. China) XX. (1936), 480–493.

20. An enumeration of Verbenaceous plants from Yunnan, collected by H. T. Tsai during the year 1933–34. *Bull. Fan. Mem.*

Inst. Biol., (Botany), Ⅶ. (1936), 145–151.

21. A study of Chinese Chloranthus. *Contr. Biol. Lab. Sci. Soc. China, Bot. Ser.*, Ⅴ. (1938), 207–212.

22. A new Aspidistra from Szechuan. *Contr. Biol. Lab. Sci. Soc. China, Bot. Ser.*, ⅩⅡ. (1939), 101–103.

23. Kwangtung species of Clematis. *Sunyatsenia*, Ⅳ. (1940), 159–168.

24. An enumeration of Sambucus of Szechuan and Sikang. *Contr. Biol. Lab. Sci. Soc. China, Bot. Ser.*, ⅩⅡ. (1942), 138–141.

25. Noteworthy plants of Szechuan and Sikang. *Bot. Bull. Acad. Sinica*, Ⅰ. (1947), 1–8.

26. Saururaceae and Chloranthaceae of Eastern China. *Bot. Bull. Acad. Sinica*, Ⅰ. (1947), 111–116.

27. Notes on some Chinese plants. *Bot. Bull. Acad. Sinica*, Ⅰ. (1947), 117–127.

28. The Juglandaceae of Eastern China. *Bot. Bull. Acad. Sinica*, Ⅰ. (1947). 203–208.

29. The Ulmaceae of Eastern China. *Bot. Bull. Acad. Sinica*, Ⅰ. (1947), 283–297.

李先闻(H. W. LI),美国康乃尔大学博士(1929),本所专任研究员(1946—现在)。

著作目录:

论文:

1. Heritable characters in maize. XLV–Nana. *Jour. Hered*, XXIV(1933), 279–281.

2. Cyto–genetical studies of the cross between the squash (Cucurbita naxima, Duch.) and pumkin(C. pepo, L.). *Agriculture Sinica*, I (1935), 151–174.

3. Defoliation experiments with Kaoling (Andropogon sorghum). *Jour. Amer. Soc. Agron.*, 27(1935)486–491. (with T. N. Liu).

4. Problems in the breeding of millet (Setaria italica (L.) Beauv.). *Jour. Amer. Soc. Agron.*, 27(1935)963–970. (with C. J. Meng and T. N. Liu).

5. Field results in a millet breeding experiment. *Jour. Amer. Soc. Agron.*, 28(1936) 1–15. (with C. J. Meng and N. N. Liu).

6. Experiments on the planting distance in varietal trials with millet, Setaria italica (L.) *Beauv. Jour.Amer. Soc. Agron.*, 29(1937) 577–583. (with C. J. Meng).

7. Genetic studies with foxtail millet. Setaria italica (L.) *Beauv. Jour. Amer. Soc. Agron.*, 32(1940) 426–438.

8. Abnormal pollen mother cells in Zea mays. *Chinese Jour. Exp. Biol.*, 1. (1940) 361–371. (with C.H. Li).

9. Phylogeny of Setaria. *Bulletin No. 36 of The Szechuan Prov. Agri. Impro. Inst.*, (1943) (In Chinese with English summary). (with W. K. Pao).

10. Cytological and genetical studies of the interspecific cross, Setaria italica x S. viridis. *Chinese Jour. Sci. Agri.*, I (1944) 29–248.

(In Chinese with English summary). (with C. H. Li and W. K. Pao).

11. Desynapsis in the common wheat. *Amer. Jour. Bot.*, 32(1945) 92–110. (with W. K. Pao and C. H. Li).

12. Cytological and genetical studies of the interspecific cross of the cultivated foxtail millet Setaria italica (L.) Beauv., and the green foxtail millet, S., viridis L. *Jour. Amer. Soc. Agron.*, 37(1945) 32–54. (with C. H. Li and W. K. Pao).

13. Studies on the chromosomal aberrations of the amphidiploid, Triticum timopheevi and Aegilops bicornis. *Bot. Bull. Acad. Sinica*, 1(1947) 173–186. (with D. S. Tu).

14. Breeding millet resistant to smut in North China. *Phytopathology*, 25(1935) 648–649. (with C. Tu).

15. Cytological study of the hybrid, Triticum sphaerococcum Perc. and Secale cereale L. *Chinese Jour. Exp. Biol.*, 1(1940) 373–387. (with C. H. Li and C. J. Meng).

16. Studies on the inheritance of dwarfness in common wheat. *Chinese Jour. Sci. Agri.*, I (1944)1–12. (in Chinese with English summary). (with W. K. Pao, C. H. Li and T. W. Ching).

17. On the inheritance of pentaploid wheat hybrids, a critique. *Chinese Jour. Sci. Agri.*, I (1944)23–35. (with W. K. Pao).

18. Material inheritance of variegation in common wheat, *Chinese Jour. Sci. Agri.*, I (1944) 166–172. (with W. K. Pao).

19. Supernumerary chromosomes in pearl millet (Pennisetum typhoideum Rich.), *Chinese Jour. Sci. Agri.*, I (1944) 139–142.

(with C. H. Li).

20. Cytological studies of a haploid wheat plant. *Chinese Jour. Sci. Agri.*, I (1944) 183–190. (with C. H. Li).

魏景超(C. T. WEI), 金陵大学农学士(1930 年 6 月), University of Wisconsin Ph. D. (1937 年 6 月), 美国威斯康辛大学博士(1937), 本所专任研究员(1947—现在)。

著作目录：

专书：

1. 普通植物病理学实习指导. 金陵大学植物病理学会刊 1942 年 2 月出版.

2. 普通植物病理学 .1943 年 6 月出版.

论文：

1. Notes on Chinese fungi II. *Sinensia*, 3(1932) 93–130. (with F. L. Tai).

2. Notes on Chinese fungi III. *Sinensia*, 4(1933) 83–128. (with F. L. Tai).

3. Rhizoctonia sheath rot of rice. *Bull. Coll. Agric. For. Univ. Nanking*, 15(1934).

4. Studies on the Helminthosporium leaf spot of rice. *Bull. Coll. Agric. For. Univ. Nanking*, No. 44(1936). (with C. K. Liu).

5. Rust resistance in the garden bean. *Phytopathology*, 27(1937) 1090–1105.

6. Storage diseases of sweet oranges in Szechuan. *Nanking*

Jour., 9(1940) 239–268.

7. A check list of fungi deposited in the mvcological herbarium of the University of Nanking. *NanKing Jour.*, 9(1940) 329–372.

8. Notes on the storage and market diseases of fruits and vegetables Ⅰ Market diseases of stone fruits. *Sinensia*, 12(1941) 135–152.

9. A preliminary report of the control of storage rots of sweet orange. *Nanking Jour.*, 1(1942) 79–102.

10. Discosporella fruit rot of tomato. *Chinese Jour. Exp. Biol.*, 2(1942), 53–68. (with P. C. Cheo).

11. Notes on Chinese fungi X Erysiphaceae of Western Szechuan. *Nanking Jour.*, 11(1942) 103–116.

12. Two new Fungi From Szechuan. *Bot. Bull. Acad. Sinica*, 1(1947) 209–212.

13. Biologic specialization of *Ustilago Hordei in Szechuan*. (In manuscript) (with C. Y. Yien, S. W. Hwang, S. T. Chen and T. L. Chang).

14. 江浙稻作病害调查报告. 金陵学报 1：205–211. 1931.

15. 稻作病害. 金陵大学农学院丛刊 16 号 .1934.

16. 黄花皮苹果对轮纹褐腐病抗病之形态基础. 科学汇刊 1：157. 1942.

17. 成都附近番茄病害调查. 科学农业 1：288–294. 1944.

单人骅(R. H. SHAN)，国立中央大学理学士(1934)，本所助理员(1934—1941)，助理研究员(1942)，专任副研究员

（1942—现在）。

著作目录：

论文：

1. Studies on umbelliferae of China, Ⅰ. *Sinensia*, 7 (1936), 477.

2. Studies on umbelliferae of China, Ⅱ. *Sinensia*, 8(1937), 79.

3. Studies on umbelliferae of China, Ⅲ. *Sinensia*, 11(1940), 137.

4. Studies on umbelliferae of China, Ⅳ. *Sinensia*, 12(1941), 103.

5. On reduction of the Genus Haploseseli, Wolff et Handel-Mazzetti. *Sinensia*, 12(1941), 165.

6. Umbelliferae Novae Sinicae, *Sinensia*, 14(1943), 111–114.

7. Anatomical study of certain Umbelliferous seeding seedlings. *Sinensia*, 15(1944), 105–118.

王伏雄（F. H. WANG），国立清华大学理学士（1936 年 6 月），国立清华大学理硕士（1941 年 6 月），University of Illinois, Ph. D. （1946 年 6 月），美国依利诺大学博士（1946），本所专任副研究员（1946—现在）。

著作目录：

论文：

1. The culture of young conifer embryos in vitro. Science, 98(1943), 544. (with S. W. Loo).

2. The life history of *Keteleeria*. (An Abstract). *Amer. Jour. Bot.*, 31(1944), 6s.

3. Embryological development of inbred and hybrid *Zea mays*

L. *Amer. Jour. Bot.*, 34(1947), 113–125.

4. Late embryogeny of *Keteleeria*. *Bot. Bull. Acad. Sinica*, 1(1947), 133–140.

5. Life history of *Keteleeria* Ⅰ. *Amer. Jour. Bot.*, 35(1948), 21–27.

黎尚豪(S. H. LEY),国立中山大学理学士(1939),本所助理员(1943),助理研究员(1944—现在)。

1. Vaucheriaceae from Northern Kwangtung, China. *Sinensia*, 15(1944), 91–96.

2. New Zygnemataceae from Northern Kwangtung, China. *Sinensia*, 15(1944), 97–100.

3. A Chinese species of Hammatoidea (*H. Smensis*, sp. nov.) *Sinensia*, 15(1944), 101–103.

4. New Myxophyceae from Northern Kwangtung. *Bot. Bull. Acad. Sinica*, 1(1947), 77–80.

5. Notes on *Vaucheria jaoi. Ley. Bot. Bull. Acad. Sinica*, 1(1947), 103–106. (with C. C. Jao).

6. Heleoplanktonic algae of Northern Kwangtung. *Bot. Bull. Acad. Sinica*, 1(1947), 270–282.

7. Studies on the ecological change of Intercellular volumn of green leaves. *Bull. Dept. Biol., Coll. Sci., Sun Yatsen Univ.* (in press). (with Miss D. S. Chen).

柳大绰(T. C. LIU),国立中央大学理学士(1937),本所助理研究员(1944—现在)。

著作目录:

论文:

The relative merits of liquid and solid media for the growth of excised wheat root tips. *Chinese Jour. Exp. Biol*. 2(1944), 91–100.

黄宗甄(T. C. HUANG),国立浙江大学理学士(1941),本所助理研究员(1944—现在)。

著作目录:

论文:

1. Growth stimulation by manganese sulfate, indole–3–acetic acid and colchicine in pollen germination and pollen tube growth. *Amer. Jour. Bot*., 31(1944), 356–367. (wit T. L. Loo).

2. The induction of parthenocarpy in towel gourd by micro-elements, auxins and colchicine. *Sci. Rec*. 1(1944), 606–610.

3. The effect of micro–elements, auxin and colchicine upon the hydrolysis of starch in the leaves of kidney bean. *Bot. Bull. Acad. Sinica*, 1(1947) 213–220. (Colab. with T. L. Loo and T. S. Ni.)

何天相(T. H. HO),前广东省立勷勤大学教育学院博物地理学系教育学士(1938),本所助理研究员(1946—现在)。

著作目录:

论文:

1. Kwangtung species of Hibiscus. *Bot. Bull. Acad. Sinica*, 1(1947), 45–52.

倪晋山(T. S. NI), 国立浙江大学理学士(1943), 本所助理研究员(1944—现在)。

著作目录：

论文：

1. The effects of manganese sulfate, indole–3–acetic acid, and colchicine on the starch digestion in germinating wheat seeds. *Sic. Rec.* 1(1945), 584. (Colab. With T. L. Loo).

2. The effect of micro–elements, auxin and colchicine upon the hydrolysis of starch in the leaves of kidne bean. *Bot., Bull. Acad. Sinica*, 1(1947), 213–220. (Colab. with T. L. Loo and T. C. Huang).

金成忠(C. C. KING), 国立浙江大学农学士(1941), 本所助理研究员(1945—现在)。

著作目录：

论文：

1. Changes of carbohydrates of germinating wheat seeds in manganese sulphate, indole–acetic acid and colchicine media. *Bot. Bull. Acad. Sinica*, 1(1947), 9–24.

周重光(C. K. CHOW), 国立西北农学院农学士(1941), 本所助理员(1947), 助理研究员(1947—现在)。

著作目录：

论文：

1. Height growth of seedlings of important timber trees in the upper Towho Valley, Kansu. *Bot. Bull. Acad. Sinica*, 1(1947), 201–202.

周太炎（ T. Y. CHEO ），金陵大学农学士（ 1935 ），本所助理研究员（ 1947—现在 ）。

著作目录：

专书：

1. 经济药用植物学 . 重庆：正中书局， 1940 年 11 月 .

2. 药用植物实验栽培法 . 重庆：商务印书馆，1945 年 12 月 .

论文：

1. Observations on seed germination of *Ormosia Taiana*. *Bot. Bull. Acad. Sinica*, 1(1947), 131–132.

2. Medicinal plants of Omei–Shan. *Bot. Bull. Acad. Sinica*, 1(1947), 298–308.

刘玉壶（ Y. W. LAW ），国立中央大学农学士（ 1942 ），本所助理员（ 1945—现在 ）。

著作目录：

论文：

1. Gymnosperms of Eastern China. *Bot. Bull. Acad. Sinica*, 1(1947), 141–171.

黎功德(K. T. LEE)国立中正大学理学士(1946),本所助理员(1946—现在)。

著作目录:

论文:

1. *Echinocoleum Elegans*, gen. et sp. nov., *Bot. Bull. Acad. Sinica*, 1(1947), 107–109. (with C. C. Jao).

八　气象研究所

（一）概况

沿革　本所位于南京北极阁山顶,高出地面六十公尺,海拔六七·九公尺。此山在一千五百年前,为刘宋司天台旧址,其测验天象之历史,在世界气象台中,实为最古。刘宋以后,逮元至正元年(1341),兴筑观象台;明洪武十八年(1385),重建钦天台,俱见《明史·天文志》《嘉庆江宁府志》诸书,遂名此山曰钦天山。至逊清康熙朝(1662—1721),始迁南都天文仪器入于北京。兹后台宇荒芜,铜器无存,观象既废,北极道观遂有其地,习俗相沿,并此名山焉。

民国十七年,中央研究院既择定钦天山为本所所址,六月即兴工拆除北极阁旧道观,新建台宇,凡气象台一座,图书馆一座及两翼楼屋地下室等,至二十年六月,全部竣工。

二十六年抗战军兴,本所于九月初迁汉口,十二月至重庆,二十九年复迁于北碚,自是至胜利,凡留北碚者六年,至三十五年九月,本所始重返故址,经年余之修葺整建,院宇始恢复旧观。

初本所及分布全国之数十附设合作站所,为国内日常预告天气工作之一重要中心。其后测候网日趋扩大,军事与气象工作之关系复渐密切,本所已不能管理此日趋庞大之例行气象观测；中央气象局遂于三十年成立，将本所日常预告及管理全国测台工作，划归该局，至是本所遂得专从事于学术研究工作矣。

组织 本所过去二十年内，大部工作，皆偏重于气象科学，地震观测仅为附属之小部门。民国三十六年，物理研究所改组，原隶属于该所之地磁台，改划于本所为地磁组；同时并另成立普通地球物理组，除继续原计划先计充实地震设备外，并将渐次扩充于一般地球物理观测。在此一年中，虽经费日窘，组织改变，而研究工作，仍积极进行。气象方面所进行之工作可分为三类：（一）气候学；（二）理论气象学；（三）长期预告。关于地磁者，中国南部地磁偏差图正在编订之中，而地震波动之研究，亦有所贡献。各组之研究结果，皆分载于国内外专门期刊，至论文题目，另行列载。

本所现共有工作人员二十五人，休假或出国研究者五人。所长原由竺可桢先生充任，经竺氏十余年之经营，本所研究设备得以奠定，其后竺氏出长国立浙江大学，不克分身，遂由吕炯及赵九章先后代理所务，至三十六年，竺氏一再坚持，始由赵九章继任，并主持本所气象组工作。此外陈宗器传承义两氏，则分别主持地磁组及普通地球物理组工作。

设备 （甲）图书馆：抗战八年，本所一再搬迁，而大部珍贵图籍未遭损失，实属万幸。胜利后本院奉命接办前上海自然科学研究所，其中所收藏之全部地球物理学专门杂志，皆拨归本所。复员后正积极从事补充在战争时所出版之期刊书籍，而以外汇困难，书刊绝版，图书之补充，遂不能如预期之速。但本所收藏之书籍已超出六千册,其中且多为成套之专门杂志,今日国内气象、地球物理、地理及其有关科学文献之收集,本所仍为唯一较完备之机关。

(乙)地磁台:本所地磁台原隶物理研究所,仪器设备有舒施二氏标准磁强仪(Schuster–Smith Standard Magnetometer),施氏轻便磁强仪(Smith Portable Magnetometer)及赖氏地磁自记仪(La Cour's Variometer)等各一套。台址原在南京紫金山,因首都沦陷,西迁桂林,在良丰雁山建立新台,自民国三十四年六月起有一整年之纪录,因湘桂战事,又告停顿。改归本所后,因原台于战时被毁,乃在本所之东另建新台,计有标准室(Absolute Room)及纪录室(Variation Room)二部分,全部用无磁性之材料建造,此台将为吾国地磁要项(Magnetic Elements)标准测定之中心场所。除经常工作外,并派员至野外测量地磁,迄今已测地区,有福建、广西、四川诸省及东南沿海,并远至西沙群鸟(Woody Island),总计测定 118 处,其中 39 处为复测点(Reoccupied Station)。

(丙)地震台:本所原有魏氏(Wiechert)地震仪两座,及葛氏(Galitzin)地震仪一座,经常记录地震,抗战中葛氏仪损于兵乱,魏氏两仪尚存,惟以灵敏度小,在现代地震仪中,已觉落伍,现拟设置贝氏(Benioff)地震仪,正向美国定购中。

(丁)气象资料:本所成立之初,即开始收集国内及邻邦气象纪录,二十年来未尝间断。此外东亚天气图皆保存无缺。第二次世界大战中,盟邦出版之历史天气图及国内各战场之高空纪录,亦大部收集完整,为研究气象或气候学最宝贵之材料。

（戊）实验室与仪器：中央气象局成立，本所前为各测候站所备之日常观测仪器，凡与研究无关者，皆转送该局，惟尚留头等测候所仪器一套，供本所气象台日常观测之用。至今后关于无线电探空仪、重力测定仪与夫普通实验室之基本仪器之补充，而尤感迫切者，为小型修理工厂之设置，则将视今后经费及外汇来源，以谋其充实。

（二）研究人员

专任研究员兼所长	赵九章
专任研究员	竺可桢[*] 吕　炯[*] 涂长望[*] 陈宗器 傅承义
兼任研究员	李善邦　毕德显
专任副研究员	陈志强　张宝堃
助理研究员	朱光焜　陶诗言　朱和周　刘庆龄 吴　椿
助理员	高由禧　刘匡南　胡岳仁　张丙辰 钱　骥
技　士	梁宝夫　宛敏渭　杨鉴初　杜靖民 徐延煦　陈五凤　曾树荣　周绳祖

[*]在假

（三）研究人员著作目录

赵九章（ Jeou-Jang JAW ），国立清华大学理学士（ 1933 ），德国柏林大学博士（ Ph. D. ）（ 1937 ）。本所专任研究员兼代所长（ 1944—1946 ），本所专任研究员兼所长（ 1947—现在 ）。

著作目录：

论文：

1. A prelimary analysis of the air masses over Eastern China, *Memoir of Inst. of Meteor., Academia Sinica*, No. 6(1935).

2. Zur Thermodynamik der Passat–Grundstromung, *Veröffentlichungen des Meteorologischen Instituts*, Berlin, Bd. II, H. 6,(1937), pp. 5–24.

3. 理论气象学之研究与天气预报 . 气象杂志：第十三卷第十期第 605–621 页 . 中国气象学会 .1937.

4. Uber die Bestimmung der Parameter im Verteilungsgesetz turbulenter Windschwankungen, M. Z. (1938), pp. 205–207.

5. Zur Integration der Rossbyschen Differentialgleichung der Antizyklogenesis, M. Z. (1939), pp. 127–128.

6. Die Entartung der Warm und Kaltluftmasse durch die Wirkung des Austausches, *Science Record*, Vol. 1, Nos. 1 & 2(1942), pp. 140–145.

7. Layers of frictional influence and the theory of diurnal wind variation with height, *Memoir of Inst. of Meteor., Academia Sinica*, Vol. 13, No. 4(1943).

8. 非恒态吹流之理论. 气象学报：第十八卷第一、二、三、四合期第 171–176 页 .1944.

9. A note on the equation for evaporation, *Memoir of Inst. of Meteor., Academia Sinica*, Vol. 15, No. 1(1946), (with C. C. Koo).

10. The formation of semipermanent centers of action in relation to the horizontal solenoidal field, *The Journal of Meteorology*, Vol. 3, No. 4, (1946), pp. 103–114.

11. Theory of unstationary wind current, *Tsing Hua Science Report*, A. Ⅳ. (1940), p. 363–378.

竺可桢（ Co–Ching CHU ），唐山路矿学校（ 1911 ），美国伊利诺大学硕士（ M. Sc. ）（ 1911 ），美国哈佛大学哲学博士（ Ph. D. ）（ 1918 ），本所专任研究员兼所长（ 1928 年 1 月—1946 年 12 月 ），本所研究员（ 1947 年 1 月—现在 ）。

著作目录：

专书：

1. 中国之雨量. 本所出版 .1935(与涂长望，张宝堃合编)。

2. 中国之温度. 本所出版 .1940 年初版 1947 年再版(与吕炯，张宝堃合编)。

论文：

1. Some new facts about the centers of typhoons, *Monthly Weather Review, Washington, D. C.*, Vol.46(1918), pp. 417–419.

2. A new classification of typhon of Far East, *Monthly Weather Review, Washington, D. C.*, Vol. 52(1924), pp. 570–580 and Vol.

53(1925), pp. 1–5.

3. The weather type of Eastern Asia, Transaction of the Science Society of China, Vol. IV (1926).

4. Climatic changes during historic time in China, Transaction of Science Society of China, Vol. VII (1931), pp. 127–138.

5. Climatic provinces of China, *Memoir of Inst. of Mateor. Academia Sinica*, No. 1(1931).

6. Weather forecasting and wind distribution at 3000 meter level at Nanking, *Bulletin of the American Meteor. Society*, Vol. 14, No. 2(1933), pp. 33–36.

7. The circulation of atmosphere over China, *Memoir of Inst. of Meteor., Academia Sinica*, No. 4(1934).

8. 东南季风与中国之雨量. 地理学报: 第一卷第一期第 1–10 页.1934.

9. 华北之干旱及其前因后果. 地理学报: 第一卷第二期.1934.

10. 中国气候之要素. 地理学报: 第二卷第一期.1935.

11. 泰山与峨眉山之高度. 地理学报: 第二卷第四期.1931.

12. A brief survey of the climate of China, *Memoir of Inst. of Meteor., Academia Sinica*, No. 7 (1936).

13. 前清北京之气象纪录. 气象杂志: 第十二卷第二期第 65–68 页.1936.

14. 冬寒是否为水灾之预兆. 气象杂志: 第十二卷第四期第 179–183 页.1936.

15. The Nanking weather, *Memoir of Inst. of Meteor., Academia Sinica*, No. 9 (1937).

16. The climate of Hanchow, *Memoir of Inst. of Meteor., Academia Sinica*, No. 10(1937).

17. 二十八宿起源之地点与时间 . 气象学报：第十八卷第一二三四合期第 1–30 页 .1944.

18. The origin of 28 Mansion in Chinese Astronomy, *Popular Astronomy*, U.S. A., Vol. LV, No. 2(1947), pp. 1–17.

吕炯(John LEE), 国立中央大学理学士(1928), 德国柏林大学(1930 年 9 月—1932 年 6 月), 德国汉堡大学(1932 年 9 月—1934 年 1 月), 德国佛府大学(1934 年 3 月—1934 年 7 月), 本所助理员(1928 年 9 月—1930 年 9 月), 专任研究员（ 1934 年 12 月—1936 年 8 月), 本所代所长(1936 年 9 月—1944 年 3 月), 本所研究员(1944 年 4 月—现在)。

著作目录：

专书：

1. 中国之温度 . 本所出版, 1940 年初版, 1947 年再版(与竺可桢, 张宝堃合编) .

论文：

1. A preliginary study on the application of the polar front theory to the winter cyclones along the Yangtze valley, *Memoir of Inst. of Meteor., Academia Sinica*, No. 2(1930).

2. Die Groesüberschwemung des Jangtsegebitets im 1931,

Meteorologische Zcitschrift, Bd. 49, H. 6(1932).

3. 中国沿海岛屿上雨量稀少之原因. 气象杂志:第十二卷第一期.1936.

4. 渤海盐分之分布与其海水之运行. 地理学报:第三卷第二期第 140–160 页.1936.

5. 渤海之水文. 地理学报:第三卷第三期第 300–340 页.1936.

6. The cause of scarcity of precipitation on the islands along the Chinese coast, *Memoir of Inst. of Meteor., Academia Sinica*, No. 9(1937).

7. 山东中部春季温度特高之原因. 气象杂志:第十三卷第六期第 392–399 页.1937.

8. 北极阁山顶之地温. 气象杂志:第十三卷第八期第 523–530 页.1937.

9. Dynamical effect of Eastern Chinese coastal winds and its influence upon the temperature, *Memoir of Inst. of Meteor., Academia Sinica*, Vol. 12, No. 1(1938).

10. 中国各地温度逐候平均之年变化. 地理学报:第五卷第 1–23 页.1938.

11. 巴山夜雨. 气象学报第十六卷第一二合期:第 36–53 页.1942.

12. On the problem of desiccation of the Tarim Basin during the historic times, *Science Record*s,Vol. 1, Nos. 1 &2(1942), pp. 146–150.

13. 关于西域及西蜀之古气候与古地理. 气象学报:第

十六卷第三四合期第 111–139 页 .1942.

14. 西藏高原上各地气压之年变化 . 气象学报：第十七卷第一二三四合期第 32–40 页 .1943.

涂长望(Chang-Wang TU), 沪江大学理学士(B. Sc.)(1929), 英国伦敦大学硕士(M. Sc.)(1933), 本所专任研究员(1934—1938, 1945 年 1 月—现在)。

著作目录：

专书：

1. 中国之雨量 . 本所出版 , 1935(与竺可桢 , 张宝堃合编).

论文：

1. China rain and world weather, *Quarterly Journal of Royal Meteorological Society*, Vol. 60(1934), pp. 167–168.

2. Some regional rainfall types of China, *Memoir of Inst. of Meteor., Academia Sinica*, No. 5(1935).

3. Some remarks on the results of observation–Reports on the meteorological elements of two mountain stations, Omeishan and Taishan, during the second polar year 1932–1933. *Inst. of Meteor., Academia Sinica*, Nov., (1935).

4. 我国低气压之成因与来源 . 气象杂志：第十二卷第二期第 83–96 页 .1936.

5. Climatic provinces of China, *Memoir of Inst. of Meteor., Academia Sinica*, No. 8(1936).

6. 长期天气预告的物理基础 . 气象杂志：第十二卷第十

期第 545–559 页 .1936.

7. On the relation between the great flood of 1931, the droughts of 1934 and the center of action in the Far East, *Memoir of Inst. of Meteor., Academia Sinica*, No. 10(1937).

8. Atmospheric circulation and world temperature, *Memoir of Inst. of Meteoro., Academia Sinica*,Vol. 11, No. 2(1937).

9. A preliminary study on the mean air currents and fronts of China, *Memoir of Inst. of Meteor., Academia Sinica*, Vol. 11, No. 3(1937).

10. China weather and world oscillation with applications to long range forecasting of floods and droughts of China during the summar, *Memoir of Inst. of Meteor., Academia Sinica*, Vol. 11, No. 4(1937).

11. 预测长江水文之初步检讨 . 气象杂志：第十三卷第十二期第 725–744 页 .1937.

12. Koeppen 范式之中国气候区域 . 气象杂志：第十四卷第二期第 51–67 页 .1938（与郭晓岚合撰）.

13. Air masses of China, *Memoir of Inst. of Meteor., Academia Sinica*, Vol. 12, No. 2(1938).

14. Results of aerological investigation in China, *Beiträgc Zur physik der Freien Atmosphere*, Bd. 25(1939), pp. 233–240.

15. A preliminary study on the climatological conditions of the free atmosphere of China, *Memoir of Inst. of Meteor., Academia Sinica*, Vol. 13, No. 2(1939).

16. A note on the constitution of typhoons, *Bulletin of the American Meteorological Society*, Vol. 20, No. 3(1939), pp. 117–119.

17. Chinese air masses properties, *Quarterly Journal of Royal Meteorological Society*, Vol. 65(1939), pp. 33–51.

18. 我国气候对于数种疾病死亡率影响之初步研究. 气象学报: 第十八卷第一二三四合期第 107–114 页 .1944（与毛汉礼合撰）.

19. 华中之重要农作与气候. 气象学报: 第十八卷第一二三四合期第 129–132 页 .1944（与方正三合撰）.

20. The advance and retreat of the summer monson in China, *Bulletin of the American Meteorological Society*, Vol. 26, No. 1(1945), p. 9–12.

陈宗器(Parker C. CHEN)，国立南京高等师范学校（ 1920—1924 ），国立东南大学理学士（ 1924—1925 ），德国柏林大学（ 1936—1939 ），英国伦敦帝国学院（ 1939—1940 ），本院物理研究所助理员（ 1929—1940 ），物理研究所副研究员（ 1940—1943 ），物理研究所研究员兼地磁台主任（ 1944—1946 ），物理研究所研究员（ 1947 年 1 月—1947 年 7 月 ），本所研究员（ 1947 年 8 月—现在 ）。

著作目录:

论文:

1. Alternating Lakes, *Geografiska Annaler, Stockholm*(1935).

2. 绥新勘路报告. 锡山尤氏丛刊 .1935（ 与尤寅照，龚继成合撰）.

3. 罗布淖尔与罗布荒原．地理学报：第三卷第一期．中国地理学会，1936 年．

4. 西北之地理环境与科学考察．方志：第九卷第二期．1936.

5. Untersuchungen über die Verwandungsmöglichkeit einiger neuerer ferromagnetischer Legierungen für die erdmagnetische Messtechnik, Geophysikalisches Institut, Berlin Universität(1939).

6. 东南观测队地磁观测报告．中国日观测委员会出版，1941.

7. 日食电离层及地磁之相互关系．天气：第四期福建省气象局，1942.

8. 中国境内地磁观测工作之总检讨．学术汇刊：第一卷第二期 1944.

9. The geomagnetic condition of southeastern China, *Sci. & Tech. in China*, Vol. Ⅰ, No. 1, (1947),p. 13, (with C. L. Liu).

傅 承 义(C. Y. FU)，国立清华大学理学士(1933)，M. Sc., McGill University, Canada, (1941), Ph.D.California Inst. of Technology, U.S.A., (1944), 本所研究员(1947 年 4 月—现在)。

著作目录：

论文：

1. Der Joule–Thomson–Koeffizient des Kohlendioxyds, *Zeit. f. Physik* 100(1936), 594(with Huang and Lin).

2. The resonance absorption neutrons, *Tsing Hua Science Report*, 3(1936), 451 (with Chao).

3. The resonance levels of neutrons in silver nuclei, *Chinese Journal of Physics*, 2(1936), 135 (with Chao).

4. Resonance levels of neutrons in silver nuclei, *Nature*, 139(1937), p.325.

5. On the origin and energy of oscillatory earthquake, *Bull. Seismological Soc. America*, 35(1945),p. 37.

6. Rayleigh waves and free surface reflections, *Quarterly of Applied Mathematics*, 3(1945), 151 (with Dix and McLemore).

7. Studies on seismic waves, I. reflection and refraction of plane waves, *Geophysics*, 11(1946),pp. 1–9.

8. Studies on seismic waves, II. Rayleigh waves in a superficial layer, *Geophysics*, 11(1946), pp.10–23.

9. Studies on seismic waves, III. Propagation of elastic waves in the neighborhood of a free boundary, *Geophysics*, 12(1947) pp. 57–71.

10. On seismic rays and waves, part one, *Bull. Seismological Soc. America*, 37(1947), pp. 331–346.

11. A note on the determination of seismic wave velocity, *Science Record*, Academia Sinica, Vol. 2, No. 2(1948).

12. Remarks on multiple reflection, *Geophysics*, Vol. 13, No. 1(1948), (with Gutenberg).

13. The methods and problems of *geophysics*, *Journal of the Chinese Geophysical Society*, Vol. 1(1948).

陈志强(C. C. CHEN)，国立北京大学理学士(1933)，本院物理研究所地磁台管理员(1936—1941)，物理研究所副研究员(1941—1947年7月)，本所副研究员(1947年8月—现在)。

著作目录：

论文：

1. Hamilton 之最小作用原理 . 中山大学理科季刊 .1934.

2. 应用数学 . 中山大学专刊 .1935.

3. 物性学 . 中山大学专刊 .1935.

4. 广西地磁测量报告 .1938（ 与林树棠，周寿铭合作 ）.

5. 福建地磁测量报告 .1941（ 与陈宗器，吴乾章合作 ）.

6. 在崇安测量日蚀对地磁之影响 .1941（ 与陈宗器，吴乾章合作 ）.

7. The effect of the angle of inversion of the magnetic system on the determination of the magnetic declination (D), *Sci. & Tech.*, Vol. I , No. 1(1947), pp. 13–15.

张宝堃(Pao-Kun CHANG)，国立东南大学学士(1926)，现留美哈佛大学研究，本所测候员(1928 年 3 月—1940 年 12 月)，副研究员(1941 年 1 月—现在)。

著作目录：

专书：

1. 中国之雨量 . 本所出版 1935(与竺可桢，涂长望合编).

2. 中国之温度 . 本所出版 1940 年初版 1947 年 [①] 再版(与竺可桢，吕炯合编).

---

① 原文作 1997，今改。

论文：

1. 民国十七年南京风向与天气之关系 . 气象年报：本所出版 1928.

2. 民国十八、十九、二十、二十一、二十二年南京风向与天气之关系 . 气象年报：本所出版 1929，1930，1931，1932，1933.

3. 中国四季之分配 . 地理学报：第一卷第一期第 20–25 页 .1934.

4. 南京月令 . 气象杂志：第十二卷第五期第 237–266 页 .1936.

5. 重庆之晴雨阴雾可能性 . 气象学报：第十五卷第一期第 27–42 页 .1941.

6. 四川气候区域 . 气象学报：第十五卷第三四合期第 111–144 页 .1941.

朱光焜（Kwang-Kun TSCHU），国立中央大学理学士（1941），现留英牛津大学研究，本所测候生（1937 年 2 月—10 月），助理员（1941 年 7 月—1944 年 12 月），本所助理研究员（1945 年 1 月—现在）。

著作目录：

论文：

1. 变异分析法在气象纪录上之应用 . 气象学报：第十六卷第一二合期第 68–77 页 .1942.

2. 南京地面气流的几个特性 . 气象学报：第十六卷第三四合期第 157–165 页 .1942.

3. 南京测云报告 . 气象学报：第十七卷第一二三四合期第 41–56 页 .1943.

4. 近地面温度之研究 . 气象学报:第十七卷第一二三四合期第 75–84 页 .1943.

5. 亚东之大型涡旋运动 . 气象学报:第十八卷第一二三四合期第 93–106 页 .1944.

6. 亚东大型涡旋运动中心之能量交换 . 气象学报:第十九卷第一二三四合期第 20–27 页 .1947.

7. Harmonic analysis of diurnal pressure variation at Nanking, *Science Record*, Vol. 2. No. 1(1947), pp. 99–105.

陶诗言(S. Y. TAO),国立中央大学理学士(1942),本所助理员(1945 年 2 月—1947 年 2 月),助理研究员(1947 年 3 月—现在)。

著作目录:

论文:

1. 等变压场及天气预告 . 中央大学地理系系刊 .1942.

2. 天气预先之前瞻及后顾 . 中央大学地理系系刊 .1944.

朱和周(H. C. CHU),国立清华大学理学士(1940),本所助理员(1945 年 5 月—1947 年 2 月),助理研究员(1947 年 3 月—现在)。

著作目录:

论文:

1. 蒸发与温度 . 福建气象局气象丛书 .1941.

2. 福建气候志简编 . 福建省气象局 .1941 (与石延汉,吴永庚合编）.

3. Harmonics in Piezo-electric oscillation of quartz crystal, *Nature*(1945), (with L. T. Tsien).

4. An analysis of winter pressure waves in Far East, *Science Record*s, Vol. 2, No. 1(1947) pp. 94–99.

刘庆龄(L. C. LIU), 国立清华大学理学士(1937), 本院物理研究所助理研究员(1945—1947), 本所助理研究员（ 1947—现在 ）。

著作目录：

论文：

1. Results of magnetic survey during 1940–1943, *Geophysical Memoir*, No. 4, Geological Survey of China(1945).

2. The geomagnetic condition of Southeastern China, *Sci. & Tech*., Vol. I No. 1(1947), p. 13, (with Parker C. Chen).

3. The distribution and secular variation of the earth's magnetism of Szechuan province, *Sci. & Tech*., Vol. I , No. 1(1947) p. 13, (with y. J. Hu).

胡岳仁(Y. J. HU), 国立浙江大学理学士(1943), 本院物理研究所助理员(1945—1947), 本所助理员(1947—现在)。

著作目录：

论文：

1. The distribution and secular variation of the earth's

magnetism of Szechuan province, *Sci. & Tech.*, Vol. Ⅰ No. 1(1947), p. 13 (with L. C. Liu).

宛敏渭(Min-Wei Wan)，本所技士(1943—现在)。

著作目录：

论文：

1. 二十三年夏安庆之奇燠及其因果 . 安徽建设季刊创刊号 .1934.

2. 二十四气与七十二候考 . 气象杂志：第十一卷第一期第 24–34 页 .1935.

3. 二十四气与七十二候考(续) . 气象杂志：第十一卷第三期第 119–131 页 .1935.

4. 中国之物候 . 气象学报：第十六卷第三四合期第 186–193 页 .1942.

5. 北碚气候志 . 载北碚志 . 四川北碚管理局修志馆纂修，1947.

杨鉴初(Chien-Chu YANG)，本所技士(1944—现在)。

著作目录：

论文：

1. 泰山气压及气温之升降 . 气象杂志：第十三卷第四期第 255–267 页 .1937.

2. 南京西安北平三处云之高度 . 气象杂志：第十四卷第三期第 13–18 页 .1938.

3. 重庆高层气流观测报告 . 气象杂志：第十四卷第六期

第 277-279 页 .1938.

4. 川南之上层气流 . 气象学报：第十五卷第三四合期第 165-170 页 .1941.

5. 汉口上空风向 . 气象学报：第十六卷第三四合期第 194-200 页 .1942.

黄厦千（Hsia-Chien Huang），美国加州理工大学（C.I.T.），航空研究院气象学硕士（M. Sc.），博士（Ph. D）（1937），曾任本所测候员（1928 年 1 月—1929 年 8 月），本所特约研究员（1932 年 8 月—1934 年 7 月），本所通信研究员（1938 年 1 月—1940 年 7 月）。

著作目录：

专书：

测候须知 . 本所出版，1929.

论文：

1. Air masses of North China, *Memoir of Inst. of Meteor., Academia Sinica*, Vol. 13, No. 3(1940).

郑宽裕（Kwan-Yu CHENG），国立东南大学理学士（1926），Graduate, MIT. U.S.A.(1937—1940)，曾任本所测候员（1928 年 4 月—1937 年 8 月），研究员（1940 年 9 月—1944 年 8 月）。

著作目录：

论文：

1. The floods and droughts of the lower Yangtze valley and the precipitations, *Memoir of Inst. of Meteor., Academia Sinica*, No. 9(1936).

2. 禁风对于渭河流域气候与天气上之影响. 气象杂志: 第十六卷第一二合期第 15–22 页 .1942.

3. 长期天气预告研究之现势. 气象杂志: 第十七卷第一二三四合期第 4–17 页 .1943.

4. 重庆之雾. 气象杂志: 第十七卷第一二三四合期第 85–98 页 .1943.

5. 华北之霾与沙阵. 气象杂志: 第十八卷第一二三四合期第 51–57 页 .1944.

6. 东亚各地雨量之比较分析. 气象杂志: 第十八卷第一二三四合期第 133–143 页 .1944.

石延汉(Yen-Han SHIN), 日本东京帝国大学毕业, 曾任本所副研究员(1937 年 2 月—7 月)。

著作目录:

论文:

1. 交替事业之持续性理论及其对于天气晴雨之应用. 气象杂志: 第十三卷第十二期第 709–724 页 .1937.

卢鋆(Alfred LU), 国立中央大学理学士(1934), 曾任本所测候员(1934 年 7 月—1939 年 9 月), 助理研究员(1942 年 1 月—1942 年 9 月)。

著作目录：

论文：

1. 民国二十年六月十日寒暖气流之移动与飑线．气象杂志：第十一卷第一期第 1-10 页．中国气象学会，1935.

2. 民国二十四年六月二十三日长江流域之风景．气象杂志：第十一卷第四期第 167-168 页．1935.

3. 民国二十四年五月初旬之寒流与飑线．气象杂志：第十一卷第五期第 217-228 页及第六期第 275-285 页．1935.

4. Exner 之风暴成因学说与中国寒潮南侵时之风暴．气象杂志：第十二卷第二期第 97-104 页．1936.

5. 物候初步报告．气象杂志：第十二卷第三期第 133-139 页．1936.

6. 民国二十五年三月十六日至十七日极面之移动与长江中下流之大雾．气象杂志：第十二卷第四期第 184-194 页．1936.

7. 太湖流域之雨量．气象杂志：第十二卷第六期第 297-326 页．1936.

8. 中国夏季风暴雨量之分布．气象杂志：第十二卷第八期第 397-408 页．1936（与许鉴明合撰）．

9. 南京之高空．气象杂志：第十三卷第一期第 1-23 页．1937.

10. 中国沿海雾之初步研究．气象杂志：第十三卷第九期第 581-589 页．1937.

11. The cold waves of China, *Memoir of Inst. of Meteor., Academia Sinica*, No. 10, (1937).

12. The monthly pressure distribution and the surface winds in

Far East, *Memoir of Inst. of Meteor., Academia Sinica*, Vol. 12, No. 4(1937).

13. 高中层云之方向与台风之高度 . 气象杂志 : 第十三卷第十一期第 699–700 页 .1937.

14. 中国雷雨之分布 . 气象杂志 : 第十四卷第四期第 146–151 页 .1938.

15. 记 1938 年四月二十日夜间四川盆地之雷飚 . 气象杂志 : 第十四卷第五期第 219–226 页 .1938.

16. 拉萨之气候 . 地理学报 : 第五卷第 1–10 页 .1938.

17. 东亚之台风 . 气象杂志 : 第十四卷第六期第 248–276 页 .1939.

18. 川康边区之雨量 . 气象学报 : 第十六卷第一二合期第 23–35 页 .1942.

19. 南京雨量日变化之分析 . 气象学报 : 第十六卷第一二合期第 61–67 页 .1942.

程纯枢(Swan-Su DZEN)，国立清华大学学士(1936)，曾任本所练习助理员(1936 年 8 月—11 月)，助理员(1941 年 3 月—12 月)，助理研究员(1942 年 1 月—1943 年 4 月)。

著作目录：

论文：

1. 北平自由大气气流之比较研究 . 气象杂志 : 第十三卷第二期第 79–109 页 .1937.

2. 南京大气混浊度之初步检讨 . 气象杂志 : 第十四卷第

一期第 27-35 页 .1938.

3. 一九四〇年十一月初陕西之大雨兼雷电天气 . 气象学报:第十六卷第 1-2 期第 54-60 页 .1941.

4. 沿西藏高原东部地方气压年变化之调和分析首二项之比较 . 气象学报:第十六卷第三四合期第 151-156 页 .1942.

郭晓岚(Shiao-Lan KUO),国立清华大学理学士(1937),国立浙江大学文科研究所史地学部毕业(1941),曾任本所助理员(1937 年 8 月—1939 年 12 月),本所助理研究员(1944 年 2 月—1945 年 9 月)。

著作目录:

论文:

1. Koeppen 范式之中国气候区域 . 气象杂志:第十四卷第二号 . 第 51-67 页 .1938 (与涂长望合撰).

2. 霜害及其预防 . 气象学报:第十五卷第三四合期第 171-177 页 .1941.

3. 大气中之长波辐射 . 气象学报:第十八卷第一二三四合期第 58-81 页 .1944.

4. 自由大气中之温度梯度与风力之高度变化 . 气象学报:第十八卷第一,二,三,四合期第 58-81 页 .1944.

5. The mechanism of advection, *Memoir of Inst. of Meteor., Academia Sinica*, Vol. 14, No. 1(1945).

顾震潮(Chen-Ch'ao KOO),国立中央大学理学士(1942),

国立清华大学研究院地学部理学硕士(1945),曾任本所助理研究员(1945 年 7 月—1947 年 12 月)。

著作目录:

论文:

1. 论大陆度之规准 . 气象学报:第十七卷第一二三四合期第 57–66 页 .1943.

2. The general laws of frequency distribution of wind in a gust, *Memoir of Inst. of Meteor., Academia Sinica*, Vol. 14, No. 2(1945).

3. A note on the equation for evaporation, *Memoir of Inst. of Meteor., Academia Sinica*, Vol. 15,No. 2(1946), (with J. J. Jaw).

4. Pressure flow of a turbulent fluid in channels, *Memoir of Inst. of Meteor., Academia Sinica*, Vol.15, No. 1(1946).

5. 相对变幅和温差商数 . 气象学报:第十九卷第一二三四合期第 70–73 页 .1947.

沈孝凰(Shio Wang SUNG),国立东南大学毕业(1926),曾任本所测候员(1928 年 1 月—1935 年 4 月)。

著作目录:

论文:

1. The Extratropical cyclones of Eastern China and their characteristics, *Memoir of Inst. of Meteor., Academia Sinica*, No. 3(1931).

陆鸿图(V. T. LO),南京高等师范毕业(1928),曾任本所助理员(1929 年 2 月—1933 年 6 月)。

著作目录：

专书：

1. 航空气象学概要 . 本所出版，1930.

2. 国际云图节略 . 本所出版，1932.

3. 中西气象名词对照表(中西文)本所出版，1932.

朱文荣(W. Y. CHU)，国立东南大学毕业(1928)，曾任本所测候员(1929 年 7 月—1937 年 5 月)。

著作目录：

论文：

1. The upper air current observations in Nanking, *Memoir of Inst. of Meteor., Academia Sinica*, No.9(1937).

金咏深(Yin-Sen KING)，国立中央大学理学士(1929)，曾任本所测候员(1930 年 2 月—1937 年 12 月)。

著作目录：

论文：

1. 民国以来之中国地震 . 气象杂志:第十二卷第一期第37-42 页 .1936.

2. 气压读数高度订正计算简法表提要 . 气象杂志:第十二卷第三期第 154-160 页 .1936.

朱炳海(P. H. CHU)，国立中央大学理学士(1931)，曾任本所测候员(1931 年 9 月—1936 年 9 月)。

著作目录：

论文：

1. 霜之研究 . 中国气象学会会刊 : 第六卷第 35–61 页 .1931.

2. 寒潮下之天气 . 中国气象学会会刊 : 第八卷第 15–26 页 .1933.

3. 雷雨三度空间之观察 . 地理学报 : 第一卷第二期 .1934.

4. 分析气团以论天气变化 . 气象杂志 : 第十一卷第一期第 35–44 页 .1935. 气象杂志 : 第十一卷第三期第 133–136 页 .1935. 气象杂志 : 第十一卷第四期第 179–183 页 .1935.

5. The drawback and the remedy of the characteristic curve of the Rossby diagram, *Memoir of Inst. of Meteor., Academia Sinica*, No. 9, (1937).

李良骐(Liang–Chi LI)，国立清华大学理学士(1934)，曾任本所测候员(1934 年 9 月—1935 年 5 月)。

著作目录：

论文：

1. 东南沿岩岛屿雨量稀少主因之探索 . 气象杂志 : 第十二卷第六期第 286–295 页 .1935.

2. 广西之雨量 . 地理学报 : 第二卷第四期 .1935.

么振声(Chen–Sheng YAO)，国立清华大学理学士(1936)，曾任本所助理员(1936 年 8 月—1941 年 10 月)。

著作目录：

论文：

1. 清华园气温变化之分析 . 气象杂志：第十二卷第八期第 409-422 页 .1936.

2. 测风气球天气预告 . 气象杂志：第十三卷第九期第 563-570 页 .1937.

3. 关于天气预告问题 . 气象杂志：第十四卷第三期第 123-127 页 .1938.

4. 江湖盆地气旋之分析 . 气象杂志：第十四卷第六期第 238-247 页 .1939.

5. The stationary cold fronts of Central China and the wave disturbances developed over the Lake Basin, *Memoir of Inst. of Meteor., Academia Sinica*, Vol. 13, No. 1(1939).

黄仕松(S. S. HWANG)，国立中央大学理学士(1942)，曾任本所助理员(1943 年 2 月—1945 年 7 月)。

著作目录：

论文：

1. 中国夏季风之进退 . 气象学报：第十八卷第一二三四合期第 82-92 页 .1944.

2. 台风与中国之天气 . 气象学报：第十八卷第一二三四合期第 153-163 页 .1944.

叶笃正(Tu-Cheng YEH)，国立清华大学理学士(1940)，国立浙江大学文科研究所史地学部毕业(1943 年 7 月)，曾任本所助理员(1943 年 7 月—1944 年 12 月)。

著作目录：

论文：

1. 云对大气电场之影响 . 气象学报：第十八卷第一二三四合期第 164–166 页 .1944.

2. 湄潭一公尺高之大气电位 . 气象学报：第十八卷第一二三四合期第 67–170 页 .1944.

毛汉礼(Han–Lee MAO)，国立浙江大学文学士(1934)，国立浙江大学文科研究所史地学部毕业(1944 年 3 月)，曾任本所助理员(1944 年 4 月—1947 年 9 月)。

著作目录：

论文：

1. 我国气候对于数种疾病死亡率影响之初步研究 . 气象学报：第十八卷第一二三四合期第 107–114 页 .1944（ 与涂长望合撰 ）.

九　历史语言研究所

（一）概略

沿革　本所于民国十七年成立于广州,其后迁北平,九一八事变后,再迁上海,迨南京所址落成,遂集中于首都。抗战期间,历迁长沙、昆明、李庄各地,但各项工作,循序进行,未稍停顿。胜利后于三十五年十至十二月复员迁都。目下一切均已进入常轨;除积极推进各项研究工作外,在复员后一年内,已将抗战期间完成之调查报告及论文刊出约一千余万字。

组织　本所组织,计分四组:第一组以研究史学问题及文籍校订为主要工作,附有明清史料整理室。第二组以研究汉语、中国境内其他语言及一般语学问题为工作范围。第三组以发掘方法研究中国史前史及上古史,兼及后代之考古学。第四组以研究中国民族学为主要工作,附有标本陈列室。

本所所长,由傅斯年先生担任,直至于今。各组设主任一人(分别由陈寅恪、赵元任、李济及吴定良先生兼任,嗣吴氏主持体质人类学研究所筹备处,其第四组主任则由凌纯声先生兼任,至三十三年六月止)。并设研究员、编纂、副研究员、助理研究员及助理员各若干人。研究员分专任及兼任,另设通信研究员若干人。其不属于研究人员者,有技术人员及事务行政人员。

设备 设备方面,旧藏汉籍连同善本合计近十四万册,西籍一万一千余册,其他亚洲文籍约四千册,拓片六万余纸,民间文学万余件,皆入藏于南京书库。胜利后接收日人所办之人文科学研究所及近代科学图书馆汉籍约十七万余册,日籍约十一万册,除一小部分已运至南京外,大部分现在北平。北平设有图书史料整理处,此处有工作人员十二人,现正积极整理,期于最近期内恢复开放。其他学术标本及资料,无论属于史学、语言学、考古学及民族学者,均甚丰富。

工作 二十年来各组工作进行之方针,一本确定之目标,即努力于一切有关资料之有系统的搜集整理与研究。兹分组撮要述之于后。

第一组 二十年来第一组工作情形,关于研究历史上各问题方面,本因个人治学兴趣之不同而异其趋向。但因史料关系,约可定为上古史、中古史及近代史三个对象。历年研究之结果,已刊成专书者计有《东北史纲(第一卷——古代之东北)》《性命古训辨证》《左氏春秋义例辨》《两汉刺史制度表》《隋唐制度渊源略论稿》《唐代政治史述论稿》《唐宋帝国与运河》《元和姓纂四校记》等;其散篇论文,已刊入《集刊》中者约三百三十余篇,详见另刊之本所出版目录,兹不缕述。

编订及整理史料工作,目的在于明了历史的客观事实,此项工作约分数项:明清内阁残余档案之编刊,业已印出三十册,尚有十册在印刷中。居延汉简之整理,已将释文及考证刊出。《明实录》之校勘,即将完成,此工作系以北平图书馆所藏明史馆本为底本，用各本汇校。其根据《明实录》所编之明本纪校注及《奉天靖难记》校注，均已出版。

关于文籍校订方面，除注重名故训诂外，尤注重分解其含义，了解其时代性；大别之有古谶纬、经典、诸子及敦煌卷子数项。已刊出之此类书籍，计有《庄子校释》《敦煌掇琐》《敦煌劫余录》等书。其正在进行即可完成者，有《古谶纬通纂集说》《古诗纪补正》《列子校释》《淮南子校释》等。

金石之整理研究，已刊有《金文编》《金文续编》《秦汉金文录》《嬴氏编钟图释》《汉魏六朝墓志铭》《金文氏族谱》《金石书录目》等。民间文学书籍，已刊有《中国俗曲总目稿》《北平风俗类徵》等。此外，受太平洋国际学会委托编著之《中国疆域沿革史》，亦已成书。

第二组　二十年来语言组以汉藏系语言为研究之主要对象，并及一般学理之阐发，以材料之复杂与处理之需要分工，工作系分三方面进行：

（一）汉语方言调查与材料之整理。全国方言，曾作比较广泛调查者有两广、江西、湖南、湖北、云南、四川、安徽南部、陕西中部等处，湖北部分已写成报告发表。其就某一地方言单作较详细之纪录与分析者，亦为此项工作之一部分，已发表者有《钟祥方言》《厦门音系》《临川音系》及《华阳凉水井客家话记音》等专书或论文。

（二）汉语史研究。以古代语音系统之考订为基础，并及古语语法现象之解释，此方面已有若干重要论文发表。

（三）汉藏系其他各种语言之比较研究。此项工作以实地调查各种语言作成可靠纪录为第一步,进而综合比较,追溯其渊源。历年从事,举凡台语(包括云南之摆夷语、广西僮语及土语、贵州之仲家语等)、苗语、傜语、藏语及其支属方言、民家语、倮倮语、么些语等,均已涉猎。调查报告已出版者有《龙州土语》《莫话记略》等,研究论文如《古台语有带喉塞音声母说》与《苗傜语的声调问题》等,亦已次第发表。

以上所举论文,均已刊入《集刊》中。

近世语言学之进展,系以印欧语系之研究为基础,"塞含""匈芬"与美洲红印度各系之探讨复从而发扬之。汉藏语系为世界最大语系之一,其研究结果有足以影响一般学理者,自不待言。

我国西北及北方之突厥语、蒙古语与通古斯语,原在研究计划之中,因人才缺乏,尚未开始。

抗战前语言组之语音实验室,规模粗具,其后播迁川滇,仪器大部受损,现正设法重建。

第三组 二十年来第三组之工作,约分三部分:

一、调查:十九年调查热河,获查不干庙、林西、赤峰等史前遗址。二十三年调查鲁东,得大窑、两城镇、丹土村等十二遗址,同年又调查安徽寿县楚墓。二十六年调查西康,得弱祖村、易日村等二十余遗址,同年又调查晋绥,得古城村、白塔车站等六遗址。三十二年调查关中,得邠县、龙马等二十余遗址。又三十一年至三十四年调查甘青,得史前遗址及汉代遗址三十余处。

二、发掘:(一)河南方面:(甲)安阳自十七年至二十六年,共发掘十五次,发掘遗址计十一处。其中小屯为殷代居住遗址,除基址与窨窖遗迹外,并获得大量甲骨、铜器与陶、骨、蚌、石等器。西北冈为殷代陵墓所在,大墓十余处,小墓千余处,大墓中出有大批铜器、石雕、花骨、玉器、仪仗遗痕等。小墓中埋有车、马、鸟、象及人骸等。此外后冈同乐寨等处均有仰韶、龙山、小屯三期堆积;大司空村、四盘磨、王裕口等均有殷代小墓。(乙)豫北周墓:自二十一年至二十二年发掘濬县辛村四次,得大小卫墓墓葬八十八处及大批礼器及车器。二十四年发掘汲县山彪镇战国时代墓葬,得大批钟鼎彝器。二十四年至二十六年发掘辉县琉璃阁二次,得大小墓葬七十六处,其中以战国时代者为最多,亦有殷汉及宋代者,获铜玉陶等器颇多,同时又发掘固维村、毡匠屯两墓地。(丙)豫西豫东史前遗址:二十三年发掘豫西塌坡等仰韶遗址及青苔龙山遗址。二十五年发掘豫东造律台等龙山期遗址。(二)山东方面:十九、二十两年发掘城子崖两次,该处为龙山文化之第一遗址。二十三年发掘滕县安上村周代葬地及曹王墓汉代石圹。二十五年发掘日照两城镇龙山期遗址,得大批形制精美之黑陶器。(三)东北方面:十九年发掘黑龙江昂昂溪史前遗址。(四)四川方面:三十、三十一两年间与中央博物院合作发掘彭山崖墓,三十二年与四川博物馆及中央博物院合作发掘成都琴台(即王建墓)。(五)甘肃方面:三十三年发掘敦煌汉唐遗迹。三十四年发掘洮河流域及民勤史前遗址多处,得有完整陶器及石器,又在武威发掘唐墓得墓志及珍贵之殉葬品。

三、研究:根据发掘之收获,写成研究报告及论文,阐明龙

山文化在中国史前期中之位置,奠立中国先史学之基础。整
理殷墟出土之甲骨、铜器及陶器,探究其演变,加以分明,对于
殷代历法、祀典、工艺等各方面皆有新创获。已出版之专著,
有城子崖及殷历谱二书,此外并有《安阳发掘报告》四册,《中
国考古报告集》三册刊行,其他已写成之报告及论文,为数甚
多,除论文已有一部分刊入《集刊》外,余者即将陆续付印。

　　第四组　　本组系由前社会科学研究所之民族学组归并
而来。该组创始于民国十六年冬,由蔡故院长兼组主任。其
时研究之对象,以我国东北及西南边疆地区各民族之原始文
化为主,曾先后举行广西凌云傜人、台湾番族、松花江下游赫
哲族、湘西苗族、浙南畲民之调查。二十三年七月改隶本所为
第四组,研究之对象,文化与体质并重。在文化方面,因东北
沦陷,乃专重西南。二十三年曾举行云南民族调查,二十四年
至二十五年因参加中英会勘滇缅南段界务,从事该段当时未
定界内各民族之调查。在体质方面,曾举行四川人体质测量
及南京绣球山人骨之发掘。抗战军兴,政府西迁,又曾先后举
行贵州、四川、西康等省之民族调查及昆明北门外人骨之发
掘。迨三十三年四月,体质部分扩充成立为体质人类学研究
所筹备处,而本组乃复为以研究边疆地区各民族原始文化为
主之民族学组。胜利以后,并曾举行川南悬棺之调查。合计
历次调查所蒐集之边疆文物标本,共得一千五百余件。

　　民族学的研究,其主旨本在补过去历史记载忽略低化民
族之失;但其研究结果,则多足供从事边政者参考之资。本
组在过去二十年中,尝竭人才与经费之可能,举行边疆地区

各民族调查不下十次。其经调查之民族,在东北有赫哲族,在西南则有苗、傜、畲、高山、羌、戎、倮㑩、么些、傈僳、倮黑、摆夷、仲家等族。已经出版之专刊报告有:《广西凌云傜人调查报告》《台湾番族原始文化》《㑩㑩标本图说》《浙江景宁敕木山畲民调查记》《松花江下游的赫哲族》《湘西苗族调查报告》等六种,此外尚有论文数十篇。其在撰著中之专刊报告,则有永宁河源苗族礼俗及川南悬棺葬之研究等等。在体质方面,因从事研究之时期较短,已经出版之报告只有《山东人体质之研究》《亚洲人种初步分类》《华北平原中国人之体质测量》三种,论文约有十余篇(以上所举论文,均已分刊"集刊"及人类学集刊中,参见出版品目录)。

（二）现职人员

专任研究员兼所长	傅斯年		
专任研究员兼第一组主任	陈寅恪		
专任研究员兼第二组主任	赵元任		
专任研究员兼第三组主任	李 济		
专任研究员	董作宾	李方桂	梁思永
	凌纯声	岑仲勉	丁声树
	劳 榦	陈 槃	郭宝钧
兼任研究员	汤用彤	韩儒林	
通信研究员	胡 适	陈 垣	高本汉
	顾颉刚	马 衡	徐炳昶
	翁文灏	陈受颐	徐中舒

	罗常培	陶德思	梁思成
	赵万里		
专任编纂	芮逸夫	石璋如	
专任副研究员	全汉昇	董同龢	张政烺
	夏　鼐	高去寻	傅乐焕
	王崇武	李光涛	杨时逢
助理研究员	张　琨	马学良	周法高
	逯钦立	王　明	王叔岷
	李孝定	何兹全	孙德宣
	严耕望		
助理员	黄彰建	张秉权	赵文涛
	赖家度	傅　婧	石　钟
	杨希枚	于锦绣	潘绪年
	程　曦		
技　士	潘　悫		
管理员	萧纶徽	那廉君	李光宇
	汪和宗	陈　钝	
兼任驻北平办事处主任	余　逊		

傅斯年孟真（Fu Ssu Nien），北京大学（中国文学门）毕业（1919），英国伦敦大学研究（1920—1923），德国柏林大学研究（1923—1926），本所筹备员（1928），本所主任（1928），本所秘书代理所长（1928—1929），本院总干事（1940—1941），本所专任研究员兼所长（1929—现在）。

著作目录：

专书：

1. 东北史纲（第一卷古代之东北）. 本所，1932 年.

2. 性命古训辨证（本所单刊乙种之 5）. 本所，1940 年出版，1947 年再版.

论文：

1. 周颂说（附论鲁南两地与诗书之来源）. 本所集刊：第一本 95–112. 本所，1928 年.

2. 战国文籍中之篇式书体. 本所集刊：第一本 227–230. 本所，1930 年.

3. 大东小东说. 本所集刊：第二本 101–109. 本所，1930 年.

4. 论所谓"五等爵". 本所集刊：第二本 110–129. 本所，1930 年.

5. 姜原. 本所集刊：第二本 130–135. 本所，1930 年.

6. 明成祖生母记疑. 本所集刊：第二本 406–414. 本所，1932 年.

7. 周东封与殷遗民. 本所集刊：第四本 285–290. 本所，1934 年.

8. 跋"明成祖生母问题汇证"并答朱希祖先生. 本所集刊：第六本 79–86. 本所，1936 年.

9. 说"广陵之曲江". 本所集刊：第六本 87–92. 本所，1936 年.

10. 谁是"齐物论"之作者. 本所集刊：第六本 557–568. 本所，1936 年.

11. 北宋刊南宋补刊十行本史记集解跋. 本所集刊：第十八本. 本所，1948 年.

12. 后汉书残本跋. 本所集刊：第十八本. 本所，1938 年.

13. 夷夏东西说．本所集刊外编《庆祝蔡元培先生六十五岁论文集》．本所，1933 年．

陈寅恪(TSCHEN Yinkoh)，柏林(Berlin)大学研究院研究(1923—1925)，本所专任研究员兼第一组主任(1927—现在)。

著作目录：

专书：

1. 唐代政治史述论稿．本所专刊之 20. 本所，1943 年．

2. 隋唐制度渊源略论稿．本所专刊之 22. 本所，1944 年．

论文：

1. 大乘义章书后．本所集刊：第一本 121–124. 本所，1930 年．

2. 灵州宁夏榆林三城译名考．本所集刊：第一本 125–130. 本所，1930 年．

3. 敦煌劫余录序．本所集刊：第一本 231–232. 本所，1930 年．

4. 吐蕃彝泰赞普名号年代考．本所集刊：第二本 1–5. 本所，1930 年．

5. 敦煌本维摩诘经文殊师利问疾品演义跋．本所集刊：第二本 6–10. 本所，1930 年．

6. 西游记玄奘弟子故事之演变．本所集刊：第二本 157–160. 本所，1930 年．

7. 几何原本满文译本跋．本所集刊：第二本 281–282. 本所，1931 年．

8. 彰所知论与蒙古源流．本所集刊：第二本 302–309. 本所，1931 年．

9. 蒙古源流作者世系考．本所集刊：第二本 310–311．本所，1931 年．

10. 西夏文佛母孔雀明王经考释序．本所集刊：第二本 404–405．本所，1932 年．

11. 李唐氏族之推测．本所集刊：第三本 39–48．本所，1931 年．

12. 南岳大师立誓愿文跋．本所集刊：第三本 309–312．本所，1932 年．

13. 天师道与滨海地域之关系．本所集刊：第三本 439–466．本所，1933 年．

14. 李唐氏族之推测后记．本所集刊：第三本 511–516．本所，1933 年．

15. 武曌与佛教．本所集刊：第五本 137–148．本所，1935 年．

16. 李德裕贬死年月及归葬传说考辨．本所集刊：第五本 149–174．本所，1935 年．

17. 三论李唐氏族问题．本所集刊：第五本 175–178．本所，1935 年．

18. 李唐武周先世事迹杂考．本所集刊：第六本 553–556．本所，1936 年．

19. 东晋南朝之吴语．本所集刊：第七本 1–4．本所，1936 年．

20. 府兵制前期史料试释．本所集刊：第七本 275–286．本所，1937 年．

21. 刘复愚遗文中年月及其不祀祖问题．本所集刊：第八本 1–14．本所，1939 年．

22. 敦煌石室写经题记汇编序．本所集刊：第八本 15–18．

本所，1939 年.

23. 敦煌本心王投陀经及法句经跋尾.本所集刊:第八本 19–20. 本所，1939 年.

24. 读洛阳伽蓝记书后.本所集刊:第八本 149–152. 本所，1939 年.

25. 读东城老父传.本所集刊:第十本 183–188.本所,1942 年.

26. 读莺莺传.本所集刊:第十本 189–195.本所,1942 年.

27. 魏书司马叡传江东民族条释证及推论.本所集刊:第十一本 1–25.本所，1943 年.

28. 元微之悼亡诗及艳体诗笺证.本所集刊:第二十本 1–18.本所，1948 年.

29. 支愍度学说考.本所集刊外编——庆祝蔡元培先生六十五岁论文集 1–18.本所，1943 年.

赵元任(CHAO Yuen Ren),美国康奈尔大学学士(1914),美国哈佛大学博士(1918),本所专任研究员兼第二组主任(1929 年 3 月—现在)。

著作目录:

专书:

(甲)自著:

1. 国语留声机片课本.商务，1922 年.

2. 国音新诗韵.商务，1923 年.

3. Phonograph Course in the Chinese National Language. 商务，1925 年.

4. 新诗歌集.商务:1926 年.

5. 现代吴语的研究.清华大学，1928 年.

6. 广西猺歌记音（本所单刊甲种之 1）本所，1929 年.

7. 仓洋嘉错情歌（本所单刊甲种之 5）本所，1929 年（与于道泉合著）.

8. 基本英语留声片课本.中华书局，1934 年.

9. 新国语留声片课本.商务：1934 年.

10. 儿童节歌曲集（陶知行词）商务：1935 年.

11. 钟祥方言记（本所单刊甲种之 15）.本所，1939 年.

12. Cantonese primer, *Harvard University Press*, (1947).

13. Concise dictionary of spoken Chinese, *Harvard University Press*, (1947).

14. Mandarin primer, *Harvard University Press*. 排印中.

15. 湖北方言调查报告（本所专刊之 18）.本所，1948 年（与本所第二组同人合著）.

（乙）翻译：

16. 阿丽思漫游奇境记（*Lewis Carroll*[C. L. Dodgson] Alice's adventures in wonderland）.商务，1922年.

17. （国语罗马字）最后五分钟（A. A. Milne, The Camberley Triangle）.中华书局，1927年.

18. 中国音韵学研究（Bernhard Karlgren, Etudes sur la phonologic chinoise）.商务，1940年（与罗常培，李方桂合译）.

19. Autobiography of a Chinese woman（赵杨步伟自传），John Day Co.（1947）.

论文：

1. 科学与经历.科学：一卷一期.1915 年.

2. 中西星名图考 . 科学 : 三卷三期 .1917 年 .

3. A note on continuous mathematical Induction, *Bulletin of American Mathematical Socity*, (1918).

4. 符号学大纲 . 科学 : 十一卷 .1926 年 .

5. 北京苏州常州语助词的研究 . 清华学报 : 三卷二期 . 1926 年 .

6. 政府颁行之国语罗马字方案 . 大学院公报 .1927 年 (与钱玄同 , 黎锦熙等合作) .

7. 南京音系 . 科学 : 十三卷八期 .1929 年 .

8. Transcribing reversed English, 本所集刊 : 第二本 205–223. 本所 , 1930 年 .

9. A system of tone letters. *Le Maitre Phonétique*, (1930).

10. A note on "Let's". *Le Maitre Phonétique*, (1930).

11. 反切语八种 . 本所集刊 : 第二本 312–354. 本所 , 1931.

12. A preliminary study of English intonation(with American variants) and its Chinese equivalents. 本所集刊外编——庆祝蔡元培先生六十五岁论文集.105–156. 1933年.

13. Tone and intonation in Chinese. 本所集刊 : 第四本 121–134. 本所 , 1933 年 .

14. The non–uniqueness of phonemic solutions of phonetic systems. 本所集刊 : 第四本 363–397. 本所 , 1934 年 .

15. Types of plosives in Chinese, Proceedings of the Second International Congress of Phonetic Sciences.

16. 方音性变态读音三例 . 本所集刊 : 第五本 241–235. 本所 , 1935 年 .

17. The idea of a system of basic Chinese. 图书季刊 : 一卷

四期 .1934 年 .

18. A note on 俩，仨，etc., *Harvard Journal of Asiatic Studies*, Vol. Ⅰ, No. 1(1936).

19. A note on an early example of logographic theory of Chinese writing, *Harvard Journal of Asiatic Studies*, Vol. 5, No. 2(1940).

20. Distinctions within ancient Chinese, *Harvard Journal of Asiatic Studies*, Vol. 5, No. 2(1941).

21. Iambic rhythm and the verb object construction in Chinese, *Studies in Linguistics*, Vol. Ⅰ, No. 3(1942).

22. Report on Language education to UNESCO, *Fundamental Education MacMillan*(1947).

23. The logical structure of Chinese words, Language Vol. 22(1946).

24. L'éfficacité de la langue chinoise comme systeme symbolique, *Collection of Lectures at the Sorbonne under auspices of UNESCO*. 排印中.

李济(LI Chi)，清华学校毕业(1918)，克拉克大学(Clark College)学士(1919)，克拉克大学(Clark University)硕士(1920)，哈佛大学(Harvard University)博士(1923)，本所专任研究员兼第三组主任(1929—现在)。

著作目录：

专书：

1. 西阴村史前的遗存 . 清华研究院丛书 .1928 年 .

论文：

1. 小屯地面下情形分析初步．本所安阳发掘报告 37-48. 本所，1929 年．

2. 殷商陶器初论．本所安阳发掘报告 49-58. 本所，1929 年．

3. 十八年秋季工作之经过及其重要发现．本所安阳发掘报告 219-252. 本所，1930 年．

4. 小屯与仰韶．本所安阳发掘报告 357-348. 本所，1930 年．

5. 俯身葬．本所安阳发掘报告 447-480. 本所，1931 年．

6. 安阳最近发掘报告及六次工作之总估计．本所安阳发掘报告 559-578. 本所，1933 年．

7. 小屯地面下的先殷文化层．本院学术汇刊：第一卷第二期 1-14. 本院，1944 年．

8. 研究中国古玉问题的新资料．本所集刊第十三本．本所，1948 年．

9. 记小屯出土之青铜器．本所考古学报：第三册 1-100. 本所，1948 年．

董作宾(TUNG Tso Pin)，北京大学研究所国学门(1922 年 7 月—1924 年 12 月)，本所编辑员(1928 年 7 月—1930 年 7 月)，专任研究员(1931 年 7 月—现在)。

著作目录：

专书：

1. 殷历谱．本所专刊之 23. 本所，1945 年．

2. 周公测影台调查报告．本院专刊．本院，1939 年(与刘敦桢,高平子合著）.

3. 甲骨年表．本所单刊乙种之 4．本所，1937（与胡厚宣合著）.

4. 城子崖．本所，1934 年(与梁思永等合著）.

论文：

1. 中华民国十七年十月试掘安阳小屯报告书．本所安阳发掘报告 3-36．本所，1929 年.

2. 商代龟卜之推测．本所安阳发掘报告 59-130．本所，1929 年.

3. 新获卜辞写本．本所安阳发掘报告 131-182．本所，1929 年.

4. 新获卜辞写本后记．本所安阳发掘报告 183-214．本所，1929 年.

5. "获白麟"解．本所安阳发掘报告 287-336．本所，1930 年.

6. 大龟四版考释．本所安阳发掘报告 423-442．本所，1931 年.

7. 卜辞中所见之殷历．本所安阳发掘报告 481-522．本所，1931 年.

8. 帚矛说(骨臼刻辞的研究）．本所安阳发掘报告 635-676．本所，1933 年.

9. 释"驭嫠"．本所安阳发掘报告 697-704．本所，1933 年.

10. 释后冈出土的一片卜辞．本所安阳发掘报告 405-708．本所，1933 年.

11. 安阳侯家庄出土之甲骨文字．本所中国考古学报．第一册 91-165．本所，1936 年.

12. 跋唐写本切韵残卷．本所集刊:第一本 11-16．本所，1928 年.

13. 殷墟沿革.本所集刊:第二本 224–240.本所,1930 年.

14. 甲骨年表.本所集刊:第二本 241–260.本所,1930 年.

15. 谭"谭".本所集刊:第四本 159–174.本所,1933 年.

16. 殷历中几个重要问题.本所集刊:第四本 331–354.本所,1934 年.

17. 骨文例.本所集刊:第七本 5–44.本所,1936 年.

18. 殷商疑年.本所集刊:第七本 45–66.本所,1936 年.

19. 论雍已在五期背甲上的位置.本所集刊:第八本 457–463.本所,1939 年.

20. 殷历谱后记.本所集刊:第十三本.本所,1948 年.

21. 甲骨文断代研究例.本所集刊外编——庆祝蔡元培先生六十五岁论文集 323–424.本所,1933 年.

李方桂(LI Fang Kuei),清华学校毕业(1924),美国密西根大学学士(1926),美国支加哥大学硕士博士(1927—1928),美国哈佛大学(1928—1929),本所专任研究员(1930—现在)。

著作目录:

专书:

1. Mattole, An Athabaskan language, *University of Chicago Press*. (1930)

2. 龙州土语.本所单刊甲种之 .16 1940 年.

3. 莫话记略.本所单刊甲种之 .20 1943 年.

论文:

1. 广西凌云猺语.本所集刊:第一本 419–426.本所,1930年.

2. 切韵 a 的来源.本所集刊:第三本 1–38.本所,1931 年.

3. Ancient Chinese–ung, –uk, –uong, –uok, etc. in archaic Chinese. 本所集刊:第三本 375–414.本所, 1932 年.

4. Certain phonetic influences of the Tibetan prefixes upon the root initials. 本所集刊:第四本 135–158. 本所, 1933 年.

5. Archaic Chinese–*iweng, *–iwek, *–iweg. 本所集刊:第五本 65–74. 本所, 1935 年.

6. The hypothesis of a pri–glottalized series of consonants in primitive Tai. 本所集刊:第十一本 177–188. 本所,1943 年.

7. 武鸣土语音系.本所集刊:第十二本 293–303.本所,1947年.

8. Chipewyan consonants. 本所集刊外编——庆祝蔡元培先生六十五岁论文集 429–468. 本所, 1933 年.

梁思永(LIANG Ssu Yung),清华学校毕业(1924), A. B. Dartmonth College U.S.A. (1926), M.A. Harvard University U.S.A. (1927),本 所 编 辑 员(1930—1932),专 任 研 究 员 (1932—现在)。

著作目录:

专书:

1. New stone age pottery from the prehistoric site at Hsi Yin Tsun, Shansi, China, *Memoir American Anthropological Association*, (1930).

2. 城子崖. 本所, 1934 年(与董作宾等合著).

论文：

1. Some problem of Far Eastern archaeology, *American Anthropologist*, Am. Anthrop. Assoc. (1931).

2. The Lung-shan culture: A prehistoric phase of Chinese civilization, *Proceeding of the 6th Pacific Science Congress*, Vol. Ⅳ (1940). P. 11.

3. 后冈发掘小记．本所安阳发掘报告．第四期 609-626. 本所，1933 年．

4. 昂昂溪史前遗址．本所集刊：第四本 1-44．本所，1932 年．

5. 小屯龙山与仰韶．本所集刊外编——庆祝蔡元培先生六十五岁论文集 555-568. 1933 年．

6. 热河查不干庙林西双井赤峰等处所采集之新石器时代石器与陶片．本所中国考古学报第一册 1-68. 1936 年．

凌纯声(LING Shun-Sheng)，法国巴黎大学(文科)博士(1929 年 8 月)，社会科学研究所研究员(1929 年 9 月至 1933 年 8 月)，本所研究员兼第四组主任(1933 年 9 月至 1944 年 6 月)，研究员(1944 年 7 月—现在)。

著作目录：

专书：

1. 松花江下游之赫哲族．本所单刊甲种之 14．本所，1934 年．

2. 湘西苗族调查报告．本所单刊甲种之 18．本所，1948 年(与芮逸夫合著)．

论文：

1. 中国边疆文化．边政公论．边政公论社，1942 年．

2. 中国盟旗制度之研究．边政公论．边政公论社，1943 年．

3. 中国土司制度之研究．边政公论．边政公论社，1943 年．

4. 云南民族之地理分布．中国地理学报．中国地理学会，1939 年．

5. 畲民图腾文化之研究．本所集刊：第十六本 127–172．本所，1947 年．

6. 唐代云南的乌蛮与白蛮考．本所人类学集刊：第一卷第一期 57–82. 本所，1938 年．

岑仲勉(CH'IN Chung Mien)，北京高等专门税务学校毕业(1912)，本所专任研究员(1937 年 7 月—现在)。

著作目录：

专书：

1. 佛游天竺记考释．商务印书馆，1934 年．

2. 元和姓纂四校记．本所专刊之 29. 本所，1948 年．

论文：

1. 法显西行年谱．圣心：一期 18–70.1932 年．

2. Kinsay 乃杭州音译．圣心：一期 71–76.1932 年．

3. Zaitun 非刺桐．圣心：一期 77–104.1932 年．

4. 唐代大食七属国考证．圣心：一期 105–124.1932 年．

5. 拉施特史十二省之研究．圣心：一期 125–137.1932 年．

6. 课余读书记．圣心：一期 138–187.1932 年．

7. 水经注卷一笺校．圣心：二期．1933 年．

8. 麴氏高昌补说 . 圣心 : 二期 .1933 年 .

9. 南海昆仑与昆仑山之最初译名及其附近诸国 . 圣心 : 二期 .1933 年 .

10. 诸蕃志占城属国考 . 圣心 : 二期 .1933 年 .

11. 黎轩语原商榷 . 圣心 : 二期 .1933 年 .

12. 义净法师年谱 . 圣心 : 二期 .1933 年 .

13. 法显西行年谱订补 . 圣心 : 二期 .1933 年 .

14. 课余读书记 . 圣心 : 二期 .1933 年 .

15. 汉书西域传康居校释 . 辅仁学志 : 四卷二期 .1934 年 .

16. 汉书西域传奄蔡校释 . 辅仁学志 : 四卷二期 .1934 年 .

17. 读西辽史书所见 . 金陵学报 : 四卷二期 .293-306.1934 年 .

18. 括地志序略新诠 . 中山大学史学专刊 : 一卷一期 .1935 年 .

19. 蒙古史札记 . 本所集刊第五本 461-496. 本所,1935 年 .

20. 隋书州郡牧守编年表 . 中山大学史学专刊 : 一卷三期 1-220. 1936 年 .

21. 秦代初平南越考 . 中山大学史学专刊 : 一卷三期 355-362. 1936 年 .

22. 明初曲先阿端安定罕东四卫考 . 金陵学报 : 六卷二期 151-172. 1936 年 .

23. 释桃花石 . 东方杂志 : 卅三卷廿一号 63-73. 商务,1936 年 .

24. 耶律希亮碑之地理人事 . 中山大学史学专刊 : 一卷四期 1-44. 1936 年 .

25. 金石证史 . 中山大学史学专刊 : 一卷四期 51-80. 1936 年 .

26. 再说钦察 . 辅仁学志 : 五卷一二期 .1936 年 .

27. 新唐书突厥传拟注．辅仁学志：六卷一二期 173–248. 1937 年．

28. 跋突厥文阙特勤碑．辅仁学志：六卷一二期 249–273. 1937 年．

29. 汉书西夜传校释．辅仁学志：六卷一二期 49–64. 1937 年．

30. 李德裕会昌伐叛集编证上．中山大学史学专刊：二卷一期 107–250. 1937 年．

31. 校贞观氏族志残卷．中山大学史学专刊：二卷一期 315–330. 1937 年．

32. 郎官石柱题名新著录．本所集刊：第八本 21–77. 本所，1939 年．

33. 外蒙于都斤山考．本所集刊：第八本 357–369. 本所，1939 年．

34. 贞石证史．本所集刊：第八本 495–596. 本所，1939 年．

35. 天山南路元代设驿之今地．本所集刊：第十本 695–698. 本所，1943 年．

36. 登科记考订补．本所集刊：第十一本 87–99. 本所，1943 年．

37. 伊兰之胡与匈奴之胡．真理杂志：一卷三期．1943 年．

38. 翰林学士壁记注补（上）．本所集刊：第十五本 49–223. 本所，1948 年．

39. 补唐代翰林两记．本所集刊：第十一本 159–286. 本所，1943 年．

40. 唐代最南大商港 A1–Wakin. 东方杂志：四十卷二十号 40–45. 1943 年．

41. 外语称中国的两个名词.新中华复刊三卷四期 77–83. 1945 年.

42. 旧唐书逸文辨.本所集刊:第十二本 27–33.本所,1945 年.

43. "回回"一词之语原.本所集刊:第十二本 91–94.本所,1945 年.

44. 吐鲁蕃一带汉回地名对证.本所集刊:第十二本 95–115.本所,1945 年.

45. 吐鲁蕃木柱刻文略释.本所集刊:第十二本 117–119.本所,1945 年.

46. 理番新发见隋会州通道记跋.本所集刊:第十二本 121–124.本所,1945 年.

47. 跋历史语言研究所所藏明末谈刻及道光三让本太平广记.本所集刊:第十二本 283–292.本所,1945 年.

48. 自波斯湾头至东非中部之唐人航线.东方杂志:四一卷一八号 46–87. 1945 年.

49. 续贞石证史.本所集刊:第十五本 225–280.本所,1948 年.

50. 玉溪生年谱会笺平质.本所集刊第十五本 281–313.本所,1948 年.

51. 唐方镇年表正补.本所集刊第十五本 315–374.本所,1948 年.

52. 抄明李英征曲先(今库车)故事并略释.本所集刊第十五本 375–377.本所,1948 年.

53. 跋南窗纪谈.本所集刊第十五本 379–385.本所,1948 年.

54. 隋书之吐蕃——附国.民族学研究集刊:五期.108–

113. 1946 年 .

55. 塔吉克噶勒察及大食三名之追溯 . 东方杂志：四二卷十七号 34–48.1946 年 .

56. 记张田之清廉并略论海关 . 东方杂志：四二卷十八号 28–29.1946 年 .

57. 浪白滘与澳门 . 东方杂志：四二卷十九号 56–57.1946 年 .

58. 陈子昂及其文集之事迹 . 辅仁学志：一四卷一二期 .149–173.1946 年 .

59. 弥天释道安著作辑目 . 辅仁学志：一四卷一二期 .174–186.1946 年 .

60. 北魏国防的六镇 . 中央日报文史周刊：五四期 .1947 年 .

61. 怀荒镇故址辨疑 . 中央日报文史周刊：五七期 .1947 年 .

62. 唐集质疑 . 本所集刊：第九本 1–82. 本所，1947 年 .

63. 读全唐诗札记 . 本所集刊：第九本 83–133. 本所，1947 年 .

64. 跋封氏闻见记（校证本）. 本所集刊：第九本 221–242.1947 年 .

65. 跋唐摭言（学津本）. 本所集刊：第九本 243–264. 本所，1947 年 .

66. 续劳格读全唐文札记 . 本所集刊：第九本 329–370. 本所，1947 年 .

67. 论白氏长庆集源流并评东洋本白集 . 本所集刊：第九本 371–482. 本所，1947 年 .

68. 白氏长庆集伪文 . 本所集刊：第九本 483–540. 本所，1947 年 .

69. 白集醉吟先生墓志铭存疑 . 本所集刊:第九本 541–545. 本所，1947 年 .

70. 两京新记卷三残卷复原 . 本所集刊:第九本 845–880. 本所，1947 年 .

71. 匈奴老上之死与军臣之立之疑年 . 中央日报文史周刊:七〇期 .1947 年 .

72. 唐代云南管内几个地理名称 . 中央日报文史周刊:七四期 .1947 年 .

73. 唐临冥报记之复原 . 本所集刊第十七本 177–194. 本所，1948 年 .

74. 绛守居园记集释附论绛守居园记句解书目提要 . 本所集刊:第十九本 . 本所，1948 年 .

75. 旧唐书地理志旧领县之表解 . 本所集刊:第二十本 131–157. 本所，1948 年 .

丁声树(TING Sheng Shu)，国立北京大学文学士(1932)，本所助理员(1932 年 7 月—1938 年 12 月)，编辑员(1934 年 1 月—12 月)，副研究员(1940 年 1 月—12 月)，专任研究员(1941 年 1 月—现在)。

著作目录:

专书:

1. 湖北方言调查报告 . 本所专刊之 18（与本所语言组同人合著）.

论文:

1. 释否定词"弗""不". 本所集刊外编——庆祝蔡元培先生六十五岁论文集 967–996. 1935 年.

2. 诗经"式"字说. 本所集刊:第六本 487–496. 1936 年.

3. 诗卷耳芣苢"采采"说. 北京大学四十周年纪念论文集 1940 年.

4. 论诗经中的"何""曷""胡" 本所集刊:第十本 347–367. 1942 年.

5. "何当"解. 本所集刊:第十一本 449–463. 1944 年.

6. "碚"字音读答问. 本所集刊:第十一本 465–468. 1944 年.

劳榦(LAO Kan),国立北京大学 B.A.（1931）,本所助理员（1933 年 1 月—12 月）,副研究员（1941 年 1 月—1945 年 12 月）,专任研究员（1946 年 1 月—现在）。

著作目录:

专书:

1. 居延汉简考释（释文）. 本所，1943 年.

2. 居延汉简考释（考证）. 本所，1944 年.

论文:

1. 汉代奴隶制度辑略. 本所集刊:第五本 1–12. 本所，1935 年.

2. 盐铁论校记. 本所集刊:第五本 13–52. 本所，1935 年.

3. 汉晋闽中建置考. 本所集刊:第五本 53–64. 本所，1935 年.

4. 两汉户籍与地理之关系. 本所集刊:第五本 179–214. 本所，1935 年.

5. 两汉各郡人口增减数目之推测. 本所集刊:第五本

215–240. 本所，1935 年．

6. 中国丹沙之应用及其推演．本所集刊：第七本 519–531. 本所，1936 年．

7. 论鲁西画像三石．本所集刊：第八本 93–127. 本所，1939 年．

8. 从汉简所见之边郡制度．本所集刊：第八本 159–180. 本所，1939 年．

9. 论魏孝文之迁都与华化．本所集刊：第八本 485–494. 本所，1939 年．

10. 汉代兵制及汉简中的兵制．本所集刊：第十本 23–54. 本所，1941 年．

11. 汉武后元不立年号考．本所集刊：第十本 197–199. 本所，1941 年．

12. 居延汉简考释序目．本所集刊：第十本 683–693. 本所，1941 年．

13. 两汉刺史制度考．本所集刊：第十一本 27–48. 本所，1943 年．

14. 汉代社祀的源流．本所集刊：第十一本 49–60. 本所，1943 年．

15. 汉简中的河西经济生活．本所集刊：第十一本 61–75. 本所，1943 年．

16. 跋高句丽大兄冉牟墓志兼论高句丽都城之位置．本所集刊：第十一本 77–86. 本所，1943 年．

17. 两关遗址考．本所集刊：第十一本 287–296. 本所，1943 年．

18. 论汉代之内朝与外朝．本所集刊：第十三本．本所，1948 年．

19. 象郡牂柯与夜郎的关系 . 本所集刊:第十四本 . 本所, 1948 年 .

20. 居延汉简考证补正 . 本所集刊:第十四本 . 本所, 1948 年 .

21. 论汉代之陆运与水运 . 本所集刊:第十六本 69–91. 本所, 1947 年 .

22. 汉代察举制度考 . 本所集刊:第十七本 79–129. 本所, 1948 年 .

23. 北宋刊南宋补刊十行本史记集解后跋 . 本所集刊:第十八本 . 本所, 1948 年 .

24. 论中国造纸术之原始 . 本所集刊:第十九本 . 本所, 1948 年 .

25. 释汉代之亭障与烽燧 . 本所集刊:第十九本 . 本所, 1948 年 .

26. 北魏洛阳城地图之复原 . 本所集刊:第二十本 299–312. 本所, 1948 年 .

陈槃(CHEN Pan), 国立广东中山大学文学院毕业(1931 年 6 月), 本所助理员(1931 年 10 月—1940 年 12 月), 副研究员(1941 年 1 月—1945 年 12 月), 专任研究员(1946 年 1 月—现在)。

著作目录:

专书:

1. 左氏春秋义例辨 . 本所专刊之 17. 1947 年 .

论文:

1. 秦汉简之所谓"符应"论略 . 本所集刊:第十六本 1–67. 本所, 1948 年 .

2. 汉晋遗简偶述 . 本所集刊:第十六本 309–341. 本所, 1948 年.

3. 战国秦汉间方士考论 . 本所集刊:第十七本 7–57. 本所, 1948 年.

4. 论早期谶纬及其与邹衍书说之关系 . 本所集刊:第二十本 159–187. 本所, 1948 年.

5. 古谶纬书录解题一(1. 缘图 2. 河图提刘子 3. 河图会昌符 4. 春秋汉含孳). 本所集刊:第十本 369–382. 本所, 1943 年.

6. 谶纬释名 . 本所集刊:第十一本 297–316. 本所, 1944 年.

7. 谶纬溯原上 . 本所集刊:第十一本 317–335. 本所, 1944 年.

8. 古谶纬书录解题二(1. 白泽图 2. 师旷占, 师旷书, 师旷纪). 本所集刊:第十二本 35–51. 本所, 1945 年.

9. 古谶纬书录解题三(1. 礼瑞应图 2. 孝经中黄谶). 本所集刊:第十七本 59–64. 本所, 1948 年.

10. 古谶纬全佚书存目解题一(1. 河图 2. 孝经内事星宿讲堂七十二弟子图). 本所集刊:第十二本 53–59. 本所, 1945 年.

11. 古谶纬书录解题附录(1. 孙氏瑞应图 2. 敦煌瑞图残卷). 本所集刊:第十七本 65–77. 本所, 1948 年.

12. 敦煌唐咸通钞本三备残卷解题 . 本所集刊:第十本 383–402. 本所, 1943 年.

13. 论谶纬命名及其相关之问题 . 本所集刊:第廿一本 . 本所,印刷中.

郭宝钧(KWO Pao Chun),国立北平师范大学国文系毕业(原名北京高等师范学校),1922 年 6 月,本所专任调查员

（1930 年 7 月—1932 年 6 月），专任编辑员（1932 年 7 月—
1938 年 6 月），通信研究员（1940 年 1 月—1946 年 4 月），专
任研究员（1946 年 4 月—现在）。

著作目录：

专书：

1. 城子崖．本所，1934 年（与梁思永等合著）．

2. 睿县彝器．河南通志馆，1937 年．

3. 中国古铜器学大纲．北平图书馆（此书于 1941 年交稿
以印刷困难尚未印出）．

论文：

1. 古器释名．本所集刊外编——庆祝蔡元培先生六十五
岁论文集 691–708．本所，1933 年．

2. B 区发掘记之一．本所安阳发掘报告：第四期 579–
596．本所，1933 年．

3. B 区发掘记之二．本所安阳发掘报告：第四期 597–
608．本所，1933 年．

4. 戈戟余论．本所集刊：第五本 313–326．本所，1935 年．

5. 濬县辛村古残墓之清理．本所考古学报：第一册 167–
200．本所，1936 年．

6. 教育部交管长沙古物之检讨．高等教育季刊：二卷二
期 74–92．教育部，1942 年．

7. 宫闱燕居图彩奁素描．社会教育季刊：一卷二期 64–
68．教育部，1943 年．

8. 中国古铜器学大纲内容提要．高等教育季刊：三卷三

期 38-39. 教育部，1943 年.

9. 薛识齐侯钟铭读法考. 说文月刊：四卷合刊 17-27. 说文社，1944 年.

10. 由铜器研究所见到之古代艺术. 文史杂志：三卷三期 3-20. 中华书局，1944 年.

汤用彤(TANG Yung Tung)，Harvard University M.A.（1919–1922），本所兼任研究员兼本所北平图书史料整理处主任（1946 年—现在）。

著作目录：

专书：

1. 汉魏两晋南北朝佛教史. 商务印书馆.
2. 印度哲学史略. 独立出版社.

韩儒林(HAN Ju Lin)，国立北京大学文学士（1930 年），本所兼任研究员（1946—现在）。

著作目录：

论文：

1. 成吉思汗十三翼考. 华西大学中国文化研究所集刊：第一卷第一期.

2. 蒙古答剌罕考. 华西大学中国文化研究所集刊：第一卷第二期.

3. 雪尼惕与合卜秃儿合思考. 华西大学中国文化研究所集刊：第一卷第二期.

4. 西北地理札记（关于楼兰，玉理伯里之方位，三种伯岳吾氏，设里汪与失儿湾）．华西大学中国文化研究所集刊：第一卷第三期．

5. 爱薛之再检讨．华西大学中国文化研究所集刊：第一卷第四期．

6. 元代阔端赤考．华西大学中国文化研究所集刊：第一卷第四期．

7. 答剌罕考补正．华西大学中国文化研究所集刊：第一卷第四期．

8. 成都元代蒙文圣旨碑译释．华西大学中国文化研究所集刊：第二卷．

9. 元史酒海与元秘史酒局．东方杂志：第三十九卷第九期．

10. 读蒙古世系谱．华西金陵齐鲁三大学中国文化研究丛刊：第一期．

11. 大元通宝跋．华西金陵齐鲁三大学中国文化研究丛刊：第三期．

12. 蒙古的名称．中央大学文史哲季刊：第一期．

13. 关于西夏民族的名称及其王号．图书季刊：新第四卷三四期合刊．

14. 女真译名考．华西大学中国文化研究所集刊：第三卷．

15. 吐蕃之王族及宦族．华西大学中国文化研究所集刊：第一卷第一期．

16. 罗马凯撒与关羽在西藏．华西大学中国文化研究所集刊：第二卷．

17. 明史乌思藏大宝法王考．真理杂志：第一卷第三期．

18. 吐蕃古史传说．中央大学文史哲季刊：第二期．

19. 青海佑宁寺及其名僧（章嘉，土观，孙波）．边政公论：第三卷第一第四第五期．

20. 突厥蒙古之祖先传说．北平研究院史学研究所集刊：第四卷．

21. 唐怒都波．中国边疆．第三卷第四五期合刊．

22. 突厥官号考释．华西大学中国文化研究所集刊：第一卷第一期．

23. 突厥文阙特勤碑译释．北平研究院院务汇报：六卷六期．

24. 突厥文苾伽可汗碑译释．禹贡半月刊：第六卷第六期．

25. 突厥敦欲谷碑译释．禹贡半月刊：第六卷第七期．

26. 汉代西域屯田与车师伊吾的争夺．文史杂志：二卷二期．

27. 清初中俄交涉史札记．学思：二卷二期．

28. 元史研究之回顾与前瞻．责善半月刊：二卷七期．

29. 关于洪钧．边政公论：一卷九期．

芮逸夫（RUEY Yih Fu），前国立东南大学（1927 年 6 月），助理员（1930 年 9 月—1934 年 6 月在社会科学研究所，1934 年 7 月—1940 年 12 月在本所），副研究员（1941 年 1 月—1947 年 6 月），编纂（1947 年 7 月—现在）。

著作目录：

专书：

1. 湘西苗族调查报告．本所单刊之 18．本所，1947 年（与凌纯声合著）．

论文：

1. 苗族的洪水故事与伏羲女娲的传说．人类学集刊：第一卷 155-204．本所，1938 年．

2. 西南少数民族虫兽偏旁命名考略．人类学集刊：第二卷 113-190．本所，1940 年．

3. 中华国族解．人文科学学报．第一卷第二期 133-140．中国人文科学社，1942 年．

4. 西南民族的语言问题．民族学研究集刊：第三期 44-54．商务印书馆，1943 年．

5. 中华国族的支派及其分布．中国民族学会十周纪念论文集 3-13．中国民族学会，1944 年．

6. 伯叔姨舅姑考．本所集刊：第十四本．本所，1948 年．

7. 苗语释亲．本所集刊：第十四本．本所，1948 年．

8. 再论中华国族的支派及其分布．民族学研究集刊：第五期 29-40．中华书局，1946 年．

9. 中国亲属称谓制与家族制的相关性．民族学研究集刊：第六期．中华书局，1947 年．

10. 释甥之称谓．本所集刊：第十六本 273-284．本所，1947 年．

11. 记栗粟语音兼论所谓栗粟文．本所集刊：第十七本 303-326．本所，1947 年．

12. 僚（獠）为仡佬（犵獠）试证．本所集刊：第二十本

343–357. 本所, 1948 年.

石璋如(SHIH Chang Ju), 河南大学文学士(1932), 本所研究生(1932—1934), 助理员(1934—1939), 副研究员(1940—1947), 编纂(1947 年 7 月—现在)。

著作目录：

专书：

1. 晋绥纪行. 独立出版社, 1943 年.

论文：

1. 第七次殷墟发掘：E 区工作报告. 安阳发掘报告：第四册 709–728. 本所, 1933 年.

2. 安阳后冈的殷墓. 本所集刊：第十三本. 本所, 1948 年.

3. 殷墟最近之重要发现附论小屯地层. 中国考古学报：第二册 1–81. 本所, 1947 年.

4. 小屯后五次发掘的重要发现. 本所"六同别录"上. 本所, 1945 年.

5. 小屯的文化层. 本所"六同别录"上. 本所, 1945 年.

6. 河南安阳后冈的殷墓. 本所集刊第十三本. 本所, 1948 年.

金汉昇(CHUAN Han Sheng), 北京大学毕业(1935), 哈佛大学(1944—1945), 哥伦比亚大学(1945—1947), 本所助理员(1935—1939,) 助理研究员(1939—1941), 副研究员(1941—现在)。

著作目录：

专书：

1. 唐宋帝国与运河. 本所专刊之 24. 本所，1944 年.

论文：

1. 南宋杭州的消费与外地商品之输入. 本所集刊：第七本 91–119. 本所，1936 年.

2. 宋代官吏的私营商业. 本所集刊：第七本 199–254. 本所，1936 年.

3. 北宋汴梁的输出入贸易. 本所集刊：第八本 189–301. 本所，1939 年.

4. 宋代广州的国内外贸易. 本所集刊：第八本 303–356. 本所，1939 年.

5. 中古自然经济. 本所集刊：第十本 75–176. 本所，1942 年.

6. 南宋稻米的生产与运输. 本所集刊：第十本 403–431. 本所，1942 年.

7. 宋末通货膨胀及其对于物价的影响. 本所集刊：第十本 201–230. 本所，1942 年.

8. 唐代物价的变动. 本所集刊：第十一本 101–148. 本所，1943 年.

9. 唐宋时代扬州经济景况的繁荣与衰落. 本所集刊：第十一本 149–176. 本所，1943 年.

10. 北宋物价的变动. 本所集刊：第十一本 337–394. 本所，1944 年.

11. 南宋初年物价的大变动. 本所集刊：第十一本 395–423. 本所，1944 年.

12. 宋金间的走私贸易. 本所集刊：第十一本 425–447.

本所，1944 年.

13. 元代的纸币. 本所集刊：第十五本 1–48. 本所，1948 年.

14. 宋代南方的墟市. 本所集刊：第九本 265–274. 本所，1947 年.

15. Review of "Notes on the Economic History of the Chin Dynasty" by Lien–Sheng Yang, *Journal of Economic History*, Published for the Economic History Association by New York University Press, (1947) pp. 98–100.

董同龢(TUNG T'ung Ho)，国立清华大学学士(1936)，本所练习助理员(1936 年 10 月—1938 年 6 月)，助理员(1938 年 7 月—1940 年 6 月)，助理研究员(1940 年 7 月—1942 年 12 月)，副研究员(1943 年 1 月—现在)。

著作目录：

专书：

1. 上古音韵表稿. 本所单刊甲种之 21. 本所，1944 年.

论文：

1. 与高本汉商榷自由押韵说兼论上古楚方音特色. 本所集刊：第七本 533–546. 本所，1938 年.

2. 广韵重纽试释. 本所集刊：第十三本. 本所，1948 年.

3. 等韵门法通释. 本所集刊：第十四本. 本所，1948 年.

4. 切韵指掌图诸问题. 本所集刊：第十七本 195–212. 本所，1948 年.

5. 华阳凉水井客家话记音. 本所集刊：第十九本. 本所，1948 年.

张政烺(CHANG Cheng Lang),国立北京大学文学院史学系毕业(学士)(1936 年 6 月),本所图书管理员(1936 年 7 月—1938 年 12 月),助理员(1939 年 1 月—1941 年 6 月),助理研究员(1941 年 7 月—1942 年 12 月),副研究员(1943 年 1 月—现在)。

著作目录:

论文:

1. 邵王之諀鼎及毁铭考证. 本所集刊:第八本 371-378. 本所, 1939 年.

2. 六书古义. 本所集刊:第十本 1-22. 本所, 1942 年.

3. 讲史与咏史诗. 本所集刊:第十本 705-748. 本所,1942 年.

4. 奭字说. 本所集刊:第十三本. 本所, 1948 年.

5. 说文燕召公名醜解. 本所集刊:第十三本. 本所,1948 年.

6. 王逸集牙签考证. 本所集刊:第十四本. 本所,1948 年.

7. 问答录与说参请. 本所集刊:第十七本 1-5. 本所,1948 年.

8. 说文序引尉律解. 本所集刊:第十七本 131-135. 本所, 1948 年.

夏鼐(SHIAH Nae),国立清华大学文学士(1934),英国伦敦(London)大学考古学博士(1946)(By Proxy),本所副研究员(1943 年 5 月—现在)。

著作目录:

论文:

1. 太平天国前后长江流域各省之田赋问题. 清华学报:

第十卷第二期 409—474. 北平清华大学，1935 年.

2. A Chinese parallel to an Egyptian idiom, *Journal of Egyptian Archaeology*, Vol. XXIV, pt. 1, London(1938) pp. 127–128.

3. Chinese socketed celt, *Antiquity* No. 49, Southampton England(1939). pp. 96–98.

4. Some remarks on the Bekhen–stone, *Annales du Service des Antiquites*, Cario, Vol. XLI(1942) pp. 189–205.

5. The date of certain Egyptian stratified eye–beads of glass, *The American Journal of Archaeology*, Vol. XLVIII, No. 3, Concord. N.H., U.S.A.(1944) pp. 269–273.

6. Some etched carnelian beads from Egypt, *Journal of the Royal Asiatic Society of Bengal*, Calcutta, Letters, Vol. X, (1944).

7. 齐家期墓葬之新发现及其年代之改订. 中国考古学报. 第三期 101–117. 本所，1948 年.

8. 新获之敦煌汉简. 本所集刊：第十九本. 本所，1948 年.

9. 武威唐代吐谷浑慕容氏墓志. 本所集刊：第二十本 313–340. 本所，1948 年.

高去寻（KAO Chu Hsun），国立北京大学文学士（1935），本所练习助理员（1935 年 9 月—1937 年 6 月），助理员（1937 年 7 月—1940 年 12 月），助理研究员（1941 年 1 月—1942 年 12 月），副研究员（1943 年 1 月—现在）。

著作目录：

论文：

1. 殷商铜器之探讨. 北京大学潜社史学论丛第一册. 1933 年.

2. 汉崖墓题识内字之一解. 国立北京大学研究院文科研究所油印论文之十. 国立北京大学研究院文科研究所, 1942 年.

3. 评汉以前的古镜之研究并论淮式之时代问题. 本所集刊:第十四本. 本所, 1948 年.

4. 黄河下游的屈肢葬问题. 中国考古学报:第二册 121-166. 本所, 1947 年.

5. 殷礼的含贝握贝. 本所集刊:第二十本. 本所, 1948 年.

傅乐焕(FU Lo Huan),国立北京大学史学系毕业(学士)(1936),本所图书管理员(1936 年 7 月—1939 年 12 月),助理员(1940 年 1 月—1941 年 6 月),助理研究员(1941 年 7 月—1943 年 12 月),副研究员(1944 年 1 月—现在)。

著作目录:

论文:

1. 宋人使辽语录行程考. 北大国学季刊. 北京大学, 1936 年.

2. 广平淀续考. 本所"六同别录"(中). 本所, 1945 年.

3. 辽代四时捺钵考五篇. 本所集刊:第十本 223-347. 本所, 1947 年.

4. 宋辽聘使表稿. 本所集刊:第十四本. 本所, 1948 年.

5. 辽史复文举例. 本所集刊:第十六本 285-308. 本所, 1947 年.

王崇武(WANG Chung Wu),北京大学文学士(1936 年),本所事务员(1937 年 7 月—1939 年 12 月),助理员(1940 年

1 月—1941 年 12 月),助理研究员(1942 年 1 月—1943 年 12 月),副研究员(1944 年 1 月—现在)。

著作目录：

专书：

1. 明靖难史事考证稿 . 本所专刊之 25. 本所，1948 年 .

2. 奉天靖难记注 . 本所专刊之 28. 本所，1948 年 .

3. 明本纪校注 . 本所专刊之 27. 本所，1948 年 .

论文：

1. 论明太祖起兵及其政策之转变 . 本所集刊：第十本 57–71. 本所，1948 年 .

2. 查继佐与敬修堂钓业 . 本所集刊：第十本 595–599. 本所，1948 年 .

3. 读明史朝鲜传 . 本所集刊：第十二本 1–25. 本所，1947 年 .

4. 读高青丘威爱论 . 本所集刊：第十二本 273–282. 本所，1947 年 .

5. 刘綎征东考 . 本所集刊：第十四本 . 本所，1948 年 .

6. 跋永历帝致吴三桂书 . 东方杂志 . 商务印书馆，1947 年 .

7. 论征东岛山之战及明清撒尔浒之战 . 本所集刊：第十七本 137–164. 本所，1948 年 .

8. 李如松征东考 . 本所集刊：第十六本 343–374. 本所，1948 年 .

9. 明成祖朝鲜选妃考 . 本所集刊：第十七本 165–176. 本所，1948 年 .

10. 董文骥与明史纪事本末 . 本所集刊：第二十本 265–273. 本所，1948 年 .

李光涛(LI Kuang Tao),本所书记(1930—1932),练习助理员(1933—1934),助理员(1934—1941),助理研究员(1942—1944),副研究员(1945—现在)。

著作目录:

论文:

1. 内阁大库洪承畴奏销册序 . 集刊:第六本 121–132. 本所, 1935 年 .

2. 清太宗求款始末提要 . 集刊:第十二本 125–128. 本所, 1947 年 .

3. 清入关前之真象 . 集刊:第十二本 129–171. 本所,1947 年 .

4. 记努儿哈赤之倡乱及萨尔浒之战 . 集刊:第十二本 173–191. 本所, 1947 年 .

5. 论建州与流贼相因亡明 . 集刊:第十二本 193–236. 本所, 1947 年 .

6. 记清太宗皇太极三字称号之由来 . 集刊:第十二本 237–239. 本所, 1947 年 .

7. 记崇祯四年南海岛大捷 . 集刊:第十二本 241–250. 本所, 1947 年 .

8. 清太宗与三国演义 . 集刊:第十二本 251–272. 本所,1947 年 .

9. 清人入关前求款之始末 . 集刊:第九本 275–328. 本所, 1947 年 .

10. 洪承畴背明始末 . 集刊:第十七本 227–301. 本所,1948 年 .

11. 论崇祯二年己巳虏变 . 集刊:第十八本 . 本所,1948 年 .

12. 毛文龙酿乱东江本末 . 集刊:第十九本 . 本所,1948 年 .

杨时逢(YANG Shih Feng), 南开大学(1923—1925), 金陵大学(1925—1926), 本所助理员(1929 年 4 月—1941 年 6 月), 助理研究员(1941 年 7 月—1944 年 12 月), 副研究员(1945 年 1 月—现在)。

著作目录：

专书：

1. 湖北方言调查报告. 本所专刊之 18. 本所(与本所语言组同人合著).

张琨(CHANF K'uen), 国立清华大学文学士(1938), 本所助理员(1939—1940), 助理研究员(1941—现在)。

著作目录：

专书：

1. 么些象形文字字典. 中央博物院(与李霖灿合作).

论文：

1. 苗傜语声调问题. 本所集刊：第十六本 93–110. 本所, 1937 年.

马学良(MA Hsiue Liang), 国立北京大学文学士(1938 年 7 月), 北大研究院文硕士(1941 年 9 月), 本所助理研究员(1941 年 11 月—现在)。

著作目录

论文：

1. 倮文作斋经译注. 本所集刊：第十四本. 本所, 1948 年.

2. 论 Pollardscript 在黑夷语中的拼音法．本所集刊：第十九本．本所，1948 年．

3. 倮文作祭献药经译注．本所集刊：第二十本 577–666．本所，1948 年．

周法高(CHOW Fa–Kao)，中央大学文学士(1939 年 7 月)，北京大学文学硕士(1941 年 7 月)，助理研究员(1941 年 11 月—现在)。

著作目录：

论文：

1. 广韵重纽的研究．本所集刊：第十三本．本所，1948 年．

2. 切韵鱼虞之音读及其演变．本所集刊：第十三本．本所，1948 年．

3. 说平仄．本所集刊：第十三本．本所，1948 年．

4. 古音中的三等韵．本所集刊：第十九本．本所，1948 年．

5. 玄应反切考．本所集刊：第廿本 359–444．本所，1948 年．

6. 梵文 ṭḍ 的对音．本所集刊：第十四本．本所，1948 年．

逯钦立(LOU Chi Li)，国立北京大学文学士(1939)，国立北京大学文学硕士(1942)，本所助理研究员(1942—现在)。

著作目录：

论文：

1. 陶渊明行年简考．读书通讯．文化服务社，1942 年．

2. 相和歌曲调考．读书通讯．文化服务社，1943 年．

3. 陶潜里居史料评述.说文月刊.说文出版社,1944年.

4. 古诗纪补正叙例.本所集刊:第十二本61–90.本所,1947年.

5. 汉诗别录.本所集刊:第十三本.本所,1948年.

6. 跋老子化胡经卷十玄歌.中央图书馆馆刊.开明书店,1947年.

7. 跋周校本嵇康集诗.中央图书馆馆刊.开明书店,1947年.

8. 韵书五声四声起源考.文讯.文通书局,1947年.

9. 说文笔.本所集刊:第十六本173–210.本所,1947年.

10. 述酒诗题注释疑(陶诗笺证之一).本所集刊:第十八本.本所,1948年.

11. 形影神诗与东晋之佛道思想(陶诗笺证之二).本所集刊:第十六本211–228.本所,1947年.

王明(WANG Ming),国立北京大学文学士(1937),国立北京大学文科研究所毕业(1941),本所助理研究员(1942年1月—1944年5月,1944年6月请假旋里,1947年2月回所复职—现在)。

著作目录:

论文:

1. 论太平经钞甲部之伪.本所集刊:第十八本.本所,1948年.

2. 周易参同契考证.本所集刊:第十九本.本所,1948年.

王叔岷(WANG Shu–Ming),国立北京大学文学研究所硕士(1942年6月),本所助理研究员(1943年1月起—现在)。

著作目录：

专书：

1. 庄子校释 . 本所集刊之 26. 本所，1947 年 .

2. 列子补正 . 本所专刊之 31. 本所，1948 年 .

李孝定（LEE Hsiao Ting），国立中央大学文学士（1939 年 7 月），国立北京大学文科研究所毕业（1944 年 6 月），本所助理研究员（1944 年 7 月—现在）。

著作目录：

专书：

1. 中央大学所藏甲骨文字 . 中央大学 .1940 年（与蒋维崧合作）.

何兹全（HO Tzu Chian），国立北京大学文学院史学系毕业（学士）（1935），本所助理研究员（1944 年 12 月—现在）。

著作目录：

论文：

1. 东晋南朝的钱币使用与钱币问题 . 本所集刊：第十四本 . 本所，1948 年 .

2. 魏晋的中军 . 本所集刊：第十七本 409–433. 1948 年 .

孙德宣（SUN Te Hsüan），北平私立辅仁大学文学士（1939 年 7 月），本所助理研究员（1946 年 8 月—现在）。

著作目录：

论文：

1. 古代民谣多谶语说.辅仁文苑：三辑.辅仁大学，1940年.

2. 辞达说.辅仁文苑：四辑.辅仁大学，1940年.

3. 阢陧词义之分析.辅大语文学会讲演集：二辑.辅仁大学，1941年.

4. 联绵字浅说.辅仁学志：十一卷一、二合期.辅仁大学，1942年.

5. 魏晋士风与老庄思想之演变.中德学志：六卷一、二期.中德学会，1944年.

严耕望(YEN Ken Wang)，国立武汉大学文学士(1941年7月)，本所助理员(1945年9月—1947年7月)，助理研究员(1947年8月—现在)。

著作目录：

专书：

1. 两汉太守刺史表.本所专刊之30.本所，1947年.

论文：

1. 两汉郡县属吏考.金陵齐鲁华西三大学中国文化研究汇刊.第二卷43–94.1942年.

2. 两汉郡县属吏考补正.金陵齐鲁华西三大学中国文化研究汇刊.第三卷13–18.1943年.

3. 楚置汉中郡地望考.责善：第二卷第十六期8–12.1942年.

4. 武帝创制年号辨.责善：二卷十七期7–8.1942年.

5. 楚秦黔中郡地望考.责善：二卷十九期9–16.1942年.

6. 论秦客卿执政之背景 . 责善 : 二卷二十期 4-8. 1942 年 .

7. 秦宰相表 . 责善 : 二卷二十三期 4-11. 1942 年 .

8. 北魏尚书制度考 . 本所集刊 : 第十八本 . 本所 , 1948 年 .

9. 北朝地方政府属佐制度考 . 本所集刊 : 第十九本 . 本所 , 1948 年 .

黄彰健(HWANG Chang Chien), 中央大学历史系毕业 (学士)(1943 年 6 月), 本所助理员(1945 年 5 月—现在)。

著作目录 :

论文 :

1. 张三世古义 . 学原 : 第一卷第八期 15-19. 商务印书馆 , 1948 年 .

张秉权(P. C. CHANG), 国立中央大学文学士(1944 年 8 月), 本所助理员(1945 年 11 月—现在)。

著作目录 :

论文 :

1. 声律说成立之经过 . 中国学报 : 第一卷第四期 76-91. 中国学报社 , 1945 年 .

赖家度(LAI Chia Tu), 北平辅仁大学文学院史学系毕业 (文学士)(1945), 本所助理员(1946 年 7 月—现在)。

著作目录 :

论文 :

1. 明代海运与辽东之关系.禹贡周刊:第十四号.北平禹贡学会，1946年.

2. 明弃河套.禹贡周刊:第十八号.北平禹贡学会，1946年.

3. 管子轻重诸篇的思潮.人文周刊:第三十期.天津益世报，1947年.

余逊(Yu Hsun)，国立北京大学史学系毕业(1930年6月)，本所助理员(1935年7月—1937年10月)，北平办事处主任(1945年10月起)，北平图书史料整理处代理主任(1947年8月—现在)。

著作目录：

论文：

1. 汉魏晋北朝东北郡县沿革表.本所集刊:第六本453-485.本所，1934年.

2. 早期道教之政治信念.辅仁学志:第十一卷87-136.北平辅仁大学，1942年.

3. 南朝之北士地位.辅仁学志:第十二卷31-102.北平辅仁大学，1943年.

4. 晋元帝"牛继马后"传.读书周刊54、55、56三期.北平经世日报社，1947年.

十　社会研究所

（一）概况

沿革　本所于民国十六年末开始筹备，十七年三月正式成立。原名社会科学研究所，三十四年起，始改称今名。所址初设于上海，二十一年一月迁京。二十三年七月与中华教育文化基金董事会在北平所设之社会调查所合并，仍袭用社会科学研究所之名称，作为本院研究事业之一，而由该会于合并后十年内按年担任一部分之经费。合并后，所址初分设平京两地，二十四年冬，全部迁京。二十六年抗战军兴后，本所自京西迁，由湘而桂（廿七年冬），而滇（廿八冬），最后于二十九年秋迁至四川南溪李庄附近乡间继续工作。胜利后，本院奉令复员，本所乃于三十五年秋间由川迁返南京。

工作　本所研究工作，初分法制、经济、民族、社会四组进行。二十三年与社会调查所合并后，将民族学、人类学之研究划归本院历史语言研究所，同时，增设社会调查所原有各科目，是时研究工作约可分为经济史、工业经济、农业经济、国际贸易、银行、金融、财政、人口、统计等科目，二十五年增设行政研究及社会史研究。抗战期间更从事战时经济问题之研讨，战时损失之估计及沦陷区经济之调查；此外，复鉴于我国国民所得之研究，国内尚少注意，乃自民三十一年起增设此项研究工作,为本所中心工作之一。至于本所以往研究结果,已详本所历年出版物及论文目录,兹不复赘。

组织及人员　本所设所长一人(由专任研究员兼任)综理所务,初由研究员杨端六先生兼任;十八年度起由蔡前院长兼任;至廿一年末,由前总干事杨铨先生兼代;廿二年四月,改请历史语言研究所所长傅斯年先生兼代;二十三年四月起,改聘前北平社会调查所所长陶孟和先生为本所所长,以迄于今。研究人员计有专任研究员、专任副研究员、兼任研究员、助理研究员、助理员等。事务行政人员计有管理员、技士、事务员、事务助理、书记等,分掌图书管理、统计管理、文书、出纳、庶务、计算、抄写等职务。目下本所计有工作人员四十八人(最多时曾达六十余人),计专任研究员六人,专任副研究员四人,兼任研究员二人,助理研究员十一人,助理员七人,图书管理员、事务管理员、技士、事务员、事务助理、事务练习生各一人,书记十二人。

图书及其他设备　社会研究之主要工具为图书,故本所历年对图书之添置甚为注意,截至三十六年底为止,本所共藏有中日文图书五万余册,西文图书一万九千余册,共计六万九千余册,散本杂志(包括政府公报)尚不在内。此项图书,部分为本所成立时接收之前国民政府法制局藏书,部分为前社会调查所藏书,于二十三年两所合并时移交本所者,其余则为历年陆续购置或蒙外界赠送及与其他机关交换而得者。期刊方面,国内外权威之社会、政治、经济、统计刊物,本所亦多有收藏,其中若干种且为不易得之整套旧号。目下本所由订阅交换及受赠而经常收到之期刊,计有中文二一二种,西文一六四种,共三七六种。图书杂志而外,本所并藏有前清内阁大库及军机处档案抄本约十数万件,均与财政经济有关,而为研究清史之宝贵资料。此项档案,系北平故宫博物院文献馆及北京大学等机关所藏之满清政府档案原件中抄出,卷帙浩繁,现尚在整理中。图书资料之外,本所特殊设备之足述者为统计计算用之计算机,现共有加法机二架,计算机八架。

（二）现职人员

专任研究员兼所长	陶孟和			
专任研究员	巫宝三	梁方仲	徐义生	丁文治
	罗尔纲	许烺光		
兼任研究员	陈振汉	张培刚		
专任副研究员	张之毅	严中平	姚曾廙	徐雍舜
	张自存	韩启桐	彭雨新	
助理研究员	李文治	姚贤镐	佟哲晖	王永吉
	汪敬虞	章有义	马黎元	邵循恺
	彭泽益	南钟万	陈伯敏	万典武
助理员	王植民	许钧	刘宜诚	沈佩麟
	白华	罗典荣		
技士	杨时旺			
管理员	宗井滔	刘善初		

（三）研究人员著作目录

陶孟和（L. K. TAO），英国伦敦大学学士（1913），本院社会科学研究所特约研究员（1928—1934），本所专任研究员兼所长（1934—现在）。

著作目录：

专书：

1. 孟和文存（民国四年至十三年）. 亚东书局 .

2. 社会与教育 . 商务印书馆，大学丛书 .

3. 中国劳工生活程度 . 中国太平洋国际学会，1931.

4. Life and labor in China. London, (1915). (with Y. K. Leung).

5. Livelihood in Peking. *Institute of Social Research*, Peiping, (1928).

6. 北平生活费之分析 . 社会调查所，1930.

7. A study of the standard of living of the working families in Shanghai. *Institute of Social Research*, Peiping, (1931). (wit Simon Yang).

8. Social changes. *China Institute of Pacific Relations*, Shanghai, (1931).

9. Standard of living among Chinese workers. *China Institute of Pacific Relations*, Shanghai, (1931).

10. Industry and labour in China. *Holland, Hagur, International Industrial Relations Association, World Economic Congress*, (1931). (with S. H. Lin).

11. 中国社会之研究(讲稿). 中央训练团党政高级训练班印，1944.

论文：

1. 社会科学是科学吗. 社会科学杂志：一卷一期 1–28. 1930 年 3 月.

2. 一个军队士兵的调查. 社会科学杂志：一卷二期 92–115. 1930 年 6 月(散见于报章杂志之论文及小册甚多,不及备载).

巫宝三(Pao–San OU),国立清华大学学士(1932),美国哈佛 Harvard 大学硕士(1938),德国柏林大学研究,本所助理研究员(1934—1936),专任副研究员(1936—1942),专任研究员(1942—现在)。

著作目录：

专书：

1. 中国粮食对外贸易：其地位趋势及变迁. 国防设计委员会，1934 年 2 月.

2. 农业经济学(译 G. O'brien). 商务印书馆，1936 年.

3. 经济学概论. 商务印书馆，1937 年(与杜俊东合作).

4. 福建食粮之运销. 本所丛刊：第十一种,1938 年 5 月(与张之毅合作).

5. 农业贷款与货币政策. 本所中国社会经济问题小丛书：第二种，1940 年 8 月.

6. 战时物价变动及其对策. 本所中国社会经济问题小丛书：第五种，1942 年 2 月.

7. 农业十篇. 独立出版社，1943 年(与汤佩松合作).

8. 国民所得概论. 正中书局，1945 年 2 月.

9. 中国国民所得一九三三(主编)(上下册). 本所丛刊：第二十五种 1947 年上册，1 月下册 4 月.

10. National income of China, 1933, 1936 & 1946. *Social Sciences Study Paper* No. 1, (1947), Inst. Coc. Sc.

论文：

1. 华洋义赈会办理"河北省农村信用合作社放款之考察". 社会科学杂志：五卷一期 69–105. 社会调查所，1934 年 3 月.

2. 我国农业政策之商榷. 新经济：三卷八期 187–190. 1940 年 4 月.

3. 论我国人口与经济进步. 今日评论：四卷十一期 167–169. 1940 年 9 月.

4. 论农村人口过剩. 中央日报"人文科学"四期. 昆明中央日报社，1941 年 1 月.

5. 农业与经济变动. 社会科学：三卷一期 31–40. 清华大学，1941 年 4 月.

6. 论目前的货币物价与生产. 时事类编：六十四、五期 36–38. 1941 年 7 月.

7. 对于银行信用膨胀问题的商榷. 金融知识：一卷三期 44–50. 1942 年 5 月.

8. 论我国农业金融制度与货币政策. 金融知识：一卷四期 39–45. 1942 年 7 月.

9. Food problem in wartime China, *Pacific Affairs*, N.Y., U.S.A.

Vol. 15, No. 3(1942,9) pp. 345–359.

10. 战时工资变动. 人文科学学报：一卷二期 51–70. 1942 年 12 月（与桑恒康合作）.

11. 平均地权与地尽其利及其实行. 经济建设季刊：一卷三期 38–43. 1943 年 1 月.

12. Ex-ante saving & liquidity preferences. *Review of Economic Studies*, London, England, (1943) Winter pp. 52–56.

13. 中国国民所得估计方法论稿. 经济学报：一卷一期 1–16. 华西大学，1944 年.

14. International payments in national income, *Quarterly Journal of Economics*, Cambriage, U.S.A., Vol. 60, No. 2, (1946, 2) pp. 289–298.

15. Industrial production and employment in pre-war China, *Economics Journal*, Vol. 6, No. 223, (1946, 9) pp. 425–434. (with F. S. Wang).

16. A new estimate of China's national income, Journal of Political Economy, Chicago, U.S.A., (1946, 12) pp. 547–554.

17. 中国国民所得 .1933、1936、1946. 社会科学杂志：九卷二期 . 本所, 已付印 .

梁方仲（LIANG Fang-Chung），清华大学法学士（1930），法硕士（1933），美国哈佛大学经济系研究员，英国伦敦大学经济政治学院研究，本所助理研究员（1934—1936），专任副研究员（1936—1942），专任研究员（1942—现在）。

著作目录:

论文:

1. 明代鱼鳞图册考.地政月刊:一卷八期 1051-1061.1933 年 8 月.

2. 明代田赋初制定额年代小考.清华周刊:四十卷一期 100-110.清华大学,1933 年 9 月.

3. 明初夏税本色考.清华周刊:四十卷十一、十二期 183-188.清华大学,1934 年 1 月.

4. 北平市田赋概况.民族杂志:二卷八期 1227-1240.1934 年 8 月.

5. 明代两税税目.中国近代经济史研究集刊:三卷一期 50-66.本所,1935 年 5 月.

6. 明代户口田地及田赋统计.中国近代经济史研究集刊:三卷一期 75-129.本所,1935 年 5 月.

7. 一条鞭法的名称.中央日报"史学"七期.南京中央日报社,1936 年 4 月.

8. 一条鞭法.中国近代经济史研究集刊:四卷一期 1-65.本所,1936 年 5 月.

9. 易知由单的起源.益世报"史学"四十三期.天津益世报社,1936 年 11 月.

10. 明代的预备仓.益世报"史学"五十期.天津益世报社,1937 年 3 月.

11. 明代的民兵.中国社会经济史集刊:五卷二期 201-234.本所,1937 年 6 月.

12. 明代银矿考. 中国社会经济史集刊:六卷一期 65-112. 本所，1936 年 6 月.

13. 明代国际贸易与银的输入. 中国社会经济史集刊:六卷二期. 本所，1939 年 12 月.

14. 对于驿运的几点意见. 新经济:四卷三期 50-55. 1940 年 8 月.

15. 战后问题的问题. 当代评论:一卷十一期 151-153. 1941 年 10 月.

16. 明代江西一条鞭法推行之经过. 地方建设:二卷一、二期 12-23. 江西中正大学，1942 年 4 月.

17. 田赋史上起运存留的划分与道路远近的关系. 人文科学学报:一卷一期 31-44. 1942 年 6 月.

18. 明代的户帖. 人文科学学报:二卷一期 85-91. 1943 年 6 月.

19. 明代十段锦法. 中国社会经济史集刊:七卷一期 120-137. 本所，1944 年 6 月.

20. 释一条鞭法. 中国社会经济史集刊:七卷一期 105-119. 本所，1944 年 6 月.

21. 明代粮长制度. 中国社会经济史集刊:七卷二期 120-137. 本所，1946 年 7 月.

22. 近代田赋史中的一种奇异制度及其原因. 史地周刊:二十三期.

23. 明代的黄册. 史学:廿二、廿六、卅期.

24. 云南银矿之史的考察. 史学:三十六、三十七期.

25. 一条鞭法的争论 . 史学：三十七、三十八期 .

徐义生（ HSYU Yih-Sheng ），清华大学法学士（ 1931 ），美国哥伦比亚大学硕士（ 1936 ），美国哈佛大学及英国伦敦大学研究，本所专任副研究员（ 1937—1942 ），专任研究员（ 1943—现在 ）。

著作目录：

专书：

1. 广西省县行政关系 . 本所丛刊：第二十一种，1943 年 .

2. 四川县临时参议会 . 本所丛刊：第廿七种（已付印），1948 年 .

论文：

1. 抗战建国与地方自治 . 今日评论：一卷十五期 6-9. 1939 年 4 月 .

2. 行政事务的委任问题 . 当代评论：二卷三期 38-42. 1942 年 2 月 .

3. The new constitution of China. India Quarterly, 印度 Vol. Ⅳ, No. 1 （已付印）（ 1948 ）.

丁文治（ Wen-Chih TING ），燕京大学经济系毕业（ 1934 ），德国耶拿（ Jena ）大学经济博士（ 1940 ），本所专任副研究员（ 1941—1943 ），专任研究员（ 1944—现在 ）。

著作目录：

专书：

1. 锑业之研究 . 资源委员会（参考资料）.1935 年 .

2. 铝业之研究.资源委员会(参考资料).1936年.

3. 关于田赋征实粮食征购之意见.本所,1942年.

论文:

1. 云南滇越铁路沿线重要煤矿业调查.资源委员会月刊:一卷四期258-270.资源委员会,1939年(与刘辰合作).

2. 中国农业政策史.德国 Jena Univ,1941年.

3. 德国战时特价管理与经济统制.新经济:五卷五期98-104.1941年6月.

4. 苏联的国际贸易:回顾与前瞻.经济建设季刊:二卷四期98-118.1943年4月.

5. 运费变动与特价.人文科学学报:二卷一期57-73.1944年6月.

6. 从物价继涨说到举办资本捐.中央日报:南京中央日报社,1945年12月31日.

7. 马歇尔的准地租理论.社会科学杂志:九卷一期20-38.本所,1947年6月.

8. 中国工业化的另一看法.学识:一卷二期.1947年5月.

罗尔纲(Erh-Kang LO),上海中国公学大学部文学院文史学系毕业(1930),本所助理研究员(1936—1938),专任副研究员(1939—1947),专任研究员(1947—现在)。

著作目录:

专书:

1. 太平天国史纲.商务印书馆,1936年.

2. 湘军新志 . 本所丛刊 : 第十二种 .1939 年 .

3. 捻军的运动战 . 商务印书馆，1939 年 .

4. 太平天国史丛考 . 正中书局，1943 年 .

5. 金田起义前洪秀全年谱 . 正中书局，1943 年 .

6. 天地会文献录 . 正中书局，1943 年 .

7. 绿营兵制 . 本所丛刊 : 第十六种 .1945 年 .

8. 太平天国史考证集 . 独立出版社 (印刷中) .

论文：

1. 清季兵为将有的起源 . 中国社会经济史集刊 : 五卷二期 235–250. 本所，1937 年 6 月 .

2. 李鸿章评传 . 史学杂志 : 四卷三、四期 3–6. 1944 年 8 月 .

陈振汉 (Chen-Han Chen)，天津南开大学商科毕业 (1935)，美国哈佛大学经济硕士 (1938)，博士 (1940)，本所兼任研究员 (1947 年—现在)。

著作目录：

专书：

1. The location of the cotton manufacturing industry. *Harvard University*, U.S.A.(1940).

论文：

1.Regional differences in cost and productivity of labour in the American cotton manufacturing industry, 1880–1910, *Quarterly Journal of Economics, Harvard Univ*. U.S.A., Vol. LV, (1941, 8).

2. 区位理论与贸易理论 . 社会科学杂志 : 九卷一期 1–11.

本所，1947 年 6 月．

张培刚（Pei-Kang CHANG），国立武汉大学经济学士（1934），美国哈佛大学经济硕士（1943），博士（1945），本所练习助理员（1934—1936），助理研究员（1936—1939），兼任研究员（1947—现在）。

著作目录：

专书：

1. 广西粮食问题．商务印书馆，1938 年．

2. 浙江省粮食之运销．本所丛刊：第十四种．1940 年（与张之毅合作）。

3. China's food problem, *Library of Congress*, Washington, U.S.A. (1945).

4. Agriculture and industrialization. *Harvard Univ*., U.S.A. (即将出版).

论文：

1. 民国二十三年的中国农业经济．东方杂志：卅二卷十三期 133–145.1935 年．

2. 冀北察东二十三县农村概况调查．社会科学杂志：六卷二期 267–312. 本所，1935 年 6 月．

3. 成庄的农家经济调查．益世报农村周刊：八四、八五、八六期．天津益世报社，1935 年 10 月．

4. 保定的土地与农业劳动．益世报农村周刊：九十一期．天津益世报社，1935 年 11 月．

5. 清苑的农家经济：上．社会科学杂志：七卷一期 1–65. 本所，1936 年 3 月．

6. 清苑的农家经济：中．社会科学杂志：七卷二期 187– 266. 本所，1936 年 6 月．

7. 清苑的农家经济：下．社会科学杂志：八卷一期 53– 120. 本所，1937 年 3 月．

8. 民国二十四年的中国农业经济．东方杂志：卅三卷八期 23–33. 1936 年 4 月．

9. 浙江粮食消费的一个特殊习惯．独立评论：二二六期 13–15. 1936 年 11 月．

10. 我国农民生活程度的低落．东方杂志：卅四卷一期 19–126. 1937 年 1 月．

11. 民国二十五年的中国农业经济．实业部月刊：二卷四期 53–69. 1937 年 4 月．

12. 中国农业经济的新动向．益世报农村周刊：一六二期．天津益世报社，1937 年 4 月．

13. 论农家记账调查法．益世报农村周刊：一七〇期．天津益世报社，1937 年 6 月．

14. 论国营事业的价格政策．经济评论：二卷三期 4–7. 1947 年 10 月．

15. 工业演进理论的一个研究．社会科学杂志：九卷二期．本所（印刷中）．

张之毅（CHANG Chih-Yi），哈尔滨中俄法科大学经济系

毕业（1934），本所助理研究员（1935–1939），专任副研究员
（1943—现在）。

著作目录：

专书：

1. 福建省食粮之运销. 本所丛刊：第十一种 1938 年（与
巫宝三合作）.

2. 浙江省食粮之运销. 本所丛刊：第十四种 1940 年（与
张培刚合作）.

3. 西北羊毛与畜牧事业. 香港中国国货公司服务社，1941 年.

4. 新疆之经济. 本院西北考察团报告. 1945 年.

5. 农产运销学. 国立编译馆.

论文：

1. 闽北粮食问题. 福建省统计时报：二卷二期. 福建省
政府统计室，1936 年 1 月.

2. 闽北的农村与民食问题. 益世报农村周刊：一〇九
期. 天津益世报社，1936 年 4 月.

3. 浙江食粮产销改进的商榷. 国际贸易导报：九卷四期
45–52. 1937 年 4 月.

4. 洋米免税运粤问题之对策. 上海大公报，1937 年 4–5 月.

5. 广东米荒问题之检讨. 益世报农村周刊：一六五期. 天
津益世报社，1937 年 5 月.

6. 当前的旱灾问题. 国闻周报：十四卷廿二期 3–9. 1937 年 6 月.

7. 西北水的问题. 新经济：五卷四期 84–86. 1941 年 11 月.

8. 发展西北畜牧的困难. 新经济：五卷二期 38–39. 1941

年 10 月.

9. 中国农业经济研究之新动向. 中农月刊:五卷三期. 1942 年 3 月.

10. 中国农林畜牧的配合问题. 经济建设季刊:一卷一期 206–211. 1942 年 7 月.

11. 西北羊毛调查. 中农月刊:三卷九期 45–61. 1942 年 9 月.

12. 水利经济引论. 经济建设季刊:一卷三期 57–70. 1943 年 1 月.

13. 新疆的人口与资源的关系. 新经济:九卷五期 89–91. 1943 年 7 月.

14. 论沃洲之形成. 新经济:十卷二期 26–28. 1944 年 2 月.

15. 新疆坎井来源析疑. 东方杂志:四十卷十期 46–49. 1944 年 5 月.

16. 新疆的沃洲社会. 新经济:十一卷六期 135–137. 1945 年 1 月.

17. 农家经济学说及其批评. 中农月刊:六卷四期 29–36. 1945 年 4 月.

严中平(YEN Chung-Ping),清华大学法学院学士(1936),本所研究生(1936—1938),助理研究员(1938—1942),专任副研究员(1942—现在)。

著作目录:

专书:

1. 中国棉业之发展. 本所丛刊:第十九种.1943 年.

2. 清代云南铜政考 . 中华书局(印刷中 ）.

论文：

1. 山东潍县的乡村棉织业 . 益世报农村周刊：一五四、一五六期 . 天津益世报社，1937 年 2 月 .

2. 定县手工棉纺织业之生产制度 . 社会科学杂志：八卷三期 394–409. 本所，1937 年 9 月 .

3. 抗战前夜中国棉衣料供给状况 . 新经济半月刊：一卷十一期 286–293. 1939 年 4 月 .

4. 中国经济建设的目标 . 今日评论：二卷二期 19–22. 1939 年 8 月 .

5. 各国在华棉货市场之开辟及其争夺 . 中国社会经济史集刊：六卷二期 . 本所，1939 年 12 月 .

6. 中国棉工业革命的发动 . 经济建设季刊：一卷二期 133–153. 1942 年 10 月 .

7. 论江宁条约与中外通商 . 经济建设季刊：二卷一期 93–120. 1943 年 7 月 .

姚曾廙(Tseng-Yen YAO)，国立北京大学经济系学士 (1937)，本所研究生(1937—1938)，助理研究员(1939—1942)，专任副研究员(1943—现在)。

著作目录：

专书：

1. 战后银行组织问题 . 本所中国社会经济问题小丛书：第一种 . 1940 年 .

2. 广东省的华侨汇款.本所丛刊:第十八种.1943年.

论文:

1. 论我国当前外汇问题.财政评论:二卷一期49-58.1937年7月.

2. 论贬低公开市场汇率.云南日报,1940年6月19日.

3. 太平洋战事爆发后我国经济政策应有的转变.重庆大公报,1941年12月16日.

4. 再论调整生产问题.重庆大公报,1941年12月20日.

5. 再论调整生产问题兼答客难.重庆大公报,1942年1月18日.

6. 战时大后方的贸易平衡.金融知识:一卷一期183-189.1942年1月.

7. 战后我国银行机构的改造问题.金融知识:一卷三期1-24.1942年5月.

8. 战后的世界经济与中国经济.金融知识:二卷一期181-187.1943年1月.

9. 战时货币史及其有关书籍.经济建设季刊:一卷四期152-163.1943年4月.

10. 物价生产与流动资金.金融知识:二卷五期1-14.1943年9月.

韩启桐(Chi-Tung HAN),本所统计管理员(1934—1938),助理研究员(1939—1947),专任副研究员(1947—现在)。

著作目录:

专书：

1. 中国对日战事损失之估计（1937-1943）.本所丛刊：第二十四种.1946年1月.

2. 中国埠际贸易统计.本所（印刷中）（与郑友揆合作）.

论文：

1. 调查抗战损失的几个技术问题.新经济半月刊：十卷五期91-94.1944年1月.

2. 桂南十九县抗战损失的估计.经济建设季刊：二卷二期198-223.1944年6月.

3. 论我国战时物价指数的几个特殊问题及其解决途径.金融季刊：一卷一期.1944年10月.

彭雨新（PENG Yu-Sing），中央政治学校财政系毕业（第八期）（1939），本所研究生（1939—1941），助理研究员（1942—1947），专任副研究员（1947—现在）。

著作目录：

专书：

1. 川省田赋征实负担研究.本所丛刊：第二十种.1943年7月（与陈鹤梅等合作）.

2. 县地方财政.本所丛刊：第二十二种.1945年2月.

论文：

1. 我国中央补助费概况.财政评论：二卷三期81-100.1939年9月.

2. 论收支系统法之分税办法与地方财政.财政评论：三

卷三期 15–35. 1940 年 2 月.

3. 论整理自治财政的收支调整问题. 财政评论: 十卷二期 9–28. 1943 年 8 月.

4. 十年来赣省与中央之财政关系. 财政评论: 十三卷四期 29–41. 1945 年 4 月.

5. 清末中央与各省财政关系. 社会科学杂志: 九卷一期 83–110. 本所, 1947 年 6 月.

李文治(Wen-Chih LI), 国立北平师范大学史学系毕业(1937), 本所助理研究员(1944—现在)。

著作目录:

专书:

1. 晚明流寇. 本所丛刊: 第二十三种(排印中).

论文:

1. 南明的危机与生机. 中央周刊: 六卷十八期 10–12. 1935 年 5 月.

2. 黄巢暴动的社会背景. 师大月刊: 二十二期 294–305. 北平师范大学, 1935 年 10 月.

3. 隋代民变. 食货半月刊, 1936 年.

4. 北宋民变. 食货半月刊, 1937 年.

5. 水浒传与晚明社会. 文史杂志: 二卷三期 29–33. 1941 年 1 月.

6. 明末的寨堡与义军. 文史杂志: 三卷七、八期. 1944 年 4 月.

7. 清代漕运制度下屯田的破坏. 禹贡周刊. 1946 年.

8. 大业民变之经济的动力 . 食货半月刊: 四卷四期 30–
51. 1946 年 7 月 .

姚贤镐(YAO Hsien-Kao), 国立武汉大学法学院经济系
法学士(1942), 国立武汉大学法科研究所硕士(1944), 本所
助理研究员(1944—现在)。

著作目录:

论文:

1. 从集中发行谈到中央银行的职责 . 衡阳大刚报 . 1942 年 .

2. 战时中国银行 . 衡阳大刚报 . 1942 年 .

3. 强迫储蓄计划 . 湖南省银行季刊: 二期 41–44. 湖南省
银行, 1942 年 .

4. 利率汇率与银行之外汇交易 . 湖南省银行季刊: 三期
31–42. 湖南省银行, 1943 年 .

5. 凯衍斯倍比理论的分析与批评 . 经济汇报: 九卷三、四
期 73–84, 58–76. 1944 年 2 月 .

6. 日人研究我国贸易收支方法的批评 . 中央银行月刊:
新二卷五期 8–15. 1947 年 5 月 .

佟哲晖(TUNG Cheh-Huei), 国立中央大学法学院经济系
毕业(1942), 本所研究生(1942—1944), 助理研究员(1945—
现在)。

著作目录:

1. 嘉陵江区煤矿业 . 社会科学杂志: 九卷一期 39–82. 本

所，1947 年 6 月.

汪敬虞（WANG Ching-Yu），国立武汉大学法学院经济系法学士（1943），本所研究生（1943—1945），助理研究员（1946—现在）。

著作目录：

专书：

1. 中国国民所得一九三三. 本所丛刊：第二十五种.1947年，上册 1 月，下册 4 月（与巫宝三等合作）.

论文：

1. 纽约金融市场之分析. 金融知识：二卷四期 81–98. 1943 年 7 月.

2. 联邦准备制度信用统制论. 金融知识：二卷六期 61–78. 1943 年 11 月.

3. 论资本蓄积之计算. 金融知识：三卷四期 159–179. 1944 年 7 月.

4. Industrial production & employment in pre-war China, *Economic Jour.*, Vol. 6, No. 224(1946, 9), pp. 426–434. (with Pao-san Ou).

5. 战前中国工业生产中外厂生产的比重问题. 中央银行月报：新二卷三期 1–19. 1947 年 3 月.

6. 战时华北工业资本就业与生产估计. 中央银行月报：新二卷十二期 6–23. 1947 年 12 月.

7. 战时华北工业生产指数. 经济评论：二卷十四期 7–11.

1948 年 1 月.

8. 战时华北工业生产. 经济评论: 二卷十七期 13–14. 1948 年 1 月.

9. 战时华北工业资本就业与生产. 社会科学杂志: 九卷二期. 本所(印刷中).

章有义(CHANG You-Yih), 湖南大学经济系毕业(1943), 本所研究生(1943—1945), 助理研究员(1946—现在)。

著作目录:

专书:

1. 中国国民所得一九三三. 本所丛刊: 第二十五种. 1947 年, 上册 1 月, 下册 4 月(与巫宝三等合作).

论文:

1. 从战时经济原则论中国的战时经济. 贵阳中央日报, 1942 年 6 月.

2. 论战后国际贸易的指导原理. 重庆商务日报, 1944 年 2 月.

3. 现社会下所得不均现象的分析. 财政评论: 十一卷三期 23–46. 1944 年 3 月.

4. 中国就业人数的估计. 社会科学杂志: 九卷二期. 本所(印刷中).

马黎元(MA Li-Yuan), 西南联大经济系毕业(1943), 本所研究生(1943—1945), 助理研究员(1946—现在)。

著作目录：

专书：

1. 中国国民所得一九三三 . 本所丛刊：第二十五种 .1947 年，上册 1 月，下册 4 月（与巫宝三等合作）.

论文：

1. 中国耕地面积之又一估计 . 经济建设季刊：三卷二期 157–164. 1944 年 10 月 .

邵循恺(Shun–Kai SHAO)，国立清华大学经济系毕业（ 1943 ），国立清华大学法科研究所经济学部（ 1943—1946 ），本所助理研究员（ 1946—现在 ）。

著作目录：

论文：

1. 复员期间的"摩擦失业"问题 . 昆明和平日报，1945 年 .

2. 民困与财政 . 昆明和平日报，1945 年 .

3. 黄金外汇与物价 . 昆明正义报，1945 年 .

4. 美国工潮检讨 . 昆明云南日报，1945 年 .

5. 一年来本省经济状况之回顾 . 昆明云南日报，1946 年 1 月 1 日 .

彭泽益(Tse–Yi PENG)，国立中山大学文学院史学系文学士(1942)，国立武汉大学文科研究所文史学部史组文学硕士(1945)，本所助理研究员（ 1947—现在 ）。

著作目录：

专书：

1. 太平天国革命思潮.商务印书馆，1946 年 12 月.

论文：

1. 英国殖民地问题与战争前途.桂林大公报，1942 年 2 月 16、17、19、20 日.

2. 华侨在澳洲.桂林大公报，1942 年 5 月 9 日.

3. 中国外交的根本精神.时事新报，1942 年 12 月 13 日.

4. 太平天国战争期间湖南之财政.财政学报：一卷二期 88-97. 重庆.1943 年 1 月.

5. 梁启超与中国新闻事业.中山文化季刊：一卷二期 279-283.1943 年 7 月.

6. 张謇的思想及其事业.东方杂志：四十卷十四期 55-60.1944 年 7 月.

7. 中英江宁议和新史料.读书通讯：五十一期.1944 年 7 月.

8. 郭嵩焘出使欧西及其贡献.文史杂志：四卷三期近代史专号 7-19. 重庆.1944 年 8 月.

9. 太平天国革命给予孙中山先生的影响.三民主义半月刊：五卷十期 26-28. 1944 年 11 月.

10. 太平天国的伦理观.东方杂志：四十一卷八期 30-36. 1945 年 4 月.

11. 太平天国与儒教.东方杂志：四十一卷十期 37-43. 1945 年 5 月.

12. 中学西渐的影响.中央日报，成都中央日报社，1946 年 4 月 11、13、14 日.

南钟万(Chung-Wen NAN),国立西南联合大学经济系毕业(1944),本所研究生(1944—1946),助理员(1946—1947),助理研究员(1947—现在)。

著作目录:

专书:

1. 中国国民所得一九三三 . 本所丛刊:第二十五种 .1947 年,上册 1 月,下册 4 月(与巫宝三等合作).

廖凯声 曾任本所调查员(1929—1930)。

著作目录:

专书:

1. 亩的差异 . 本所集刊:第一号 .1929 年(与陈翰笙等合作).

2. 难民的东北流亡 . 本所集刊:第二号 .1930 年(与陈翰笙等合作).

李澄 曾任本所调查员(1929—1930)。

著作目录:

专书:

1. 亩的差异 . 本所集刊:第一号 .1929 年(与陈翰笙等合作).

徐燮均 曾任本所调查员(1929),助理员(1930)。

著作目录:

专书：

1. 亩的差异 . 本所集刊：第一号 .1929 年（与陈翰笙等合作）.

2. 难民的东北流亡 . 本所集刊：第二号 .1930（与陈翰笙等合作）.

张辅良 曾任本所调查员（1929），助理员（1929—1930）。

著作目录：

专书：

1. 亩的差异 . 本所集刊：第一号 .1929 年（与陈翰笙等合作）.

2. 难民的东北流亡 . 本所集刊：第二号 .1930（与陈翰笙等合作）.

薛品轩 曾任本所调查员（1930—1931）。

著作目录：

专书：

1. 中国北部的兵差与农民 . 本所专刊：第五号 .1931 年（与王寅生等合作）.

张稼夫 曾任本所调查员（1929—1931）。

著作目录：

专书：

1. 亩的差异 . 本所集刊：第一号 .1929 年（ 与陈翰笙等

合作）.

林惠祥(Hui-Hsiang LIN),曾任本所助理员(1929),特约研究员(1929—1931)。

著作目录：

专书：

1. 台湾番族之原始文化 . 本所专刊：第三号 .1930 年 .

2. 猓猡标本图说 . 本所集刊：第三号 .1931 年 .

史图傅(H. Stubel),曾任本所特约研究员(1931—1932)。

著作目录：

专书：

1. Die Hsia-min vom Tse-mu-schan (德文). 本所专刊：第六号 .1932 年(与李化民合作) .

杨端六(Tuer-Lieu YANG),曾任本所所长兼秘书(1928),专任研究员(1929),特约研究员(1930—1932)。

著作目录：

专书：

1. 六十五年来中国国际贸易统计(中英文) .本所专刊：第四号 .1931 年(与侯厚培合作) .

徐公肃(Koong-Sou SIU),曾任本所专任研究员(1929—1932)。

著作目录：

专书：

1. 上海公共租界制度.本所专刊：第八号.1933 年(与丘瑾璋合作).

吴定良(Ting-Liang WOO)，曾任本所专任研究员(1929—1933)。

著作目录：

专书：

1. A preliminary classification of Asiatic races based on cranial measurements（英文）.本所专刊第七号.1932 年(与莫仁德 G. M. Morant 合作).

黄汝琪(Y. K. WONG)，曾任本所专任编辑员(1933—1934)，专任研究员(1934—1936)。

著作目录：

论文：

1. An application of orthogonalization process to the theory of least squares, *The Annals of Mathematical Statistics*, Vol. Ⅵ , No. 2 (1935, 6).

2. 常态方程式的代数的推演.社会科学杂志：六卷四期 592-597.本所，1935 年 12 月 .

3. Notes on standard error for the line of mutual regression, *The Annals of Mathematical Statistics*, Vol. Ⅶ , No. 1 (1936, 3).

陈翰笙(Han-Seng CHEN),曾任本所社会学组主任(1929—1931),专任研究员(1932—1933),通信研究员(1934—1936)。

著作目录：

专书：

1. 黑龙江流域的农民与地主. 本所专刊：第一号. 1929年(与王寅生合作).

2. 亩的差异. 本所集刊：第一号. 1929年(与王寅生等合作).

3. 难民的东北流亡. 本所集刊：第二号. 1930年(与张辅良等合作).

4. 封建社会的农村生产关系. 本所农民经济参考资料一种. 1931年.

论文：

1. 山西农田的价格. 社会科学杂志：一卷一期 65-72. 社会调查所，1930年3月.

胡纪常(Chi-Chang HU),曾任本所专任研究员兼秘书(1929—1933),通信研究员(1934—1936)。

著作目录：

专书：

1. 国际贸易统计上之货物名目及分类. 本所丛刊：第三种. 1935年(与樊明茂合作).

陈君慧(CHAN Kwan-Wai),私立岭南大学学士，美国纽约大学硕士、博士,曾任前社会调查所研究主任(1933—1934),本所专任研究员(1934—1937)。

著作目录:

论文:

1. 民国二十年来中国对外贸易性质和趋势.社会科学杂志:四卷三期 245–381.社会调查所,1933 年 9 月(与蔡谦合作)(另有英文单行本)。

2. 世界经济会议之回顾.社会科学杂志:四卷四期 432–450.社会调查所,1933 年 12 月.

3. 放弃金本位与进口贸易之变动.社会科学杂志:七卷三期 415–432.本所,1936 年 9 月.

4. 中国新货币制度的回顾与前瞻.中央时事周报新货币政策周年特刊.1936 年 10 月.

5. 国际汇率稳定与国际贸易之关系.社会科学杂志:八卷二期 171–191.本所,1937 年 6 月.

朱炳南(Ping–Nan CHU), B.A., M.A. University of California, Ph. D., University of Illinois, 曾任前社会调查所研究主任(1933—1934),本所专任研究员(1934—1938)。

著作目录:

论文:

1. 北平之财政.社会科学杂志:五卷四期 507–590.本所,1934 年 12 月(与严仁赓合作)。

2. 中国之营业税.社会科学杂志:六卷三期 343–463.本

所，1935 年 9 月（与严仁赓合作）.

3. 论我国的所得税. 社会科学杂志：七卷四期 561–588. 本所，1936 年 12 月.

4. 租税理论之检讨. 社会科学杂志：八卷一期 1–52. 本所，1937 年 3 月.

5. De Vitide Marco 与财政理论方法之改造. 社会科学杂志：八卷三期 383–393. 本所，1937 年 9 月.

杨西孟（Simon YANG），国立北京大学英文系毕业（1927），美国哥伦比亚大学硕士，曾任前社会调查统计员（1926—1929），研究员（1929—1934），本所副研究员（1935—1937），专任研究员（1937—1940）。

著作目录：

专书：

1. An index of the cost of living in Peiping, 社会调查所，1929 年 1 月.

2. 指数公式总论. 社会调查所，1930 年.

3. A study of the standard of living of the working families in Shanghai(1930)(with L. K. Tao).

4. 生活费指数编制法. 社会调查所，1931 年.

5. 上海工人生活程度的一个研究. 社会调查所，1931 年.

6. 中国合会之研究. 本所丛刊：第四种 .1935 年.

论文：

1. 关于差误计算的一个争辩. 社会科学杂志：一卷二期

116-122. 社会调查所，1930 年 6 月.

2. 计算均方差的一个问题. 社会科学杂志：一卷三期 145-149. 社会调查所，1930 年 9 月.

3. 统计学中分划数的问题. 社会科学杂志：三卷一期 1-25. 社会调查所，1932 年 3 月.

4. 统计学中分划数的问题(英文单行本). 社会调查所，1933.

吴永福 中山大学经济系毕业(1939),曾任本所研究生 (1939—1941),助理员(1942—1943)。

著作目录：

专书：

1. 沦陷区经济概况(政治组织、财政、交通). 资源委员 会(油印)，1941 年 1 月.

论文：

1. 伪满农业经济之转向. 中央日报"敌情"四十四期. 昆 明：中央日报社，1940 年 5 月 3 日.

2. 日鲜米荒之检讨. 中央日报"敌情"四十四期. 昆明： 中央日报社，1940 年 5 月 3 日.

3. 日本三井王国近况及其大改组之内幕. 中央日报"敌 情"五十一期. 昆明：中央日报社，1940 年 6 月 21 日.

4 倭寇对美国荷印石油之依赖性. 云南日报，1940 年 8 月 4、5 日.

5. 日本对东北投资的研究. 广东省银行季刊：二卷一、二

期 .1942 年 6 月 .

6. 抗战前后日本在华纺织业的投资 . 经济建设季刊 : 二卷一期 .148–179. 1942 年 7 月 .

商承祖（ Chen–Tso SHAN ），曾任本所专任编辑员（ 1929—1930 ）。

著作目录 :

专书 :

1. 广西凌云猺人调查报告 . 本所专刊 : 第二种 .1929 年（ 与颜复礼合作 ）.

王寅生（ Ying–Seng WANG ），曾任本所助理员（ 1929—1930 ），编辑员（ 1931—1933 ）。

著作目录 :

专书 :

1. 黑龙江流域的农民与地主 . 本所专刊 : 第一号 .1929 年（ 与陈翰笙合作 ）.

2. 中国北部的兵差与农民 . 本所专刊 : 第五号 .1931 年（ 与薛品轩等合合作 ）.

3. 亩的差异 . 本所集刊 : 第一号 .1929 年（ 与陈翰笙等合作 ）.

朱驭欧 清华大学（ 旧制 ）毕业 , 美国威斯康辛大学政治学学士、硕士、博士 , 曾任本所副研究员（ 1936—1937 ）。

著作目录：

论文：

1. 介绍一个学术机关——布鲁金斯研究社 . 行政研究月刊：一卷三期 553-559.1936 年 12 月 .

2. 美国使领馆人员之考选制度 . 行政研究月刊：二卷二期 163-168. 1937 年 12 月 .

梁炳琪(P. K. LEUNG)，私立岭南大学经济学学士，美国士丹佛大学工商管理学硕士，美国南加省大学会计经济学博士，曾任本所副研究员（ 1936—1937 ）。

著作目录：

论文：

1. 我国积谷政策与农业仓库之检讨 . 社会科学杂志：八卷三期 359-382. 本所，1937 年 9 月 .

王士达(Shih-Ta WANG)，南开大学文科学士，曾任前社会调查所研究员（ 1929—1934 ），本所兼任研究员（ 1934—1935 ），专任研究员（ 1935 ），副研究员（ 1935—1937 ）。

著作目录：

论文：

1. 近代中国人口的估计 . 社会科学杂志：一卷三期 32-130. 社会调查所，1930 年 9 月 .

2. 近代中国人口的估计 . 社会科学杂志：一卷四期 34-105. 社会调查所，1930 年 12 月 .

3. 近代中国人口的估计 . 社会科学杂志:二卷一期 51–105. 社会调查所，1931 年 3 月 .

4. 最近十年的中国人口估计 . 社会科学杂志:二卷二期 125–223. 社会调查所，1931 年 6 月 .

5. 民政部户口调查及各家估计 . 社会科学杂志:三卷三期 264–322. 社会调查所，1932 年 9 月 .

6. 民政部户口调查及各家估计 . 社会科学杂志:四卷一期 68–135. 社会调查所，1933 年 3 月 .

蔡谦(Chien TSAI)，光华大学毕业学士(1929)，燕京大学硕士候补人,曾任前社会调查所研究生(1930—1933)，研究员(1933—1934)，本所助理员(1934—1938)，副研究员(1939)。

著作目录:

专书:

1. 中国各通商口岸对各国进出口贸易统计 1919，1927–1931 (中英文)．本所丛刊:第五种 .1936 年(与郑友揆合作)．

2. 近二十年来之中日贸易及其主要商品．本所丛刊:第九种 .1936 年 .

3. 粤省对外贸易报告．本所经济丛刊 .1939 年 .

论文:

1. 民国二十年来中国对外贸易的性质和趋势．社会科学杂志:四卷三期 245–381. 社会调查所，1933 年 9 月(与陈君慧合作)．

2. 日煤与中国煤的供给 . 社会科学杂志：四卷四期 451–479. 社会调查所，1933 年 12 月 .

3. 日本水产品的输出及其在华市场之地位 . 社会科学杂志：五卷三期 297–324. 本所，1934 年 9 月 .

4. 中日经济提携中之以货易货果可能实行乎 . 大公报 . 1935 年 2 月 25、26 日 .

5. 日本历年外汇变动与对华汇兑倾销 . 社会科学杂志：六卷一期 111–140. 本所，1935 年 3 月 .

6. 粤省对外贸易入超与港币暴涨 . 汉口大公报 .1938 年 8 月 .

吴铎(Toh WOO)，盐务学校毕业，曾任前社会调查所研究员 ① (1930—1934)，本所助理员(1934—1936)，副研究员(1936—1940)。

著作目录：

专书：

1. 第二次中国劳动年鉴 . 社会调查所，1932 年 10 月(与林颂河，邢必信，张铁铮合编).

论文：

1. 最近两年来我国政府劳动设施的概略 . 社会科学杂志：一卷二期 56–91. 社会调查所，1930 年 6 月 .

2. 北平协医社会事业个案底分析 . 社会科学杂志：二卷一期 23–50. 社会调查所，1931 年 3 月 .

3. 北平协医社会事业个案底分析(英文单行本). 社会调查所，1931 年 11 月 .

---

① 原文如此，此"员"疑为"生"之误。

4. 川盐官运之始末. 中国近代研究集刊: 三卷二期 143–261. 本所, 1935 年 11 月.

5. 津通铁路的争议. 中国近代经济史研究集刊: 四卷一期 67–132. 本所, 1936 年 5 月.

6. 清末创修铁路与整备国防的关系. 中央日报"史学"第十六、十七期. 1936 年 6 月.

7. 清末商办铁路的兴衰及其原因的分析. 益世报"史学"第五十一、五十二期. 天津益世报社, 1937 年 4 月.

8. 台湾铁路. 中国社会经济史集刊. 六卷一期. 本所, 1939 年 6 月.

郑友揆(Yu–Kwei CHENG), 燕京大学毕业, 曾任前社会调查所研究生(1932—1934), 本所助理员(1934—1936), 副研究员(1936—1940)。

著作目录:

专书:

1. 中国各通商口岸对各国进出口贸易统计 1919, 1927–1931 (中英文). 本所丛刊: 第五种. 1936 年(与蔡谦合作).

2. 我国关税自主后进口税率水准之变迁. 本所丛刊: 第十三种. 1939 年.

论文:

1. 九一八后二年来我国进口日货之分析. 社会科学杂志: 五卷一期 1–42. 社会调查所, 1934 年 3 月.

2. 我国海关贸易统计编制方法及其内容之沿革考. 社会

科学杂志：五卷三期 264–296. 本所，1934 年 9 月.

3. 我国近十年来国际贸易平衡之研究. 社会科学杂志：
六卷四期 521–571. 本所，1935 年 12 月.

4. 一九三五年我国国际贸易平衡值之修正. 社会科学杂
志：八卷二期 279–286. 本所，1937 年 6 月.

5. 我国战时贸易入超与外汇. 财政评论：二卷五期 71–
92. 1939 年 11 月.

王子建(Shu–Hsun WANG)，曾任前社会调查所调查员
(1926—1930)，研究员 [①]（ 1930—1934)，本所助理员(1934—
1936)，副研究员(1936—1940)。

著作目录：

专书：

1. 中国劳动年鉴(第一次). 社会调查所，1929 年 4 月(与
王彬清，林颂河合编).

2. 中国之经济地位统计图. 社会调查所，1931 年 10 月（ 与
吴半农，韩德章，刘心铨合编).

3. 日本之棉纺织工业. 社会调查所，1933 年 1 月.

4. 七省华商纱厂调查报告. 本所丛刊：第七种.1935 年
（ 与王镇中合作).

论文：

1. 中国劳工生活程度. 社会科学杂志：二卷二期 224–
268. 社会调查所，1931 年 6 月.

2. 天津面粉厂工人及工资的一个研究. 社会科学杂志：

---

① 原文如此，此"员"疑为"生"之误。

二卷四期 445–472. 社会调查所，1931 年 12 月．

3. 天津面粉厂工人及工资的一个研究（英文单行本）. 社会调查所，1932 年 5 月．

4. 海关改税与中国棉工业之前途. 东方杂志：三十一卷十八期 43–48. 1934 年 9 月．

5. 民国二十三年的中国棉纺织业. 东方杂志：三十二卷七期 33–51. 1935 年 4 月．

6. 日本对华棉业侵略的新阵容. 新中华：五卷三期 27–34. 1937 年 2 月．

7. 抗战以来之棉纺织工业. 新经济半月刊：二卷一期 13–19. 1939 年 6 月．

刘心铨（Hsin-Chuan Liu），清华大学经济系毕业，曾任前社会调查所研究员 [1]（1929—1934），本所助理员（1934—1936），副研究员（1936—1940）。

著作目录：

专书：

1. 中国之经济地位统计图. 社会调查所，1931 年 10 月（与吴半农，王子建，韩德章合编）．

2. 北平社会概况统计图. 社会调查所，1931 年 10 月（与林颂河，韩德章，王子建合编）．

论文：

1. 日本工业化问题. 社会科学杂志：一卷一期 29–64. 社

---

[1] 原文如此，此"员"疑为"生"之误。

会调查所，1930 年 3 月.

2. 工资指数编制方法一个讨论. 社会科学杂志：二卷一期 106–113. 社会调查所，1931 年 3 月.

3. 国际间原料品的操纵. 社会科学杂志：二卷四期 494–518. 社会调查所，1931 年 12 月.

4. 山东中兴煤矿工人调查. 社会科学杂志：三卷一期 35–93. 社会调查所，1932 年 3 月（与施裕寿合作）.

5. 山东中兴煤矿工人调查（英文单行本）. 社会调查所，1934 年 1 月（与施裕寿合作）.

6. 华北铁路工人工资统计. 社会科学杂志：四卷三期 273–344. 社会调查所，1933 年 9 月.

7. 华北纺织厂工人工资统计. 社会科学杂志：六卷一期 141–158. 本所，1935 年 3 月.

8. 论倒数平均数. 社会科学杂志：七卷三期 433–446. 本所，1936 年 9 月.

9. 统计计算的基本数理与普通技术. 社会科学杂志：八卷二期 253–277. 本所，1937 年 6 月.

吴半农(Leonard T. K. WU)，清华大学经济系毕业，美国哥伦比亚大学硕士，曾任前社会调查所研究员[①]（1929—1934），本所助理员（1934—1936），副研究员（1936—1940）。

著作目录：

专书：

[①] 原文如此，此"员"疑为"生"之误。

1. 河北省及平津两市劳资争议底分析.社会调查所,1930年2月.

2. 河北省及平津两市劳资争议底分析(英文本).社会调查所,1930年2月.

3. 中国经济地位统计图.社会调查所,1931年10月(与王子建,韩德章,刘心铨合编).

4. 铁煤及石油.社会调查所,1932年3月.

5. 广西省经济概况.本所丛刊:第八种.1936年2月(与千家驹,韩德章合作).

6. 我国经济建设的途径.本所中国社会经济问题小丛书三种.1941年.

7. 国营事业的范围问题.本所中国社会经济问题小丛书四种.1941年5月.

论文:

1. 工资统计概论(一)社会科学杂志:一卷一期 50–63.社会调查所,1930年3月.

2. 工资统计概论(二)社会科学杂志:一卷二期 29–55.社会调查所,1930年6月.

3. 中国对外贸易之分析.社会科学杂志:二卷三期 317–344.社会调查所,1931年9月.

4. 日煤倾销中之国煤问题.社会科学杂志:三卷四期 479–532.社会调查所,1932年12月.

5. China's monetary dilemma. *Far Eastern Survey*, Vol. 4, No. 24.

6. Machant capited and usary capital in rural China. *Far*

Eastern Survey, Vol. 5, No. 7 (1936, 3).

严仁赓（YEN Jen-Keng），南开大学商学士，美国哈佛大学研究，曾任前社会调查所研究生（1933—1934），本所练习助理员（1934—1935），助理员（1935—1939），副研究员（1940—1941）。

著作目录：

专书：

1. 云南之财政.资源委员会经济研究所，1940 年.

论文：

1. 中国对日蛋类贸易之后顾与前瞻.社会科学杂志:四卷四期 491–517.社会调查所，1933 年 12 月.

2. 生麻在中日贸易中的地位.社会科学杂志:五卷二期 136–163.社会调查所，1934 年 6 月.

3. 交易税理论其施行的困难及现在各国采行交易税之概况.社会科学杂志:五卷四期 454–506.本所，1934 年 12 月.

4. 北平之市财政.社会科学杂志:五卷四期 507–590.本所，1934 年 12 月（与朱炳南合作）.

5. 中国之营业税.社会科学杂志:六卷三期 343–463.本所，1935 年 9 月（与朱炳南合作）.

6. 江宁兰溪财政调查报告.行政研究月刊:一卷二、三期 307–332，517–551. 1936 年 11、12 月.

7. 陕西省田赋问题.行政研究月刊:二卷四期 315–391. 1937 年 4 月.

8. 陕西省县地方的财务行政 . 行政研究月刊：三卷七期 697–709. 1937 年 7 月 .

9. 战后田赋之恢复与整理 . 财政评论：四卷一期 57–62. 1940 年 7 月 .

10. 今后整理地方财政刍议 . 财政评论：五卷五期 105– 113. 1941 年 5 月 .

11. 抗战四年来我国之地方财政 . 财政评论：六卷二、三、 四期 119–120，130–152，141–147. 1941 年 8 月 .

余捷琼(C. K. Y.)，国立中央大学毕业，曾任本所练习助理员 (1935—1936)，助理员(1936—1939)，副研究员(1940—1941)。

著作目录：

专书：

1. 中国新货币政策 . 本所丛刊：第十种 .1937 年 .

2. 一七〇〇至一九三七年中国银货输出入的一个估 计 . 本所丛刊：第十五种 .1941 年 .

论文：

1. 民国五年中交两行停兑风潮 . 社会科学杂志：七卷一 期 67–153. 本所，1936 年 3 月 .

2. 论整理广东币制 . 银行周报：二十卷卅四期 3–6. 1936 年 9 月 .

3. 论战时金融 . 银行周报：二十卷四十四期 1–4. 1936 年 11 月 .

4. 民国十六年武汉的集中现金风潮 . 社会科学杂志：七

卷四期 457–560. 本所，1936 年 12 月.

5. 论战时的纸币发行. 银行周报：二十卷四十七期 1–4. 1936 年 12 月.

6. 论战时的贸易和汇兑. 银行周报：二十卷四十九期 21–24. 1936 年 12 月.

7. 经济发展与金融投资. 银行周报：二十一卷十四期 9–12. 1937 年 4 月.

8. 论设立外汇平准基金账. 银行周报：二十一卷十七期 1–4. 1937 年 5 月.

9. 论中央银行的保障. 银行周报：二十一卷十九期 21–23. 1937 年 5 月.

10. 论中央银行超然地位的保障. 社会科学杂志：八卷三期 333–338. 本所，1937 年 9 月.

11. 论纸币运出. 银行周报：二十一卷四十二期 1–3. 1937 年 10 月.

12. 论汇价应全力支持. 银行周报：二十一卷四十四期 3–4. 1937 年 11 月.

13. 利用外资问题. 新经济半月刊：三卷五期 107–112. 1940 年 3 月.

14. 战后银行机构改造问题. 财政评论：三卷四期 1–13. 1940 年 4 月.

15. 战事结束后的通货整理问题. 财政评论：四卷一期 45–56. 1940 年 7 月.

16. 法币汇价变动对日人之影响. 新经济半月刊：四卷一

期 . 1940 年 7 月 .

17. 敌人在华中的经济阴谋 . 新经济半月刊:四卷七期 . 1940 年 12 月 .

18. 论我国今后产业建设方针 . 财政评论:六卷二期 7-14. 1941 年 8 月 .

潘嘉麟(PAN Chia-Ling),清华大学文学院学士(1933),美国斯丹福大学硕士,曾任前社会调查所研究生(1933—1934),本所练习助理员(1934—1935),助理员(1935—1939),副研究员(1940—1942)。

著作目录:

专书:

1. 人事登记 . 资源委员会,1936 年 6 月 .

论文:

1. 我国人事登记法规述详 . 社会科学杂志:五卷二期 164-211. 社会调查所,1934 年 6 月 .

2. 移民之定义理论和人民的移动自由 . 社会科学杂志:五卷三期 345-397. 本所,1934 年 9 月 .

潘象龙(H. L. TANG),清华大学毕业(1929),英国伦敦大学政治经济学院研究 。曾任前社会调查所研究员[①](1931—1934),本所助理员(1934—1936),副研究员(1936—1942)。

著作目录:

---

① 原文如此,此"员"疑为"生"之误。

论文：

1. 道光时期的银贵问题．社会科学杂志：一卷三期 1-31. 社会调查所，1930 年 9 月．

2. 道光朝捐监之统计．社会科学杂志：二卷四期 432-444. 社会调查所，1931 年 12 月．

3. 咸丰朝的货币．中国近代经济史研究集刊：二卷一期 1-26. 社会调查所，1933 年 11 月．

4. 民国以前关税担保的外债．中国近代经济史研究集刊：三卷一期 1-49. 本所，1935 年 5 月．

5. 光绪三十年粤海关的改革．中国近代经济史研究集刊：三卷一期 67-74. 本所，1935 年 5 月．

6. 轮船招商局的创立．益世报"史学"八期．天津益世报社，1935 年 8 月．

7. 民国以前的赔款是如何偿付的．中国近代经济史研究集刊：三卷二期 262-261. 本所，1935 年 11 月．

8. 中国内债的嚆矢．益世报"史学"十五期．天津益世报社，1935 年 11 月．

9. 左宗棠与外债．益世报"史学"二十四期．天津益世报社，1936 年 3 月．

10. 清初的经济政策．中央日报"史学"一期．1936 年 3 月．

刘儁（Tsun LIU），燕京大学法学院毕业（1927），燕京大学研究院硕士（1929—1930），曾任前社会调查所研究生（1932—1934），本所助理员（1934—1936），副研究员（1936—

1937，1942—1944）。

著作目录：

论文：

1. 道光朝两淮废引改票始末．中国近代经济史研究集刊：一卷二期 132–188．社会调查所，1933 年 5 月．

2. 清代云南的盐务．中国近代经济史研究集刊：二卷一期 27–141．社会调查所，1933 年 11 月．

3. 咸丰以后两淮之票法．中国近代经济史研究集刊：二卷一期 142–165．社会调查所，1933 年 11 月．

4. 近二年来财政当局三次整理盐税率之检讨．社会科学杂志：五卷二期 116–135．社会调查所，1934 年 6 月．

5. 西汉时代的国家专卖盐法．益世报"史学"六期．天津益世报社，1935 年 7 月．

6. 中国"就官场专卖盐制"理论的沿革．益世报"史学"九期．天津益世报社，1935 年 8 月．

7. 推行盐法之方案及程序．盐运专刊：一卷．北平盐政杂志社，1935 年 12 月．

8. 现今中国盐务检讨．社会科学杂志：六卷四期 572–591．本所，1935 年 12 月．

9. 清顺治元年至乾隆五十七年河北的盐务．中央日报"史学"四期．1936 年 3 月．

10. 乾嘉间河东盐课摊归地丁的理论．中央日报"史学"三十期．1936 年 7 月．

11. 乾隆间河东盐课归丁的筹备及其实施．益世报"史学"四一、四二、四三期．天津益世报社，1936 年 10、11 月．

12. 宋元官专卖引的创立与完成．中国社会经济史集刊：六卷二期．本所，1939 年 12 月．

郑伯彬（CHENG Pe-Ping），北平中法大学法学士（1933），曾任前社会调查所计算员（1933—1934），本所计算员（1934—1939），助理研究员（1941—1942）。

著作目录：

专书：

1. 敌人在我沦陷区的经济掠夺．重庆国民图书出版社，1941 年 3 月．

2. 沦陷区经济概览（农业、物价）．资源委员会（油印），1942 年 1 月．

论文：

1. 日本战时贸易统制．中央日报"敌情"十一期．昆明：中央日报社，1939 年．

2. 日本经济统制的黑暗面．国民公论：一卷十、十一期．1939 年 5 月．

3. 日本的强制储蓄与战时节约．今日评论：二卷十三期．1939 年 9 月．

4. 敌人对"日元集团"输出统计．贸易月刊：二卷五期．20-57. 1940 年 8 月．

5. 论日本对华投资能力．力行月刊：三卷四期．西安，1941 年 4 月．

6. 七七以来日本对华投资的一个估计 . 财政评论 : 六卷六期 111–126. 1941 年 12 月 .

7. 战区经济问题 . 当代评论 : 二卷六期 87–89. 1942 年 2 月 .

8. 沦陷区的民族工业 . 中国工业月刊 : 七期 . 1942 年 7 月 .

9. 沦陷区殖民地化的经济 (金融篇) 文化杂志 : 二卷六期 36–40. 1942 年 9 月 .

10. 沦陷区殖民地化的经济 (产业篇) 文化杂志 : 三卷一期 44–53. 1942 年 11 月 .

11. 沦陷区华商纺织业之回顾与前瞻 . 中国工业月刊 : 十期 . 1942 年 10 月 .

12. 沦陷区之交通 . 经济建设季刊 : 一卷二期 272–287. 1942 年 10 月 .

13. 日本在华北的汇兑管理与贸易统制 . 贸易月刊 : 五卷六期 55–57. 西安 1942 年 .

林兴育, 清华大学经济系毕业学士 (1938), 曾任本所研究生 (1939—1941), 助理研究员 (1941—1944)。

著作目录 :

论文 :

1. 汇价变动与进出口物价 . 财政评论 : 八卷三期 93–98. 1942 年 9 月 .

2. 我国战时汇价与物价之变物 . 经济建设季刊 : 一卷二期 182–201. 1942 年 10 月 .

3. 三十年度的广西粮政 . 经济建设季刊 : 一卷三期 202–

214. 1943 年 1 月.

4. 收支平衡说与购买力平价说. 广东省银行季刊: 三卷一期 1–10. 1943 年 3 月.

5. 商业循环与维持繁荣. 广东省银行季刊: 三卷二期 367–372. 1943 年 7 月.

6. 从历史观察各国的对外贸易政策. 经济建设季刊: 二卷一期 34–40. 1943 年 7 月.

7. 通货膨胀的几个实例. 经济建设季刊: 二卷二期 78–95. 1943 年 10 月.

陈鹤梅 中央政治学校财政系(第九期)毕业(1940), 曾任本所研究生(1941—1942), 助理研究员(1943—1944)。

著作目录:

专论:

1. 论战时我国之储蓄业. 财政评论五卷二期 1–13. 1941 年 2 月.

2. 推行专卖制度刍议. 财政评论: 六卷四期 37–52. 1941 年 10 月.

3. * 商业银行存款与准备集中问题. 金融知识: 一卷三期 59–69. 1942 年.

4. 论本年征收实物应注意之问题. 财政评论: 八卷五期 41–47. 1942 年 11 月.

5. * 论粮食库券掉换金公债金储蓄券或法币储蓄券问题. 经济建设季刊: 一卷三期 195–202. 1943 年 1 月.

6. * 论我国新发行制度 . 金融知识 : 二卷二期 214-226.
1943 年 3 月 .

7. * 论我国商业银行管制问题 . 金融知识 : 二卷三期 .
1945 年 5 月 .

8. * 美国的票据市场 . 金融知识 : 二卷五期 . 1943 年 9 月 .

9. * 论今后我国新财政政策 . 财政评论 : 十卷三期 . 1-25
1943 年 9 月 .

（有 * 者均与陈思德合作）

陈思德 中央政治学校财政系（第九期）毕业（1940），曾任本所研究生（1941—1942），研究助理员（1943—1944）。

著作目录：

论文：

1. 商业银行存款与准备集中问题 . 金融知识 : 一卷三期
59-69. 1942 年 .

2. 论粮食库券掉换金公债金储蓄券或法币储蓄券问题 . 经济建设季刊 : 一卷三期 195-202. 1943 年 1 月 .

3. 论我国新发行制度 . 金融知识 : 二卷二期 214-226.
1943 年 3 月 .

4. 论我国商业银行管制问题 . 金融知识 : 二卷三期 . 1943
年 5 月 .

5. 美国的票据市场 . 金融知识 : 二卷五期 1943 年 9 月 .

6. 论今后我国新财政政策 . 财政评论 : 十卷三期 1-25.
1943 年 9 月（以上论文六篇均与陈鹤梅合作）.

吴健 国立中央大学法学院经济系毕业学士(1930),本所助理研究员(1943—1944)。

著作目录：

专书：

1. 中国田赋沿革考略 . 新生命小丛书 .1942 年 .

2. 战时西安物价变动之分析 . 西北经济研究所 .1941 年冬 .

3. 挽救西安限价危局方案 . 西北经济研究所 .1943 年 4 月 .

论文：

1. 当前法币与物价问题 . 力行月刊 .1942 年 6 月 .

2. 西安物价与其管制问题 . 力行月刊 .1942 年 12 月 .

石凯福 曾任本所调查员(1930—1932)。

著作目录：

专书：

1. 中国北部的兵差与农民 . 本所专刊：第五号 .1931 年 (与王寅生等合作) .

罗志儒(Chi-Yee LO)，美国哈佛大学经济系博士，曾任本所助理员(1929—1933)。

著作目录：

专书：

1. 统计表中之上海 . 本所集刊：第四号 .1932 年 .

2. 生命表编制法 . 本所丛刊：第二号 .1934 年 .

樊明茂(Ming–Mao FAN),曾任本所助理员(1929—1933)。

著作目录:

专书:

1. 国际贸易统计上之货物名目及分类 . 本所丛刊:第三种 .1935 年(与胡纪常合作) .

瞿明宙(Ming–Chou CHU),曾任本所调查员(1930—1932),助理员(1933—1934)。

著作目录:

专书:

1. 台湾的租佃制度 . 本所农村经济参考资料二种 .1931 年 .

曾炳钧(Ping–Chun TSING),国立清华大学政治系毕业,美国密士根大学政治学博士,曾任前社会调查所研究员 [①](1929—1934),本所助理员(1934)。

著作目录:

专书:

1. 国际劳工组织 . 社会调查所, 1932 年 .

罗玉东(Yu–Tung LOO),私立燕京大学毕业,曾任前社会调查所研究生(1932—1935),本所助理员(1934–Dec., 1934)。

著作目录:

---

① 原文如此, 此 "员" 疑为 "生" 之误。

专书：

1. 中国厘金史. 本所丛刊：第六种.1936 年.

论文：

1. 厘金制度之起源及其理论. 中国近代经济史研究集刊：一卷一期 4–37. 社会调查所，1932 年 11 月.

2. 光绪朝补救财政之方策. 中国近代经济史研究集刊：一卷二期 189–270. 社会调查所，1933 年 5 月.

陈寿衡(S. H. CHEN)，国立中央大学毕业，曾任本所助理员(1933–1935)。

著作目录：

1. 印度救旱政策. 社会科学杂志：六卷一期 159–174. 本所，1935 年 3 月.

梁庆椿(C. C. LIANG)，美国哈佛大学经济学博士，曾任本所专任编辑员(1933—1934)，专任研究员(1934—1935)。

著作目录：

论文：

1. 中国旱与旱灾之分析. 社会科学杂志：六卷一期 1–64. 本所，1935 年 3 月.

韩德章(Te-Chang HAN)，私立燕京大学理科学士(1928)，曾任前社会调查所研究员 [1](1929—1934)，本所助理员(1934—1935)。

---

[1] 原文如此，此"员"疑为"生"之误。

著作目录：

专书：

1. 广西省经济概况．本所丛刊：第八种．1936 年（与吴半农千家驹合作）．

论文：

1. 绥远的农业．社会科学杂志：二卷三期 345–375．社会调查所，1931 年 9 月．

2. 浙西农民之借贷制度．社会科学杂志：三卷二期 139–185．社会调查所，1932 年 6 月．

3. 浙西农产贸易的几个实例．社会科学杂志：三卷四期 444–478．社会调查所，1932 年 12 月（与曲直生合作）．

4. 浙西农业之租佃制度．社会科学杂志：四卷一期 34–53．社会调查所，1933 年 3 月．

5. 河北省深泽县农场经营调查．社会科学杂志：五卷二期 212–259．社会调查所，1934 年 6 月．

赵泉澄（C. C. CHAO），燕京大学文学士，硕士，北京大学甲种研究生，曾任本所助理员（1934—1936）。

著作目录：

论文：

1. 北京大学所藏档案的分析．中国近代经济史研究集刊：二卷二期．社会调查所，1939 年 5 月．

任培元（JEN Pei-Yuan），北京大学毕业，曾任本所练习助理员(1934—1936)。

著作目录：

论文：

1. 我国监督民营公用事业的立法. 社会科学杂志：六卷二期 313-325. 本所，1935 年 6 月.

2. 中国自来水业经营概况. 社会科学杂志：七卷二期 267-286. 本所，1936 年 6 月.

千家驹(Chia-Chu CHIEN)，北京大学经济系毕业，曾任前社会调查所研究生(1932—1934)，本所助理员(1934—1936)，副研究员(1936—1936)。

著作目录：

专书：

1. 中国的内债. 社会调查所，1933 年.

2. 广西省的经济概况. 本所丛刊：第八种 .1936 年(与吴半农，韩德章合作)。

论文：

1. 论华北五省财政的重要性. 东方杂志：卅三卷一期 117-121. 1936 年 1 月.

2. 评第二次全国财政会议. 东方杂志：卅一卷十四期 25-34. 1934 年 7 月.

3. 评统一公债与复兴公债. 华年周刊：五卷十三、四期 233-243，255-257. 1936 年 4 月.

4. 年来国内出版之经济学重要书籍. 图书季刊：一卷四期.

吴承禧(Chen-Hsi WU),复旦大学毕业,曾任前社会调查所研究生(1932—1933),研究员 [1](1933—1934),本所助理员(1934—1936),副研究员(1936—1937)。

著作目录:

专书:

1. 中国的银行.本所丛刊:第一种 1934 年.

论文:

1. 百年来银价变动之回顾.社会科学杂志:二卷三期 323–363.社会调查所,1932 年 9 月.

2. 民国二十三年的中国银行界.东方杂志:卅二卷二期 33–45.1935 年 1 月.

3. 中国银行业的农业金融.社会科学杂志:六卷三期 464–510.本所,1935 年 9 月.

4. 民国二十四年度的中国银行界.东方杂志:卅三卷七期 75–88.1936 年 4 月.

5. 最近五年华侨汇款的一个估计.中山文化教育季刊:夏季号 837–847.1936 年.

6. 论货币与恐慌.信托季刊:二卷一期.1937 年 1 月.

7. 请政府确立一个通盘计划的合作纲领.独立评论:二三五期 14–17.1937 年 5 月.

8. 厦门的华侨汇款与金融组织.社会科学杂志:八卷二期 193–252.本所,1937 年 6 月.

丘瑾璋(C. C. CHIU),国立东南大学毕业,曾任本所练习

---

① 此处有疑问。

员(1930),助理员(1931—1933, 1936—1937)。

著作目录:

专书:

1. 上海公共租界制度 . 本所专刊:第八种 .1933 年(与徐公肃合作).

王镇中(Chen–Chung WANG),燕京大学毕业文学士,曾任前社会调查所研究生(1932—1934),本所助理员(1934—1936),副研究员(1936—1937)。

著作目录:

专书:

1. 七省华商纱厂调查报告 . 本所丛刊:第七种 .1935 年(与王子建合作).

论文:

1. 大战前日本棉纺织业在华贸易之发展 . 社会科学杂志:四卷四期 397–431. 社会调查所, 1933 年 12 月 .

2. 七省华商棉纺织工厂的成本 . 社会科学杂志:六卷一期 65–110. 本所, 1935 年 3 月 .

3. 华商棉纺织厂生产费用与人工成本计算方法的错误 . 社会科学杂志:七卷三期 311–414. 本所, 1936 年 9 月 .

魏泽瀛 国立武汉大学毕业,曾任本所练习助理员(1935—1936),助理员(1936—1937)。

著作目录:

论文：

1. 五十年前华北农业情况的一个观察 . 益世报"农村周刊"九十九期 . 天津益世报社，1936 年 2 月 .

2. 中国旧式簿记的一个探讨 . 中央日报"史学"二十三期 . 1936 年 8 月 .

3. 关于罗著"数理统计学"之讨论 . 社会科学杂志：八卷二期 287–296 . 本所，1937 年 6 月（与罗大凡合作）.

董浩 北平辅仁大学法学士，曾任本所助理员（1938—1939）。

著作目录：

专书：

1. 广西省的县财政（列为本所丛刊第十七种，因故未出版）.

张铁铮（CHANG Tieh–Cheng），北平民国学院毕业，曾任前社会调查所计算员（1929—1931），计算员兼调查员（1931—1934），本所统计管理员（1934—1938），助理员（1939—1941）。

著作目录：

专书：

1. 第二次劳动年鉴 . 社会调查所，1932 年 10 月（与林颂河，邢必信，吴铎合编）.

论文：

1. 北平粮市概况．社会科学杂志：八卷一期．121-158．本所，1937 年 3 月．

2. 中国茶叶产销概况．益世报"农村周刊"一六一期．天津益世报社，1937 年 4 月．

3. 中国的茶叶运销与统制．益世报"农村周刊"一六八期．天津益世报社，1937 年 6 月．

樊弘(H. FAN)，国立北京大学政学士，英国剑桥大学肄业二年，曾任前社会调查所编辑(1926—1927)，研究员(1930—1934)，本所助理员(1928—1929)，专任研究员(1942—1944)。

著作目录：

专书：

1. 社会调查方法．社会调查所，1927 年．

2. 工资理论之发展．社会调查所，1934 年．

3. 劳动立法原理．商务印书馆．

论文：

1. 马克斯经济学说的讨论．社会科学杂志：一卷二期 1-28．社会调查所，1930 年 3 月．

2. 弥尔的工资学说及其驳论．社会科学杂志：一卷四期 1-33．社会调查所，1930 年 12 月．

3. 价值理论的意义．社会科学杂志：三卷四期 398-411．社会调查所，1932 年 12 月．

4. 劳动价值理论派的各家学说．社会科学杂志：四卷一期 1–33. 社会调查所, 1933 年 3 月.

5. 界限效用价值理论派的各家学说. 社会科学杂志: 四卷二期 225–255. 社会调查所, 1933 年 6 月.

6. 收获渐减公律. 社会科学杂志: 五卷一期 43–68. 社会调查所, 1934 年 3 月.

7. 关于经济价值理论之两派学说的批评. 社会科学杂志: 五卷三期 325–344. 本所, 1934 年 9 月.

8. 罗马尼亚土地革命和效果. 社会科学杂志: 五卷四期 412–453. 本所, 1934 年 12 月.

方利生 广西大学经济系第五届毕业(1942), 曾任本所研究生(1942–1944)。

著作目录:

论文:

1. 战后世界币制与中国. 新经济半月刊: 九卷八期 162–164. 1943 年 9 月.

贝有麟 国立武汉大学毕业, 曾任本所研究生(1944—1946), 助理员(1946—1947)。

著作目录:

专书:

1. 中国国民所得一九三三. 本所丛刊: 第二十五种. 1947 年上册 1 月, 下册 4 月(与巫宝三等合作).

论文:

1. 通货膨胀之过程 . 金融知识：三卷六期 103–113. 1943 年 11 月 .

2. 货币数量学说中之动态学说 . 财政评论：十四卷三期 43–56. 1946 年 3 月 .

十一 医学研究所筹备处

（一）概况

民国三十二年春,本院院务会议议决成立医学研究所筹备处,并请林可胜先生负责计划进行。此案于三十三年三月由本院评议会正式通过,随即由国民政府核准。同年院务会议复正式议决聘请冯德培先生为专任研究员兼代理筹备主任。医学研究所筹备处于是乃于三十三年十二月成立,初暂设于重庆歌乐山上海医学院内。胜利以后,筹备处随本院其他各研究所东迁,择定上海岳阳路三百二十号,上海自然科学研究所旧址为本所之永久所址。本所现尚在筹备阶段,故其组织亦仅具雏形。目前可粗分为二部分,一为研究部,现已成立有三个研究单位,即冯德培主持之生理学单位,现集中于神经肌肉系统之研究;汪猷主持之有机化学单位,现研究一名为橘微素之抗异生素,及王应睐主持之生物化学单位,研究营养及酵素化学。各单位开始工作均不久,所得初步结果不易作简括之叙述。至其他部分可总称之为服务部,现已有一图书室,订阅八十余种医学及有关杂志,并藏有整套之杂志四十余种;一动物房,经常养有蛤蟆、狗、兔子、白鼠、鼷鼠、荷兰猪及鸽子;一机器工场,备有车床、磨床、钻床、锯床等机器。

（二）现职人员

专任研究员兼筹备主任	林可胜
专任研究员兼代理筹备主任	冯德培
专任研究员	汪 猷　王应睐　王世濬[*]
	萨本铁[*]鲁桂珍[*]
兼任研究员	徐丰彦
专任副研究员	黄兴宗[*]
助理研究员	汪凯熙[*]周寿恺[*]马家骥[*]
	李宗汉[*]
助理员	刘育民　徐学峥　徐京华
	张耀英　胡旭初
技 士	靳观成　赵世英

[*]未到职

（三）研究人员著作目录

林可胜(Robert K. S. LIM)，英国爱丁堡大学博士，本院评议员(1935)，本所筹备处专任研究员兼筹备主任(1944—现在)。

著作目录：

专书：

1. Outline of Physiology, *Department of Physiology, Peiping Union Medical College, Peiping* (with Staff of the Department of Physiology).

论文：

1. Period of survival of the shore-crab(Carcinus maenas) in distilled water. *Proc. Roy. Soc. Edin.*, vol. 38 (1918), pp. 14–22.

2. Experiments on the respiratory mechanism of the shore-crab. *Proc. Roy. Soc. Edin.*, vol. 38 (1918), pp. 48–56.

3. The effects of adrenaline on the pulmonary circulation. *Quart. J. exp. Physiol.*, vol. 12(1919), pp. 157–97. (with E. S. Schafer).

4. Staining method with alcoholic eosin and methylene blue. *Quart. J. Mic. Sci.*, vol. 63 (1919), pp. 541–4.

5. Effect of thyroid extract on tadpoles. *J. Physiol.*, vol. 53(1919), pp. 26 *Proc.*

6. Neutral formol as a fixative for mucous membranes. *J. Physiol.*, vol. 53 (1920), p. 103. *Proc.*

7. Brown granules found in some endocrine organs. *J. Physiol.*, vol. 54 (1920), p. 29 *Proc.*

8. The histology of tadpoles fed with thyroid. *Quart. J. exp. Physiol.*, vol. 12 (1920), pp. 304–16.

9. The thyroid gland. *Sci. Progress*, vol. 58(1920), pp. 243–9.

10. Effect of thyroid feeding on bone marrow of rabbits. *J. Path. Bact.*, vol. 25(1922), pp. 228–46. (with B. B. Sarkar and J. P. H. G. Brown).

11. A clip forceps for fixing cannulae. *J. Physiol.*, vol. 56 (1922), pp. 29 *Proc.*

12. The gastric mucosa. *Quart. J. Mic. Sci.*, vol. 66 (1922), pp. 187–212.

13. A method for recording gastric secretion in acute experiments on normal animals. *Quart. J. exp. Physiol.* vol. 13(1923), pp. 71–8.

14. The question of gastric hormone. *Quart. J. exp. Physiol.*, vol. 13 (1923), pp. 79–103.

15. The effect of portal and jugular injections of pyloric extract on gastric secretion. *Quart. J. exp. Physiol.*, vol. 13 (1923), pp. 115–29. (with S. E. Ammon).

16. The source of the proteolytic enzyme in extracts of the pyloric mucous membrane. *Quart. J. exp. Physiol.*, vol. 13 (1923), pp. 139–44.

17. Observations on the isolated pyloric segment and on its secretion. *Quart. J. exp. Physiol.*, vol. 13 (1923), pp. 159–75. (with N. M. Dott).

18. An improved method for investigating the secretory function of the stomach and duodenum in the human subject. *Quart. J. exp. Physiol.*, vol. 13(1923), pp. 333–45. (with A. R. Matheson and W. Schlapp).

19. Observations on the human gastro–duodenal secretions with special reference to the action of histamine. *Quart. J. exp. Physiol.*, vol., 13 (1923), pp. 361–91. (with A. R. Matheson and W. Schlapp).

20. The effect of histamine, gastrin, and secretin on the gastro–duodenal secretion in animals. *Quart. J. exp. Physiol.*, vol. 13 (1923), pp. 393–404. (with W. Schlapp).

21. The "gastrin" content of the human pyloric mucous membrane. *Brit. J. exp. Path.*, vol. 4 (1923), pp. 27–9. (with S. E. Ammon).

22. The effect of histamine and gastrin on the human gastric secretion and alveolar CO_2. *J. Physiol.*, vol. 57 (1923), pp. 52 *Proc.* (with A. R. Matheson and W. Schlapp).

23. A new gastro–duodenal technique. *Edin. Med. J.*, vol. 30 (1923), pp. 265. (with A. R. Matheson and W. Schlapp).

24. On the relationship between the gastric acid response and the basal secretion of the stomach. *Amer. J. Physiol.*, vol. 69 (1924), pp. 318–33.

25. Contributions to the physiology of gastric secretion. I. Gastric secretion by local (mechanical and chemical) stimulation. *Quart. J. exp. Physiol.*, vol. 15 (1925), pp. 13–53. (with A. C. Ivy and J. E. McCarthy).

26. Contributions to the physiology of gastric secretion. II. The intestinal phase of gastric secretion. *Quart. J. exp. Physiol.*, vol. 15 (1925), pp. 55–68. (with A. C. Ivy and J. E. McCarthy).

27. The causes of gastric secretion, with a consideration of the mechanism concerned. *Amer. J. Physiol.*, vol. 72 (1925), pp. 203–4. (with A. C. Ivy, J. E. McCarthy and J. I. Farrell).

28. Demonstration of stimulation of the gastric glands by mechanical distention of the stomach, with specimens and roentgenograms of a pouch of the entire stomach. *Amer. J. Physiol.*, vol. 72 (1925), pp. 232. (with A. C. Ivy, J. E. McCarthy and J. I. Farrell).

29. Contributions to the physiology of gastric secretion. Ⅲ. An attempt to prove that a humoral mechanism is concerned in gastric secretion by blood transfusion and cross–circulation. *Amer. J. Physiol.*, vol. 74 (1925), pp. 616–38. (with A. C. Ivy and J. E. McCarthy).

30. Note on the secreted concentration of HCI in the gastric juice. *Proc. Soc. exp. Biol., N. Y.*, vol. 23 (1925), pp. 670. (with H. C. Hou).

31. Mitochondrial changes in the cells of the gastric glands in relation to activity. *Quart. J. exp. Physiol.*, vol. 16 (1926), pp. 87–110. (with W. C. Ma).

32. Changes in the blood constituents accompanying gastric secretion. *Amer. J. Physiol.*, vol. 75 (1926), pp. 785–86. (with T. G. Ni).

33. Observations on the "reversed" uterine horn of the rabbit. *Proc. Soc. exp. Biol, N. Y.*, vol. 23 (1926), pp. 668–9. (with C. Chao).

34. Demonstration of a gastric secretory excitant in circulating blood by vivi–dialysis. *Proc. Soc. exp. Biol., N. Y.*, vol. 24 (1926), pp. 197–8. (with H. Necheles).

35. Ermüdung der Magensekretion. Pflügers Arch., Bd. 211(1926), pp. 647. (with A. C. Liu).

36. Recovery of a pancreatic secretory excitant by vivi-dialysis of the circulating blood. *J. Physiol.*, vol. 64 (1927), pp. 28 *Proc*. (with H. Necheles).

37. The mechanism of stimulation of the gastric glands, from gasteroenteral sites. *J. Biophysics*, vol. 2 (1927), pp. 38.

38. Influence of mechanical factors on "basal" gastric secretion. *Proc. Soc. exp. Biol., N.Y.*, vol. 26 (1929), pp. 270. (with H. C. Hou).

39. Behavior of denervated spleen in adrenalectomized animal. *Proc. Soc. exp. Biol., N.Y.*, vol. 26(1929), pp. 271. (with H. C. Chang).

40. Demonstration of the humoral agent in fat inhibition of gastric secretion. *Proc. Soc. exp. Biol., N.Y.*, vol. 27 (1930), pp. 890. (with T. Kosaka).

41. Observations on the mechanism of the inhibition of gastric function by fat. *Quart. J. exp. Physiol.*, vol. 23 (1933), pp. 263–8.

42. Effect of intracisternal injections of acetylcholine. *Proc. Soc. exp. Biol., N.Y.*, vol. 32 (1935), pp. 1410. (with T. H. Suh and C. H. Wang).

43. Reflex secretion of the posterior pituitary elicited through the vagus. *J. Physiol.*, vol. 90 (1937), pp. 87–9 *Proc*. (with H. C. Chang, K. F. Chia and C. H. Hsü).

44. State medicine. *Chinese Med. J.*, vol. 51(1937), pp. 781–796. (with C. C. Chen).

45. A method of vessel–anastomosis for vivi–perfusion, cross–circulation and transplantation. *Chinese J. Physiol.*, vol. 1 (1927), pp. 37–60.

46. Observations on the secretion of the transplanted stomach. *Chinese J. Physiol.*, vol. 1 (1927), pp. 51–62. (with C. T. Loo and A. C. Liu).

47. On the mechanism of the transportation of ova. I. Rabbit uterus. *Chinese J. Physiol.*, vol., 1 (1927), pp. 175–198. (with C. Chao).

48. The influence of meals on the acutely denervated (vivi–perfused) stomach. *Chinese J. Physiol.*, vol. 1 (1927), pp. 263–270. (with H. Necheles and H. C. Hou).

49. Changes in the Golgi apparatus of the gastric gland cells in relation to activity. *Chinese J. Physiol.*, vol. 1 (1927), pp. 305–330. (with W. C. Ma and A. C. Liu).

50. Observations on the conduction of the nerve impulse in the cooled phrenic nerve. *Chinese J. Physiol.*, vol. 1 (1927), pp. 367–389. (with T. C. Shen and C. L. Hou).

51. The vasomotor reactions of the (vivi–perfused) stomach. *Chinese J. Physiol.*, vol. 1 (1927), pp. 381–396. (with H. Necheles and T. G. Ni).

52. The gas and sugar metabolism of the vivi–perfused stomach.

Chinese J. Physiol., vol. 2 (1928), pp. 45–86. (with T. G. Ni).

53. The basal secretion of the stomach. I . The influence of residues in the small and large intestine. *Chinese J. Physiol.*, vol. 2 (1928), pp. 259–278. (with C. T. Loo and H. C. Chang).

54. The chloride metabolism of the vivi–perfused stomach. *Chinese J. Physiol.*, vol. 2 (1928), pp. 299–304. (with C. L. Hou and T. G. Ni).

55. The lipoid metabolism of the stomach and its relation to the mitochondria–Golgi complex. *Chinese J. Physiol.*, vol. 2 (1928), pp. 305–328. (with S. M. Ling and A. C. Liu).

56. On the mechanism of the transportation of ova. II . Rabbit and pig oviduct. *Chinese J. Physiol.*, vol. 2 (1928), pp. 389–398. (with Y. P. Kuo).

57. Isolation of the gastric and pancreatic secretory excitants from the circulation by vivi–dialysis. *Chinese J. Physiol.*, vol. 2 (1928), pp. 415–434. (with H. Necheles).

58. The basal secretion of the stomach. II . The influence of nerves and the question of secretory "tone" and reactivity. *Chinese J. Physiol.*, vol. 3 pp. 41–56. (with H. C. Hou).

59. The carbohydrate metabolism of the normal phlorizinised and diabetic vivi–perfused stomach. *Chinese J. Physiol.*, vol. 3 (1929), pp. 123–156. (with T. G. Ni, H. Necheles and H. C. Chang).

60. On the mechanism of the inhibition of gastric secretion by fat. *Chinese J. Physiol.*, vol. 3 (1929), pp. 371–380. (with T. P. Feng

and H. C. Hou).

61. The basal secretion of the stomach. Ⅲ. The influence of feeding bone and other hard objects. *Chinese J. Physiol.*, vol. 4 (1930), pp. 1–20. (with H. C. Hou, H. C. Chang and T. P. Feng).

62. On the mechanism of the inhibition of gastric secretion by fat. The role of bile and cystokinin. *Chinese J. Physiol.*, vol. 4 (1939), pp. 213–220. (with T. Kosaka).

63. The depressor or vasotatic reflexes. *Chinese J. Physiol.*, vol. 5 (1931), pp. 29–52. (with F. Y. Hsu).

64. The gas metabolism of the mechanically perfused stomach. *Chinese J. Physiol.*, vol. 5 (1931), pp. 103–141. (with T. C. Shen, T. G. Ni and C. T. Loo).

65. The basal secretion of the stomach. Ⅳ. The influence of mechanical irritation of the pyloric region. *Chinese J. Physiol.*, vol. 5 (1931), pp. 233–250. (with H. C. Chang).

66. On the mechanism of the inhibition of gastric secretion by fat. A gastric–inhibitory agent obtained from the intestinal mucosa. *Chinese J. Physiol.*, vol. 6 (1932), pp. 107–128. (with T. Kosaka, S. M. Ling and A. C. Liu).

67. On the mechanism of the inhibition of gastric motility by fat. An inhibitory agent from the intestinal mucosa. *Chinese J. Physiol.*, vol. 7 (1933), pp. 5–12. (with T. Kosaka).

68. Quantitative relationships between the oxyntic and other gastric component secretions. *Chinese J. Physiol.*, vol. 8 (1934), pp.

1–36. (with A. C. Liu and I. C. Yuan).

69. Depressor substances in extracts of the intestinal mucosa. Purification of enterogastrone. *Chinese J. Physiol.*, vol. 8 (1934), pp. 219–236. (with S. M. Ling and A. C. Liu).

70. A simple method of mechanically stimulating the carotid sinus receptors. *Chinese J. Physiol.*, vol. 10 (1936), pp. 29–32. (with H. C. Chang).

71. The effect of intracisternal applications of acetylcholine and the localization of the pressor centre and tract. *Chinese J. Physiol.*, vol. 10 (1936), pp. 61–78. (with T. H. Suh and C. H. Wang).

72. On the question of a myelencephalic sympathetic centre. I. The effect of stimulation the pressor area on visceral function. *Chinese J. Physiol.*, vol. 10 (1936), pp. 445–470. (with M. P. Chen, S. C. Wang and C. L. Yi).

73. Quantitative relationships between the basic and other components of the pancreatic secretion. *Chinese J. Physiol.*, vol. 10 (1936), pp. 475–492. (with S. M. Ling, A. C. Liu and I. C. Yuan).

74. On the question of a myelencephalic sympathetic centre. II. Experimental evidence for a reflex sympathetic centre in the medulla. *Chinese J. Physiol.*, vol. 11 (1937), pp. 355–366. (with M. P. Chen, S. C. Wang and C. L. Yi).

75. On the question of a myelencephalic sympathetic centre. III. Experimental localization of the centre. *Chinese J. Physiol.*, vol.

11(1937), pp. 367–384. (with M. P. Chen, S. C. Wang and C. L. Yi).

76. On the question of a myelencephalic sympathetic centre. Ⅳ. Experimental localization of its descending pathway. *Chinese J. Physiol.*, vol. 11 (1937), pp. 385–408. (with M. P. Chen, S. C. Wang and C. L. Yi).

77. Humoral transmission of nerve impulses at central synapses. Ⅰ. Sinus and vagus afferent nerves. *Chinese J. Physiol.*, vol. 12 (1937), pp. 1–36. (with H. C. Chang, K. F. Chia and C. H. Hsu).

78. On the question of a myelencephalic sympathetic centre. Ⅴ. Comparative study of location of myelencephalic pressor (sympathetic) centre in vertebrates. *Chinese J. Physiol.*, vol. 12 (1937), pp. 197–222. (with y. M. Lu).

79. A vagus–post–pituitary reflex. Ⅰ. Pressor component. *Chinese J. Physiol.*, vol. 12 (1937), pp. 309–326. (with H. C. Chang, K. F. Chia and C. H. Hsu).

80. Humoral transmission of nerve impulses at central synapses. Ⅱ. Central vagus transmission after hypophysectomy in the dog. *Chinese J. Physiol.*, vol. 13 (1938), pp. 13–32. (with H. C. Chang, K. F. Chia and C. H. Hsu).

81. Humoral transmission of nerve impulses at central synapses. Ⅲ. Central vagus transmission after hypophysectomy in the cat. *Chinese J. Physiol.*, vol. 13 (1938), pp. 33–48. (with H. C. Chang and Y. M Lu).

82. On the question of a myelencephalic sympathetic centre.

Ⅵ. Syndrome of lesions of the myelencephalo–spinal sympathetic neurone. *Chinese J. Physiol.*, vol. 13 (1938), pp. 49–60. (with M. P. Chen, S. C. Wang and C. L. Yi).

83. On the question of a myelencephalic sympathetic centre. Ⅶ. The depressor area a sympatho–inhibitory centre. *Chinese J. Physiol.*, vol. 13 pp. 61–78. (with S. C. Wang and C. L. Yi).

84. Humoral transmission of nerve impulses at central synapses. Ⅳ.(W. M. Hsieh and T. H. Li). Liberation of acetylcholine into the cerebrospinal fluid by the afferent vagus. *Chinese J. Physiol.*, vol. 13(1938), pp.153–166.(with H. C. Chang).

85. A vagus–post–pituitary reflex. Ⅲ. Oxytocic component. *Chinese J. Physiol.*, vol. 13 (1938), pp. 269–284. (with H. C. Chang, Y. M. Lü , C. C. Wsng and K. J. Wang).

86. A vagus–post–pituitary reflex. Ⅵ. Phenomena of exhaustion and recuperation. *Chinese J. Physiol.*, vol. 14 (1939), pp. 1–8. (with H. C. Chang, J. J. Huang, and K. J. Wang).

87. Studies on tissue acetylcholine. Ⅵ. The liberation of acetylcholine from nerve trunks during stimulation. *Chinese J. Physiol.*, vol. 14 (1939), pp. 19–26. (with H. C. Chang, W. M. Hsieh and T. H. Li).

88. Studies on tissue acetylcholine. Ⅶ. Acetylcholine content of various nerve trunks and its synthesis in vitro. *Chinese J. Physiol.*, vol. 14 (1939), pp. 27–38. (with H. C. Chang, W. M. Hsieh, L. Y. Lee and T. H. Li).

89. A vagus–post–pituitary reflex. Ⅷ. Antidiuretic effect. *Chinese J. Physiol*., vol. 14 (1939), pp. 161–174. (with H. C. Chang, K. F. Chia and J. J. Huang).

冯德培(Teh–Pei FENG),英国伦敦大学博士(1933),本所筹备处专任研究员兼代筹备主任(1944—现在)。

著作目录：

专书：

1. Outline of Physiology, Part Ⅰ. *Department of Physiology, Peiping Union Medical College, Peiping*, (1935), (with R. K. S. Lim).

论文：

1. Influence of "Chilies" (Capsicum annuum, L.) on digestive functions and metabolism. *Proc. Soc. exp. Biol. N.Y.*, vol., 26 (1929), pp. 273–6.

2. Further studies on thyroid and hair growth. *Chinese J. Physiol*., vol. 3 (1929), pp. 57–58. (with H. C. Chang).

3. On the mechanism of the inhibition of gastric secretion by fat. *Chinese J. Physiol*., vol. 3 (1929), pp. 371–380. (with H. C. Hou and R. K. S. Lim).

4. Mechanism of nerve asphyxiation: with a note on the nerve sheath as a diffusion barrier. *Proc. Soc. exp. Biol. N.Y.*, vol. 27 (1930), pp. 1073–6. (with R. W. Gerard).

5. The basal secretion of the stomach. Ⅲ. The influence of feeding bone and other hard objects. *Chinese J. Physiol*., vol. 4

(1930), pp. 1–20. (with R. K. Lim, H. C. Hou and H. C. Chang).

6. The heat–tension ratio in prolonged tetanic contraction. *Proc. Roy. Soc. B.*, vol. 108 (1931), pp. 522–37.

7. Recovery heat in muscular contraction without lactic acid formation. *Proc. Roy. Soc. B.*, vol. 108 (1931), pp. 279–301. (with McK. Cattell, W. Hartree, A. V. Hill and J. L. Parkinson).

8. The effect of length on the resting metabolism of muscle. *J. Physiol.*, Vol. 74 (1932), pp. 441–54.

9. The thermo–elastic properties of muscle. *J. Physiol.*, vol. 74 (1932), pp. 455–70.

10. The role of lactic acid in nerve activity. *J. Physiol.*, vol. 76 (1932), pp. 477–86.

11. The heat production of crustacean nerve. *J. Physiol.*, vol. 77 (1933), pp. 111–38. (with M. Beresina).

12. Reversible inexcitability of tectile endings in skin injury. *J. Physiol.*, vol. 79 (1933), pp. 103–8.

13. The steady state of heat production of nerve. *Proc. Roy. Soc. B.*, vol. 113 (1933), pp. 356. (with A. V. Hill).

14. The effect of frequency of stimulation on the heat production of frog's nerve. *Proc. Roy. Soc. B.*, vol. 113 (1933), pp. 366–8. (with A. V. Hill).

15. The relation between initial and recovery heat production in frog's nerve. *Proc. Roy. Soc. B.*, vol. 113 (1933), pp. 369–386. (with A. V. Hill).

16. The heat production of nerve. *Ergebnisse der Physiologie*, vol. 38 (1936), pp. 74–132.

17. The response of muscle to prolonged electric current. *Chinese J. Physiol.*, vol. 10 (1936), pp. 33–52.

18. Studies on the neuromuscular junction. Ⅰ. The inhibition at the neuromuscular junction. *Chinese J. Physiol.*, vol. 10 (1936), pp. 417–434.

19. Studies on the neuromuscular junction. Ⅱ. The universal antagonism between calcium and curarizing agencies. *Chinese J. Physiol.*, vol. 10 pp. 513–528.

20. The propagation of contractures of the veratrine type. *Chinese J. Physiol.*, vol. 10 (1936), pp. 535–544.

21. Studies on the neuromuscular junction. Ⅲ. The contracture in eserinized muscle produced by nerve stimulation. *Chinese J. Physiol.*, vol. 11 (1937), pp. 51–70. (with S. C. Shen).

22. Studies on the neuromuscular junction. Ⅳ. The nature of junctional inhibition. *Chinese J. Physiol.*, vol. 11 (1937), pp. 437–450.

23. Studies on the neuromuscular junction. Ⅴ. The succession of inhibitory and facilitatory effects of prolonged high frequency stimulation on neuromuscular transmission. *Chinese J. Physiol.*, vol. 11 (1937), pp. 451–470.

24. Studies on the neuromuscular junction. Ⅵ. Potentiation by eserine of response to single indirect stimulus in amphibian nerve-muscle preparation. *Chinese J. Physiol.*, vol. 12 (1937), pp. 51–58.

25. Studies on the neuromuscular junction. VII. The eserine-like effects of barium on motor nerve–endings. *Chinese J. Physiol.*, vol. 12 (1937), pp. 177–196.

26. Studies on the neuromuscular junction. VIII. The localized contraction around N–M junction and the blocking of contraction waves due to nerve stimulation. *Chinese J. Physiol.*, vol. 12 (1937), pp. 331–370.

27. Studies on the neuromuscular junction. IX. The after effects of tetanization on N–M transmission in cat. *Chinese J. Physiol.*, vol. 13 (1938), pp. 79–108. (with L. Y. Lee, C. W. Meng and S. C. Wang).

28. Studies on the neuromuscular junction. X. The effects of guanidine. *Chinese J. Physiol.*, vol. 13 (1938), pp. 119–140.

29. Studies on the neuromuscular junction. XI. A note on the local concentration of cholinesterase at motor nerve endings. *Chinese J. Physiol.*, vol. 13 (1938), pp. 141–144. (with Y. C. Ting).

30. The relation between the frequency of stimulation and the total electrical response of nerve. *Chinese J. Physiol.*, vol. 13 (1938), pp. 197–208.

31. Further observations on the propagation of veratrine contracture. *Chinese J. Physiol.*, vol. 13 (1938), pp. 239–246.

32. Studies on the neuromuscular junction. XII. Repetitive discharges and inhibitory after–effect in post–tetanically facilitated responses of cat muscles to single nerve volleys. *Chinese J. Physiol.*,

vol. 14 (1939), pp. 55–80. (with T. H. Li and Y. C. Ting).

33. Studies on the neuromuscular junction. XIII. The localized electrical negativity of muscle around N–M Junction due to high–frequency nerve stimulation. *Chinese J. Physiol.*, vol. 14 (1939), pp. 209–224.

34. Studies on the neuromuscular junction. XIV. The inhibition following eserine–potentiated and post–tetanically facilitated responses of mammalian muscles. *Chinese J. Physiol.*, vol. 14 (1939), pp. 329–336. (with T. H. Li and Y. C. Ting).

35. Studies on the neuromuscular junction. XV. The inhibition following eserine–potentiated and post–tetanically facilitated responses of mammalian muscles. *Chinese J. Physiol.*, vol. 14 (1939), pp. 337–356. (with T. H. Li and Y. C. Ting).

36. Studies on the neuromuscular junction. XVI. Acetylcholine sensitivity of a muscle and its aptitude to give contracture of the eserine type. *Chinese J. Physiol.*, vol. 15 (1940), pp. 197–212. (with T. H. Li).

37. Studies on the neuromuscular junction. XVIII. The local potentials around N–M Junctions induced by single and multiple volleys. *Chinese J. Physiol.*, vol. 15 (1940), pp. 367–404.

38. Studies on the neuromuscular junction. XIX. Retrograde discharges from motor nerve endings in veratrinized muscle. *Chinese J. Physiol.*, vol. 15 (1940), pp. 405–432. (with F. T. Dun).

39. Studies on the neuromuscular junction. XX. The site of

origin of the junctional after–discharge in muscle treated with guanidine, barium or eserine. *Chinese J. Physiol.*, vol. 15 (1940), pp. 433–444. (with F. T. Dun).

40. Cross–excitation between mammalian medullated nerve fibers after treatment with veratrine. *Proc. Soc. exp. Biol., N.Y.*, vol. 45 (1940), pp. 870. (with T. H. Li).

41. The local activity around the skeletal N–M junctions produced by nerve impulses. *Biological Symposia*, vol. 3 (1941), p. 121–152.

42. Studies on the neuromuscular junction. ZZIII. A new aspect of the phenomena of eserine potentation and post–tetanic facilitation in mammalian muscles. *Chinese J. Physiol.*, vol. 16 (1941), pp. 37–56. (with T. H. Li).

43. Studies on the neuromuscular junction. XXIV. The repetitive discharges of mammalian motor nerve endings after treatment with veratrine, barium and guanidine. *Chinese J. Physiol.*, vol. 16 (1941), pp. 143–156. (with T. H. Li).

44. The production of prolonged after–discharge in nerve by veratrine. *Chinese J. Physiol.*, vol. 16 (1941), pp. 207–228.

45. Studies on the neuromuscular junction. XXV. Eserine–like actions of aliphatic alcohols and ketones. *Chinese J. Physiol.*, vol. 16 (1941), pp. 317–340. (with T. H. Li).

46. Studies on the neuromuscular junction. XXVI. The changes of the endplate potential during and after prolonged

stimulation. *Chinese J. Physiol.*, vol. 16 (1941), pp. 341–372.

47. A note on the two components of the dorsal root potential. *J. Neurophysiol.*, vol. 7 (1944), pp. 327–329. (with F. T. Dun).

48. Analysis of the effect of barium upon nerve with particular reference to rhythmic activity. *J. cell. comp. Physiol.*, vol. 28 (1946), pp. 397–465. (with R. Lorente de No).

汪猷(Yu WANG),德国明兴大学博士(1935),本所专任研究员(1947—现在)。

著作目录：

论文：

1. Use of albino rats for assay of male sex hormone. *Chinese J. Physiol.*, vol. 7 (1933), pp. 135–150.

2. Extraction of the male sex hormone from urine. *Chinese J. Physiol.*, vol. 8 (1934), pp. 209–218.

3. Further observation on the use of albino rat for assay of male sex hormone. *Chinese J. Physiol.*, vol., 9 (1935), pp. 149–164.

4. Effect of male sex hormone on respiration of sex organs in castrated rats. *Chinese J. Physiol.*, vol. 10 (1936), pp. 403–406.

5. Effect of spermatozooen injections on the fertility of female albino rats. *Chinese J. Physiol.*, vol. 10 (1936), pp. 53–60.

6. Die Einfuenrung von Doppelbindungen in Gallensauren und Sterine. Ⅰ. Die Promierung der 3–Ketocholansaure und des Cholestenons. *Z. Physiol. Chem.*, vol. 245 (1937), pp. 80–88.

7. Die Einfuehrung von Doppelbindungen in Gallensauren und Sterine. II. Darstellung des Cholestadienols. *Z. Physiol., Chem.,* vol. 248 (1937), I –III.

8. Studies on the metabolism of sterols. I. Excretion of pregnandiol glucuronide in the urine of Chinese pregnant women. *Chinese J. Physiol.*, vol. 16 (1941), pp. 121–130. (with S. P. Tien).

9. Synthese des Tetradecacetyl–crocins und verwandter Verbindungen. *Ber. Deutsch. Chem. Ges.* vol. 72 (1939), pp. 871–878.

10. Citrinin as an antibiotic. *Science*, vol. 106 (1947), pp. 291–2.

王应睐(Ying–Lai WANG), 英国剑桥大学博士(1941), 本所专任研究员(1948 年 3 月—现在)。

著作目录：

论文：

1. The digestibility of the protein of soybean milk. *Chinese J. Physiol.*, vol. 8 (1934), pp. 171–178. (with W. H. Adolph).

2. A note on the influence of tolulene on the action of proteolytic enzymes. *J. Chinese Chem. Soc.*, (1934).

3. Estimation of vitamin B_1 in urine by the thiochrome test. *Biochem. J.*, vol. 33 (1939), pp. 1356–1369. (with L. J. Harris).

4. Assessment of the level of nutrition, urinary excretion of aneurin at varying levels of intake. *Biochem. J.*, vol. 34 (1940), pp. 343–352. (with J. Yudkin).

5. An improved procedure for estimation of trigonelline in urine and foodstuffs. *Nature*, vol. 148 (1941), pp. 23. (with E. Kodicek).

6. An improved procedure for estimating vitamin B_1 in foodstuffs and biological materials by the thiochrome test including comparisons with bioassays. *Biochem. J.*, vol. 35 (1941), pp. 1950. (with Harris).

7. A potentiometric method for the estimation of vitamin C in coloured extracts. *Biochem. J.*, vol. 36 (1942), pp. 183. (with Harris and Mapson).

8. Vitamin method. 7. A new modification of the P−aminoacetophenone method for the estimation nicotinic acid in urine. *Biochem. J.*, vol. 37 (1943), pp. 530. (with kodicek).

9. A revised procedure for the evaluation of vitamin B_1 nutrition by the thiocrohme test. *British Med. J.*, vol. II (1943), Oct. 9, pp. 451. (with Harris).

10. Hypervitaminosis A. *Biochem. J.*, vol. 39 (1945), pp. 222. (with Moore).

11. The fluorescene of the tissues in avitaminosis E. *British J. Nutrition*, vol. 1 (1947), pp. 53. (with Moore).

12. Haemoglobin from the root−nodules of leguminous plants. *Nature*, vol. 155 (1945), pp. 227. (with Keilin).

13. The haemoglobin of gastrophilus larvae. Purification and properties. *Biochem. J.*, vol. 40 (1946), pp. 855. (with Keilin).

14. Stability of haemoglobin and of certain endoerythrocytic enzymes *in vitro. Biochem. J.*, vol. 41 (1947), pp. 491–500. (with Keilin).

15. Assay of crystalline preparations of aneurin by means of the U.V. absorption spectrum. *Quart. J. Pharm. Pharmacol.*, vol. 19 (1946), pp. 155–72. (with Holiday, Gilam, Morton and Moore).

16. A lumiflavin method for the estimation of riboflavin. *Sci. Tech. China*, vol. 1 (1948), pp. 33. (with K. S. Ting, H. Lih, J. Chao and Y. H.Hu).

徐丰彦(Fong-Yen HSU),英国伦敦大学博士(1935),本所兼任研究员(1945—现在)。

著作目录：

论文：

1. Studies on the pathogenesis of parathyroid tetany: I . The effect of removal of large intestine. *Chinese J. Physiol.*, vol. 3 (1929), 183. (with Chiao Tsai).

2. Ditto: II . The effect of ligation of the bile duct. *Chinese J. Physiol.* vol. 3 (1929), 197. (with Chiao Tsai).

3. Ditto: III . Influence of intestinal obstruction. *Chinese J. Physiol.*, vol. 3 (1929), 389. (with Chiao Tsai).

4. Ditto: IV . Influence of intestinal putrefaction. *Chinese J. Physiol.*, vol. 3 (1929), 399. (with Chiao Tsai).

5. Plasma calcium and inorganic phosphorus following intravenous

injection of parathyroid extract: A study on the source of mobilized Ca. *Chinese J. Physiol.*, vol. 4 (1930), 265. (with Chiao Tsai).

6. The effect of intravenous injection of sodium oxalate and citrate on the concentration of plasma calcium and inorganic phosphorus. *Chinese J. Physiol.*, vol. 4 (1930), 273. (with Chiao Tsai).

7. A note on the calcium content of the skeletal muscle after thyroparathy–roidectomy and parathormone injection. *Chinese J. Physiol.*, vol. 4 (1930), 423. (with Chiao Tsai).

8. The depressor or vasotatic reflexes. *Chinese J. Physiol.*, vol. 5 (1931), 29. (with R. K. S. Lim).

9. The effect of adrenaline and acetylcholine on the heart rate of the chick embyo. *Chinese J. Physiol.*, vol. 7 (1933), 243.

10. Glycolytic formation of blood lactate. *Proc. Physiol., Soc.*, vol. 80 (1933), 19. (with C. Lovatt Evans and T. Kosaka).

11. Utilization of blood sugar and formation of lactic acid by the lungs. *J. Physiol.*, vol. 82 (1934), 41. (with C. Lovatt Evans and Kosaka).

12. Two simple heart–oxygenator circuits for blood–fed hearts. *Quart. J. exp. Physiol.*, vol. 24 (1934), 283. (with C. L. Evans and F. Grande).

13. The glucose and lactate consumption of the dog's heart. *Quart. J. exp. Physiol.*, vol. 24 (1935), 347. (with C. L. Evans and F. Grande).

14. The glucose and lactate usage of the diabetic heart and the

influence of insulin thereon. *Quart. J. exp. Physiol.*, vol. 24 (1935), 365. (with Evans, Grande, Lee and Mulder).

15. Factors affecting blood glycolysis *in vitro* and *in vivo*. *J. Physiol.*, vol. 84 (1935), 173.

16. The distribution of blood sugar. *Proc. Physiol. Soc.*, vol. 84 (1935), 29. (with Grande).

17. The significance of lactic acid uptake by the mammalian heart. *Proc. Physiol., Soc.*, vol. 84 (1935), 55. (with J. Yule Bogue and C. L. EVans).

18. The effect of adrenaline and of increased work on the carbohydrate metabolism of the mammalian heart. *Quart. J. exp. Physiol.*, vol. 25 (1935), 213. (with Bogue, Evans and Grande).

19. Influence de l'acetylcholine sur les récepteurs chimio-sensitifs du sinus carotidien. *Compt. rend. Soc. Biol.*, vol. 120 (1935), 1354. (with C. Heymans, J. J. Bouckaert and S. Farber).

20. Barosensibilité réflexogéne mésentérique, réflexes vasomoteurs médullaires. *Compt. rend. Soc. Biol.*, vol. 122 (1936), 115. (with Heymans, Bouckaert and Farber).

21. Influence réflexogéne de l'acétylcholine sur les terminaisons nerveuses chimio-sensitives, du sinus carotidien. *Arch. Inter. Pharm. Thérp.*, vol. 54 (1936), 129. (with Heymans, Bouckaert and Farber).

22. Spinal vasomotor reflexes associated with variations in blood pressure. *Amer. J. Physiol.*, vol. 117 (1936), 619. (with

Heymans, Bouckaert and Farber).

23. Studies on the carotid sinus pressure receptors. *Chinese J. Physiol.*, vol. 11 (1937), 343.

24. The diffuse vasotatic reflex. *Chinese J. Physiol.*, vol. 12 (1937), 37. (with L. W. Chu).

25. Vasomotor responses of the kidney. *Chinese J. Physiol.*, vol. 12 (1937), 109. (with L. W. Chu).

26. The effect of adrenaline on vasomotor reflexes. *Quart. J. exp. Physiol.*, vol. 27 (1938), 307. (with L. W. Chu).

27. On the antihemolytic activity of blood plasma of different animals. *Chinese J. Physiol.*, vol. 16 (1941), 189. (with L. M. Yang).

28. The chemical excitability of isolated rabbit small intestine. *Proc. Chinese Physiol. Soc., Chengtu Branch*, vol. 1 (1941), 7 (with P. Y. Chang).

29. The perfusion of dog's small intestines with nerves intact. *Proc. Chinese Physiol. Soc. Chengtu Branch*, vol. 1 (1941), 7. (with P. Y. Chang).

30. The acetylcholine and cholinesterase content of the small intestine. *Proc. Chinese Physiol. Soc., Chengtu Branch*, vol. 1 (1942), 27. (with C. P. Cheng and H. Y. Hsin).

31. Observations on the response of the ileocecal sphincter of the dog. *Proc. Chinese Physiol. Soc., Chengtu Branch*, vol. 1 (1942), 31. (with H. Y. Hsin and C. P. Cheng).

32. The chemical excitability of the isolated rabbit small

intestine. *Quart. J. exp. Physiol.*, vol. 31 (1942), 299. (with P. Y. Chang).

33. The localization of the intestinal inhibitory reflex arc. *Quart. J. exp. Physiol.*, vol. 31 (1942), 311. (with P. Y. Chang).

34. Further investigations on the nerve pathways of the intestino–intestinal inhibitory reflex. *Proc. Chinese Physiol., Soc., Chengtu Branch*, vol. 1 (1942), 89. carotidien. *Comptes rendus des séances de la Société de biologie*, vol. 120 (1935), 1354. (with C. Heymans, J. J. Bouckaert and S. Farber).

35. The action of some drugs on the visceral reflex. *Proc. Chinese Physiol., Soc., Chengtu Branch*, vol. 1 (1942), 92.

36. The change of acetylcholine content in the isolated intestinal tissue. *Proc. Chinese Physiol., Soc. Chengtu Branch*, vol. 2 (1942), 31. (with C. P. Cheng).

37. The distribution of acetylcholine in the gastrointestinal tract. *Proc. Chinese Physiol. Soc., Chengtu Branch*, vol. 2 (1944). (with C. P. Cheng).

38. The effect of nerve stimulation on the tissue acetylcholine content of intestine. *Proc. Chinese Physiol. Soc. Chengtu Branch*, vol. 2 (1944). (with C. P. Cheng).

39. Observation on the inhibitory action of the vagus nerve on intestinal motility. *Proc*. Chinese Physol. Soc., *Chengtu Branch*, vol. 2 (1944), 84.

40. The actions of some autonomic drugs on the dog's small

intestine. *Proc. Chinese Physiol. Soc., Chengtu Branch*, vol. 2 (1945), 107. (With W. Yang).

徐学峥(Hsue–Chang ZEE), 国立浙江大学理学士（1943),本所助理员（1945—现在)。

著作目录：

论文：

1. Corpus allatum and corpus cardiacum in chironomas sp. *American Naturalist*, vol. 78 (1944), pp. 472–477.

2. Chromatophere activity in relation to temperature and eyestalk extract concentration. *Proc. Zool. Soc.*, vol. 115 (1945), pp. 207–211.

魏德馨(Telson WEI),国立中央大学理学士（1942),曾任本所助理员（1945—1947)。

著作目录：

论文：

1. A note on linear operations in the metrical space E. *Science Record*, vol. 2 (1947), pp. 36–38.

十二 工学研究所

（一）概况

本所成立于民国十七年三月，为理化实业研究所之工程组，由今所长周仁先生担任组主任。是年七月改组，自成一所，名为"国立中央研究院工程研究所"。周先生亦即改任所长，并接续连任以迄现在。惟所之名称，则自民国三十四年起，又改为今名。

本所设备，可概分为：（一）图书，包括各工程学科之中西文参考书约一千四百册；（二）杂志，包括英、美、德、法等各国各工程学科之期刊，及国内外各学术团体之出版品八十余种。其中有若干种，备具旧刊之卷册甚多，而开始之年份颇早者，并间有整套完全者；（三）试制钢铁及其他金属之冶炼设备；（四）工业分析设备；（五）材料试验设备；（六）金图实验设备；（七）试制及检验科学玻璃与光学玻璃之设备；（八）棉纺织之试验仪器等。抗战以后，向内地迁运，暂留香港海防等年待运之物资以及留沪之重大机件，在太平洋战事发生以后，颇有损失。故复员以来，正从事补充、增购，以恢复前规。

本所任务为研究工学范围内之学理及应用问题，尤注重于利用科学探讨之结果，以谋国内旧有工业之改进及新工业之创设。曾进行之研究工作，包括陶瓷、钢铁、玻璃、棉纺织、内燃机、木材，并一般有关化学工业之问题等。在陶瓷方面，初致力于古瓷与色彩之研究及艺术陶瓷之仿制，并对于瓷泥原料之配合研究有相当结果后，从事于工业瓷品之研讨及制瓷机械之研究与试制。关于钢铁之研究，起先完全注重于学理之探讨。嗣以国内公私营各工业，对于其所需钢铁机件之供应，感觉异常困难，乃受各方之委托，兼以其实际之需要，为研究之对象，而予以协助。因此，国内各工业在技术与经济两方，均曾得到不少之便利，历经研究以试制成功各项钢铁中之尤著成效者，为各级炭素铸钢、锰钢、镍铬钢、铬钢、不锈钢、炭素工业钢、高速钢、耐酸矽铁、坚性铸铁、合金铸铁等。至玻璃之研究，原由本院化学研究所主办。年余以后，方改由本所继续其工作。于是依照原定之计划，进行研究应用于科学上之各项特殊玻璃，如化学玻璃、耐酸玻璃、抗热压玻璃、中性玻璃、阻电玻璃等，均经作学理之探讨后，试制成品，并检验合度，交各方使用，咸称满意，检讨其质地，堪与美之 Pyrex 及德之 Jena 相匹敌。民国廿三年，本所奉令为代表，与前全国经济委员会之棉业统制委员会合作，筹备棉纺织染实验馆，以备用科学方法，改进我国纺织事业。于是又因而进行棉纺织之研究。自开始工作后，年余以内，为上海一带棉业界，检验原料，俾从而增进其产品；并就学理之依据，相与商讨，改善其制造之技术，收效颇宏。其次，如国内外棉业制造情形之调查，及奖励有裨棉制品之研究与发明，亦均次第施行。

　　讵意上述各部门研究工作正循序迈进之际，七七事变突起,本所奉命内迁昆明。廿八年春,一部分设备运抵彼间,适中央与云南省政府商决在昆明附近合办一电力制钢厂,名曰"中国电力制钢厂",利用该省之煤铁矿藏,制炼精美钢料,以供应后方之需要。乃委托本所代为设计,筹备,并于成立后,主持全厂有关技术之设施。因而得与该厂合作,对军事、交通及国营事业机关等,在抗战时,有关钢铁方面之实际急需问题,加以研究,而试制成品,以供给其满意之应用。就中尤以川康盐务管理局仿制汲盐卤用钢丝绳所需之拔丝钢条,中央电工器材厂需用之磁性钢及各运输机关与美军供应处需用之弹簧钢等,为对抗战有间接贡献之成就也。关于玻璃之研究,因昆明附近一带蕴藏矽砂及耐火材料等甚为丰富,足资应用,乃重建玻璃试验场,以继续各项特殊玻璃及仪器玻璃之研究;并对玻璃工业中最新而最重要之产品,即光学玻璃之研究,开始进行,而完成初步工作。在绵纺织方面,因抗战后,机器设备均由经济部运桂,另行利用,归本所运昆明者,仅图书仪器,乃就物力与人力之所及,进行各有关题材之研究。比较重要者,为考察滇产木棉及研究纺织机械之二端。其他在昆明新举办之工作亦有数项:(一)云南木料之研究。滇省因地理及气候关系,适宜于树木之生长,故森林茂盛。本所就木材在工程上应用之各题材加以研究,并在抗战末期,受滇缅公路局及美军工程部之委托,调查滇缅公路国境沿线之桥梁建筑木材,以期能彻底明了全线木桥之力量,而加以强化,俾可胜任彼时计划中之军事运输。最后并举行木材之干馏试验,以备研讨馏出物在工业上之利用。(二)内燃机之研究。抗战时为应付汽油之缺乏，一般趋势均改用木炭为汽车燃料，而盛兴所谓木炭汽车。本工作乃就"用进气加压法增加木炭汽车发动机能量"之题材加以研讨。据初步试验所得之结果，与理论所推断者颇相符合。（三）一般化学工业问题之研讨。本所化验室于协助各项研究工作，举行必须之分析外，曾以余暇，就设备能力之所及，进行有关化学工业之研究；如由滇产钴矿提取氧化钴、金属电镀法及可塑体之制备等研究题材，为其中尤著成效者。

除上述研究工作之外，本所各试验工场，并受公私方面之委托，代制钢铁机件、玻璃仪器及工业瓷品等。更代各方检验或分析工业材料及监察机器。复次，奉院令，审查国内人士，对工程器材上之新创造或发明，亦为重要服务之一。

留滇艰苦工作七年余，胜利欣传，奉命复员。因交通上之困难等关系，暂将研究钢铁所需之全份图书、仪器及试验设备，以及其他重大机件等，留置昆明，继续进行钢铁及木材之研究工作，其余部分迁回上海。惟战前原有之设备，经在港沪与海防遭受重大损失。恢复前规，尚有待于充分之时间及宽裕之经济。于以感战争之间接损失，无数字可资核计矣。

（二）现职人员

专任研究员兼所长	周　仁
专任研究员	殷源之　周行健
兼任研究员	赖其芳
通信研究员	王季同　凌鸿勋　严恩棫　茅以升
	王宠佑　孙观汉　张禄经
专任副研究员	何桂辛　王志泉
助理研究员	冯思莼　施佑之　柳大维　钱善湘
技　正	吴体仁
技　士	张本茂　汪厚基　孙钟礼　雍汉庭
	潘浴新
管理员	文　华　史继良

（三）研究人员著作目录

周 仁（Jen CHOW），美国康乃尔（Cornell）大学硕士（1915），本院工学研究所专任研究员兼所长（1928—现在）。

著作目录：

论文：

1. Effect of heat treatment on the microstructure and engineering properties of certain low–alloy steels. (1915).

2. Making of tool steel directly from Chinese native charcoal iron in electric furnace.

3. 铸铁铸钢之研究与试制．中国工程师学会第六届年会论文专号．廿六年二月．

赖其芳(C. F. LAI)，国立北京工业大学工学士(民国13年)；Iowa State College, (U.S.A.) M.S., (1926); University of Pittsburgh, (U.S.A.) Ph. D., (1928)，化学研究所专任研究员(1933 年 7 月—1934 年 7 月)，本所专任研究员(1934 年 7 月—1941 年 9 月)，本所兼任研究员(1947 年 1 月—现在)。

著作目录：

论文：

1. The native paper industry of China. *Jou. of the China Soc. of Chem. Ind.*, Vol. 4, Part Ⅰ.

2. The effect of the addition of sodium carbonate and sodium silicate on the casting properties of clay slip. *Proc. Iowa Acad. Science*, (U.S.A.), 33 (1926), 170.

3. Use of muffle furnace in the testing of vitreous enamels. *Fuels and Furnace*, (U.S.A.), 5 (1927), 325–26.

4. Sheet steel cooking ware white enamels economically suitable for use in China. *Jour. Amer. Cer. Soc.*, 10 (1927), 150.

5. Beryllium Glasses–Ⅰ. *Jou. Amer. Cer. Soc.*, 11 (1928), 535–41.

6. Beryllium Glasses–Ⅱ. *Jou. Amer. Cer. Soc.*, 13 (1930), 393–98.

冯思莼(S. S. VOONG)，国立南京高等师范工科毕业

（1919），本所助理员（民国 18 年 11 月—30 年底），助理研究员（民国 31 年 1 月—现在）。

著作目录：

专书：

1. 实用木工学 . 商务印书馆，民国十年 .

2. 应用用器画 . 商务印书馆，民国十年 .

柳大维（T. W. LIU），国立中央大学理学士（1932 年 7 月），本所助理员（民国 24 年 2 月—民国 30 年 12 月），助理研究员（民国 31 年 1 月—现在）。

著作目录：

专书：

1. 化学原理 . 商务印书馆，一九三三年十二月（与汤元吉合译）.

2. 时空与原子 . 商务印书馆，一九三五年九月 .

3. 物理简要 . 商务印书馆（初中复习丛书），一九三七年五月（与张开圻合编）.

论文：

1. 战后十年建设中玻璃工业复兴之计划 . 科学与技术 Vol. 1, No. 4, pp. 32–43. 科学技术月刊社，一九四四年七月 .

钱善湘（TSIEN Cha Siang），上海震旦大学理工学院理学士（1939），法国政府给 Ingenieur Chimiste 学位（1940），本所助理研究员（民国 36 年 1 月—现在）。

著作目录：

专书：

1. 胶质化学概论．正中书局，民国三十一年六月出版．

王季同(Ki-Tung WANG)，北京同文馆毕业 Practised on the designing building and testing of electric machineries at Siemens Brothers Dynamo Works Stafford, Eng., (1909–1911)，曾任本所专任研究员。

著作目录：

论文：

1. The differentiation of quaternion functions. *Proc. of the Royal Irish Acad.*, Vol. XXIX, sec. A, No. 4.

2. 独立变数之转换与级数之互求．科学．五卷一号．

3. New formulas for helical springs. *Proc. of the Engin. Cong.*, Tokyo, Japan, Vol. III, pp. 349–370.

4. New graphical method of finding the area of irregular figures. *Proc. of the Engin. Cong.*, Tokyo, Japan, Vol. III, pp. 349–370.

5. A method of most economically proportioning the dimensions of a transformer. *The Trans. of the Second World Power Conference*, Berlin, Germany, Vol. XII, p. 301.

胡嗣鸿(S. H. HU)，Tsing–Hua University(1912), Colorado School of Mines, Metallurgical Engineer (1916), Columbia University Master of Science(1917)，曾任本所专任研究员。

著作目录：

论文：

1. Report of Founding of Iron & Steel. *Chinese Engineering Society*, (1934).

张英伯(Ying-Pe CHANG)，国立北平师范大学学士(1937)，Yale University M. S. (1947)，曾任本所专任副研究员。

著作目录：

论文：

1. 滇缅公路国境沿线之桥梁建筑木材 . 本所研究报告 . 一九四七年九月 .

2. Taxonomical and Wood-anatomical Studies on some Species of Schima in Western Yunnan. 本所研究报告 . 一九四七年九月 .

3. 建筑木材之力学性质 . 本所研究报告 . 一九四七年九月 .

苏延宾(SU Yen Pin)，私立南通学院纺绒科学士(1930)，North Carolina State College Textile School (1946)，曾任本所技士。

著作目录：

论文：

1. 云南木棉在纺纱上之价值 . 纺织染工程 . 三卷四期 . 1941.

十三　心理学研究所

（一）概况

沿革　本所成立于民国十八年（一九二九）五月，但十七年十一月本院组织法公布后已着手筹备，由唐钺先生为所长，成立时在北平，暂租东城新开路民房为所址，开始延聘研究人员，购置图书仪器，订购心理学及有关科学之杂志，饲养实验用动物。十九年八月购得东城芳嘉园一号房屋一座，修葺后于十月移入，前半作为图书室事务室，后半作为实验室，东院空地添建动物室一所，规模粗具。廿二年三月奉院命南迁上海，暂租巨籁达路民房为临时所址，七月杪本院白利南路理工实验馆即今杏佛馆完工，得与本院物、化、工三所同迁入该馆。本所在右翼四楼，计房十一间，虽稍嫌仄狭，唯布置两三月后已可恢复工作。是年夏，唐钺先生辞所长职务，专任研究工作。另聘汪敬熙先生为所长。廿三年四月本院社会科学研究所为集中工作起见，将南京部分移往北平，其所遗南京钦天山下所址，由院拨归本所应用，乃于六月自上海移至南京。廿四年添建猴房一座，附实验室一间，外科手术室一间，另加动物房一间，狗房一间。廿六年抗战军兴，八月间与京中各所迁往长沙，十月迁至衡山之南岳，同年十二月底又由南岳经桂林迁往阳朔。是时同在阳朔者有本院之社会科学研究所,动植物研究所及历史语言研究部之一部。廿七年广州汉口相继沦陷,十二月本所与地质所、物理所又经柳州迁往三江县之丹洲乡。廿九年与广西桂林科学实验馆合作建楼一幢于桂林南二十里之雁山村。四月全所由丹洲乡迁来。廿九年冬,新建图书室一间、外科手术室一间。三十年春将本所借予西南联大之书籍杂志自昆明运回,排入新建之图书室。抗战后三年来除在阳朔稍久外,均在迁播途中,影响工作甚大,移至雁山后稍为安定,始能恢复研究工作。卅三年夏敌侵湘桂,本所仓促再迁,先由雁山迁至八步之西湾,旋复回桂林,循湘桂、黔桂两铁路线迁往贵阳。本所大部分书籍杂志及零星仪器,均于此次迁移时与物理所之机件仪器等同遭损失。是年冬,贵阳吃紧,本所又迁重庆之北碚。卅四年夏,借得教育部前实验剧队故址楼房一所为所址。胜利后于卅五年九月与本院各所复员,迁入上海岳阳路现在所址。

设备 （1）图书。开办时仅有英德法文书籍五百余部,旧杂志卅五种,三千余册。常年订购心理学及有关科学杂志六十余种。以后逐年增加,至抗战时书籍已达一千余部,其中多新出贵重书籍。绝版善本及珍贵名著亦占一小部分。旧杂志完整之全套者三十余种,常年订购之新杂志约近百种。廿三年曾购得步达生教授之遗书若干,北平图书馆复将关于心理学之旧杂志数种寄存本所以便本所同人阅览。关于心理学生理学及神经学等科学之书籍、杂志,已足供研究之用。抗战军兴,本所已预将图书杂志运往长沙,嗣因本所尚无适当所址,乃将全部图书借予西南联大运往昆明。三十年春由西南联大交还,运回桂林雁山。不幸于卅五年几全毁于黔桂路上,故今后亟待补充。

（2）仪器。本所仪器初办时仅择急用者订购,计分四类,即(一)心理学实验用仪器如各种迷津、问题箱、计时器等。(二)神经学及生理学仪器如切片机、显微镜、显微镜照相器、解剖用具等。(三)电学仪器等如电表、变压器、马达等。(四)普通仪器如蒸馏器、记动器、计数器等总数不过三百余件。嗣后逐年增购,重要者如马氏示波器、兴氏照相记录器、外科手术用电刀、哈佛长纸计动器以及黑地显微镜、斯宾塞摇动切片机、人工呼吸机、血液加氧机等,廿四年又辟一小型工作室,添置车床钻床铣床及金木工用具,一方面可以修理各种机件,另一方面亦可自制小件仪器,如电磁记时器、马氏气动记纹器等,并自备小型发电机及爱迪生电池供实验时直流电之用。抗战后或运汉口保存,或留交在京机关应用。南京沦陷后,在京者均散失无存,存汉口者于复员后虽幸保存,但八年间潮霉锈蚀,多已不堪应用,唯携后方之显微镜数架均幸得保存完好,是以今后仪器方面,亦亟待补充,方能供实验工作之需用。

（3）实验用动物及标本。实验用动物初仅有豚鼠数十,大白鼠百许及兔十数只。嗣后增购狗数只及猴三只,其余动物数目亦增加甚多,移上海时放弃一部分,移南京后又增建猴房及狗屋各一间,以供养猴及狗猫兔等较大动物。白鼠仍旧照常饲养,数目增至三百余只。自制之各动物脑髓切片,整套者数十。较大动物如猫狗等脑髓均作横切、竖切和平切三种切法之全脑整套切片，以供研究。抗战后，动物无法带至后方，幸已制成之整套切片，大部均能保存。

工作 本所成立之初，仅作关于动物学习问题之研究，如大声对于习得行为之影响及粮食种类（荤食与素食），与学习速度之关系等。十九年又增加神经解剖之研究，并修订皮纳氏之智力测验。廿二年起本所研究工作为之一变，主要部门侧重在神经生理的研究，如动物视觉系统神经中枢各处之电位变动研究，动物姿态反应之研究及内脏感觉器官之反应等。原来之神经解剖研究仍继续进行并扩大研究之范围。廿三年又与清华大学心理系合作，增设工业心理研究之部门，在平绥路机厂及京沪一带纱厂作实地之考察与研究。廿五年工业心理研究由本所专办。抗战后本所屡次迁播，图书仪器均感缺乏，且内地水电设备亦不方便，遂致多数实验工作均告中断，如视觉系统电生理之研究，神经解剖之制图制切片等。工业心理因纱厂等均在沦陷区内，亦无法继续进行。三十年后，乃因地取材改变研究方面，集中研究胚胎行为之发展问题，如青蛙蝌蚪游泳动作及体态反射发展之程序及出卵时割除中枢神经各部后，对此种发展程序之影响；中枢神经各部位之互相关系；青蛙蝌蚪皮肤变色反射之发展程序及其与脑下垂体和中枢神经系统之关系；和青蛙蝌蚪之内耳平衡感觉机关发展之程序。神经解剖方面，乃就本所制成之动物脑髓切片作比较之研究，如端脑之比较研究，刺猬中后脑之构造和猴小脑中皮层内一种曲回神经纤维之研究等。工业心理方面，则限于整理过去所得之材料，卅三年又开始迁播，胜利一年后,始得复员。在此段期间内,曾采用移植中枢神经法研究,对蝌蚪行为发展之影响及用人工联体共生法研究中枢神经系统各部位之互相影响。如后脑对于脊髓,中脑对于后脑和脊髓等问题。此后拟从速补充实验用之仪器,购买新出有关参考书籍及补购新旧有关科学之杂志,以利研究工作之进行。

将来研究工作之计划:(甲)继续抗战期内所选择之中心工作:(一)胚胎行为发展之研究,此项工作嗣后除用普通神经生理学之方法外,更拟采用实验发生学之移植中枢神经系统法从事研究。前此实验所用之动物为两栖类,此种动物仅于春夏产卵,实验进行颇受限制。近年英国国立医学研究所发现南非产之有爪蟾蜍,不但极易饲养,且对于脑下垂体前叶激素,极易反应,可以在任何季节产卵,此项实验即拟采用此种有爪蟾蜍以便供终年实验之用。(二)蝌蚪一边耳迷路割除后,中枢神经之抵补作用。(三)两栖类蝌蚪脊髓内禁止作用机构之研究,此项研究仍拟采用人工联体共生法及移植中枢神经系统法。(乙)恢复战前之中心工作:(一)哺乳类动物行为与神经系统的关系研究。抗战前此组问题原分三方面进行:(1)视觉系统内之电位变动之研究;(2)内脏感觉机关之研究;(3)比较神经解剖之研究。关于第一项曾发表论文五篇,已研究至中脑上叠体之电位变动,动眼神经核内之动作电位已作过若干实验,俟补充仪器后仍拟继续。关于第二项,抗战前已发表论文五篇,已完成血管之感觉机关,此项工作亦拟于补充仪器药品后继续进行。关于第三项,过去曾发表论文十篇,嗣后仍拟继续作比较哺乳类动物脑部构造之研究。

出版刊物　本所刊物原有专刊及丛刊两项,前者已出十期,后者已出四期,嗣后本所论文多送中国生理学杂志刊载,间亦有送美国生理学及神经学杂志刊载者,以省经营印刷之烦。抗战后论文除中文二篇外,均送美国杂志刊载,先后共计有三十一篇。

（二）现职人员

专任研究员兼所长　　汪敬熙

专任研究员　　唐　钺　张香桐

兼任研究员　　臧玉淦

专任副研究员　　鲁子惠

助理员　　张汝亭

（三）研究人员著作目录

汪敬熙（Ging-Hsi WANG）,国立北京大学毕业（1919）,美国约翰霍普金斯（Johns Hopkings）大学博士（1923）,本院心理学研究所专任研究员兼所长（1934—现在）。

著作目录:

专书:

1.科学方法漫谈.商务印书馆出版,1938.

2.行为之生理的分析.独立出版社出版,1944.

论文:

1. The relation between "spontaneous" activity and oestrous cycle in the white rat. *Comp. Psychol. Monog.*, 2, No. 6 (1923).

2. Sexual activity rhythm in the female rat. *Amer. Natur.*, 58 (1924), 36.

3. Age and sex differences in the daily food—intake of the albino rat. *Amer. J. Physiol.*, 71 (1925), 729—

4. Effect of pregnancy and lactation on the daily food—intake of the albino at. *Amer. J. Physiol.*, 71 (1925).

5. Activity studies on male castrated rats with ovarian transplant and correlation of the activity with the histology of the grafts. *Amer. J. Psychol.*, 73 (1925), 581—599. (with Richter, C. P. & Guttmacher, A. F.).

6. The oculo—cardiac reflex; its clinical significance. *J. Ment. Sci.*, 72 (1926), 321—330. (with Gillespie. R. D. & Richter, C. P.).

7. New apparatus for measuring the spontaneous motility of animals. *J. Lab. & Clin. Med.*, 12 (1926), 289—.(with Richter, C. P.).

8. The effect of thyroid feeding on the spontaneous activity of the albino rat and its relation to accompanying physiological changes. *Bull. Johns Hopkins hosp.*, 40 (1927), 304—317.

9. The effect of ovarian traumatization on the spontaneous activity and genital tract of the albino rat correlated with a histological study of the ovaries. *Amer. J. Physiol.*, 82 (1927), 335—349. (with Guttmacher, A. F.).

10. Action currents from the pad of the cat's foot produced

by stimulation of the tuber cinereum. *Chinese J. Physiol.*, 2 (1928), 279–284. (with Richter, C. P.).

11. The galvanic skin reflex in normal, thalamic, decerebrated and spinal cats under anaesthesia. *Chinese J. Physiol.*, 3 (1929), 109–122. (with Lu, T. W. & Pan, J. G.).

12. The rate of conduction in the post–ganglionic sympathetic nerve fibres to the sweat glands in the cat's foot–pad. *Chinese J. Physiol.*, 3 (1929), 335–340. (with Lu, T. W.).

13. Galvanic skin reflex and the measurement of emotions. *Sun Yatsen University Press*, (1930), pp. 28.

14. Galvanic skin reflex induced in the cat by stimulation of the motor area of the cerebral cortex. *Chinese J. Physiol.*, 4 (1930), 303–326. (with Lu, T. W.).

15. On "inhibition" of the secretion of sweat in the cat by stimulation of dorsal nerve–roots. *Chinese J. Physiol.*, 4 (1939), 175–181. (with Lu, T. W.).

16. On the intensity of the galvanic skin response induced by stimulation of post–ganglionic sympathetic nerve–fibres with single induction shocks. *Chinese J. Physiol.*, 4 (1930), 393–400. (with Lu, T. W.).

17. The "all or none" nature of sweat secretion and of conduction in the post–ganglionic sympathetic nerve fibres in the cat. *Chinese J. Physiol.*, 4 (1930), 405–414. (with Lu, T. W.).

18. The effect of hemisection of the cervical spinal cord on the galvanic skin response induced by cortical stimulation. *Chinese J.*

Physiol., 5 (1931), 141–148. (with Mok, K. H.).

19. Pupillary constriction from cortical stimulation. *Chinese J. Physiol.*, 5 (1931), 205–216. (with Lau, T. T. & Lu, T. W.).

20. Pupillary dilation from cortical stimulation. *Chinese J. Physiol.*, 6 (1932), (with Lu, T. W. & Lau, T. T.).

21. Note on direct stimulation of the pupillary dilatator muscle fibres in the iris of the cat. *Chinese J. Physiol.*, 6 (1932), 341–344.

22. On the similarity of the action of corydalis B and K to that of bulbocapnine. *Chinese J. Physiol.*, 7 (1933), 13–21. (with Lu, T. W.).

23. Action petentials of the visual cortex and the superior colliculus induced by stimulation of the retina with light. *Chinese J. Physiol.*, 8 (1934), 121–144.

24. Action potentials in visual cortex and superier colloculus induced by shadow movement across the visual field. *Chinese J. Physiol.*, 10 (1935), 149–170. (with Lu, T. W.).

25. Action potentials in the lateral geniculate body of the rabbit. *Chinese J. Physiol.*, 10 (1936), 391–401. (with Lu, T. W.).

26. Action potentials induced by change in intensity of illumination in visual cortex, lateral geniculate body, superior colliculus and retina of rabbit. *Chinese J. Physiol.*, 11 (1937), 333–342. (with Lu, T. W.).

27. On the influence of the rate of photic stimulation upon the electroretinogram of frogs. *Chinese J. Physiol.*, 11 (1937), 471–482. (with Lu, T. W.).

28. Note on a tactile pupillo-constrictory reflex in the pigon. *Chinese J. Physiol.*, 11 (1937), 483–484.

29. Latency of action potentials in cortex and retina induced by illumination of the eye. *Arch. Neurol. Psychiat.* (1937).

30. The action of menisine and menisidine on amphibian skeletal muscles. *Chinese J. Physiol.*, 12 (1937), 163–166. (with Lu, T. W. & Chou, T. Q.).

31. Action potentials in the nucleus of the occulomotor nerve of the rabbit. *Chinese J. Physiol.*, 12 (1937), 497–498. (with Lu, T. W.).

32. The bearing of the work on the action potentials in the different parts of the visual apparatus on the theory of the mechanism of discrimination of light intensities. *Onziéme congrés* International de Psychologie. (1937), P. 494.

33. Spontaneous activity of the spinal tadpoles of the frog and the toad. *Science*, 29 (1940), 148. (with Lu, T. W.).

34. Development of swimming and righting reflexes in Rana grüntherii; Effects thereon of transection of central nervous system at different levels. *J. Neurophysiol.*, (1941), 137–149. (with Lu, T. W.).

35. The hindbrain and the early development of behavior in frogs. *J. Neurophysiol.*, (1944), 151–162. (with Lu, T. W.).

唐钺(Yueh TANG),国立清华大学毕业,美国康奈尔(Cornell)大学学士(1917),美国哈佛(Harvard)大学博士(1920),本院心理学研究所所长(1929—1933)及专任研究员

（1934—现在）。

著作目录：

1. The effect of a vegetarian deit on the learning ability of albino rats, 1 & 2. *Contrib. from the National Research Institute of Psychology, Academia Sinica*, Nos. 1 & 4 (1932). (with Ch'in, K & Tsang, Y. H.).

2. On the Development of different placing reactions in the albino rat. *Chinese J. Physiol.*, 9 (1935), 339–346.

3. The effect of unilateral labyrinthectomy in the albino rat. *Chinese J. Physiol.*, 10 (1936), 571–598. (with Wu, C. F.).

4. The effect of central compensation in labyrinthectomized rat. *Chinese J. Physiol.*, 12 (1937), 117–124. (with Wu, C. F.).

张香桐(Hsiang–Tung CHANG)，北京大学学士(1931)，美国耶鲁(Yale)大学博士(1946)，本院心理学研究所助理员（ 1933—1943 ），专任研究员(1948—现在)。

著作目录：

1. An auditory reflex of the hedgehog. *Chinese J. Physiol.*, 10 (1936), 119–124.

2. The primary connections of the optic nerve of the albino rat. *Chinese J. Zool.*, 2 (1936), 17–30.

3. Action potentials in the cochlea of the hedgehog. *Chinese J. Physiol.*, Proceedings, (1936). (With Lu, T. W.).

4. The descending tracts from the inferior colliculus of the

hedgehog brain. *Monographs of the National Research Institute of Psychology, Academia Sinica*, No. 10 (1937).

5. Which layer in the sensori–motor cortex is responsible for the placing reactions? *Chinese J. Physiol.*, 11 (1937), 81–86.

6. One kind of recurrent fibers in the cerebellar cortex of the monkey. *J. Comp. Neurol.*, 74 (1941), 265–268.

7. The high level decussation of pyramids in the pangolin(Manis Pentadactyla Dalmanni). *J. Comp. Neurol.*, 81 (1944), 333–338.

8. The choreiform movements in a dog suffering from corticostriatal disease. *J. Neurophysiol.*, 8 (1945), 89–98.

9. Representation of muscles in the motor cortex of the macaque. *Fed. Proc.*, 5 (1946), VF. (With Ruch, T. C. and Ward, Jr., A. A.).

10. The spinal origin of the ventral supraoptic decussation (Gudden's commissure) in the spider monkey. *Anat. Rec.*, 96 (1946), 515–516. (with Ruch, T. C.).

11. An introduction to the study of the nervous system of Ateles. *Yale J. Biol. Med.*, 19 (1946), 181–188.

12. Topographical representation of muscles in motor cortex of monkey. *J. Neurophysiol.*, 10 (1947), 39–56. (with Ruch, T. C. And Ward, Jr., A. A.).

13. Morphology of the spinal cord, spinal nerves, caudal plexus, tail segmentation, and caudal musculature of the spider

monkey. *Yale J. Biol. Med.*, 19 (1947), 345–377. (with Ruch, T. C.).

14. Organization of the dorsal columns in the spinal cord and their nuclei in the spider monkey. *J. Anat.*, 81 (1947), 140–149. (with Ruch T. C.).

15. Topographical distribution of spinothalamic fibres in the thalamus of the spider monkey. *J. Anat.*, 81 (1947), 150–164. (with Ruch, T. C.).

16. Patterns of muscular contraction from evoked cortical discharges. *Res. Publ. Ass.nerv. ment. Dis.*, 26 (1947). (with Ruch, T.C. and Ward, Jr., A. A.).

17. Representation of cutaneous tactile sensibility in the cerebral cortex of the spider monkey. *Fed. Proc.*, 6 (1947), 89. (with Woolsey, C. N., Jarcho, L. W. and Henneman, E.).

18. Cortical origin of the pyramidal tract as defined by antidromic volleys from the medullary pyramid. *Fed. Proc.*, 6 (1947), 230. (with Woolsey, C. N.).

19. Distribution of cortical potentials evoked by electrical stimulation of dorsal roots in Macaca Nulatta. *Fed. Proc.*, 6 AVTDGQ. 230. (with Woolsey, C. N. And Bard, P.).

20. Topographical vs. Functional organization of the motor cortex of the monkey. *Seventeenth International Physiological Congress, Oxford, July 1947, Abstracts of Communications*, pp. 287–288. (with Ruch, T. C. And Ward, A. A.).

臧玉淦(Yu Ch'uan TSANG),国立北京大学文学士(1924),
美国芝加哥(Chicago)大学博士(1936),本院心理学研究所兼任
研究员(1947—现在)。

著作目录:

专书:

1. Outline of myology 67 ff (1943)

肌学纲要 . 北平沙漠印刷所 .

2. Outline of peripheral nervous system 51 ff (1943)

周缘神经系 . 北平沙漠印刷所 .

3. Manual of neuroanatomy 115 ff (text only) (1944)

中枢神经系 . 北平沙漠印刷所 .

4. A laboratory outline of neuroanatomy 34 ff (1944)

神经解剖实习 . 北平沙漠印刷所 .

5. A laboratory manuel of human anatomy 167 ff (1946)

人体解剖实习(上下二册) . 北平和记书局 .

论文:

1. The functions of the visual areas of the cerebral cortex of
the rat in the learning and retention of the maze. *Comp. Psychol.
Monog.* 10 (1934), 56.

2. The blood supply of the lateral geniculate body in the rat. *J.
Comp. Neurol.*, 61 (1935), 553–562.

3. The functions of the visual areas etc. *Comp. Psychol.
Monog.*, 12 (1936), 41.

4. Vascular changes following experimental lesions in the

cerebral cortex. *Arch. Neur. Psychiat.*, 35 (1936), 1280–1288.

5. Vascular changes in the lateral geniculate body following extirpation of the striate cortex. *Arch. Neur. Psychiat.*, 36 (1936), 569–577.

6. Maze learning in rats hemidecorticated in infancy. *J. Comp. Psychol.*, 24 (1937), 221–248.

7. Visual sensitivity in rats deprived of visual cortax in infancy. *J. Comp. Psychol.*, 24 (1937), 255–262.

8. Visual centers in blinded rats. *J. Comp. Neurol.*, 66 (1937), 211–261.

9. Hunger motivation in gastrectomized fats. *J. Comp. Neurol.*, 26 (1938), 1–17.

10. Ventral horn cells and polydactyly in mice. *J. Comp. Neurol.*, 70 (1939), 1–8.

11. Cortical tissues adjoining experimental lesions as revealed by Golgi and Cox methods. *Psychiatrische en Neurologische Bladen*, Jaargang., (1939), 12.

12. Supra and post–optic commissures in the brain of the rat. *J. Comp. Neurol.*, 72 (1940), 535–567.

13. A vagus–pituitary reflex. IX. General locus of the vagosupraoptic tract. *Chinese J. Physiol.*, 15 (1940), 445–464. (In collaboration with others).

14. Vascular changes in the thalamic nuclei undergoing retrograde degeneration. *Arch. Neur. & Psychiat.*, 44 (1940), 1237–1245.

15. Relative constancy of the cerebral fissures and convolutions in the dog. *Peking Natural History Bulletin*, 16 (1941), 157–173.

16. The formation of the "Swiss cheese brain". *Mitteil. d. med. Fakul. d. staatl. Univ.* Peking, 5 (1943), 193–202.

17. Anatomy of polydactyly. *Mitteil. d. med. Fakul. d. staatl. Univ.* Peking, 5 (1943), 203–215.

18. Eye–muscle nuclei in the rat and the mole–rat. *Mitteil. d. med. Fakul. d. staatl. Univ.* Peking, 5 (1944), 321–329.

鲁子惠(Tse–Wei LU)，前中州大学肄业(1924–1927)，北京大学研究生(1930—1933)，本院心理学研究所助理员(1934—1940)，助理研究员(1941—1942)，副研究员(1943—现在)。

著作目录：

1. The galvanic skin reflex in normal, thalamic, decerebrated and spinal cats under anaesthesia. *Chinese J. Physiol.*, 3 (1929), 109–122. (with Wang, G. H. & Pan, J.G.).

2. The rate of conduction in the post–ganglionic sympathetic nerve fibres to the sweat glands in the cat's foot–pad. *Chinese J. Physiol.*, 3 (1929), 335–340. (with Wang, G. H.).

3. On "inhibition" of the secretion of sweat in the cat by stimulation of the motor area of the cerebral cortex. *Chinese J. Physiol.*, 4 (1930), 303–326. (with Wang, G. H.).

4. Galvanic skin reflex induced in the cat by stimulation of

the motor area of the cerebral cortex. *Chinese J. Physiol.*, 4 (1930), 303–326. (with Wang, G. H.).

5. On the intensity of the galvanic skin response induced by stimulation of post–ganglionic sympathetic nerve–fibres with single induction shocks. *Chinese J. Physiol.*, 4 (1930), 303–326. (with Wang, G. H.).

6. The distribution of post–ganglionic sympathetic sodumotor nerve fibres in the nerves to the foot–pads of the cat. *Chinese J. Physiol.*, 4 (1930), 401–404.

7. The "all or none" nature of sweat secretion and of conduction in the post–ganglionic sympathetic nerve fibres in the cat. *Chinese J. Physiol.*, 4 (1930), 405–414. (with Wang, G. H.).

8. Pupillary constriction from cortical stimulation. *Chinese J. Physiol.*, 5 (1931), 205–216. (with Wang, G. H. & Lau, T. T.).

9. Pupillary dilation from cortical stimulation. *Chinese J. Physiol.*, 6 (1932), 225–235. (with G. H. Wang, & Lau, T. T.).

10. On the similarity of the action of corydalis B and K to that of bulbocapnine. *Chinese J. Physiol.*, 7 (1933), 13–21. (with Wang, G. H.).

11. Action potentials in visual cortex and superior collioulus induced by shadow movement across the visual field. *Chinese J. Physiol.*, 10 (1936), 149–170. (with Wang, G. H.).

12. Action potentials in the lateral geniculate body of the rabbit. *Chinese J. Physiol.*, 10 (1936), 391–401. (with Wang, G. H.).

13. Action potentials induced by change in intensity of

illumination in the visual cortex, lateral geniculate body, superior colliculus and retina of rabbit. *Chinese J. Physiol.*, 11 (1937), 335–342. (with Wang, G. H.).

14. On the influence of the rate of photic stimulation upon the electroretinogram of frogs. *Chinese J. Physiol.*, 11 (1937), 471–482. (with Wang, G. H.).

15. The action of menisine and menisidine on amphibian skeletal muscles. *Chinese J. Physiol.*, 12 (1937), 163–166. (with Wang, G. H.).

16. Action potentials in the nucleus of the occulomotor nerve of the rabbit. *Chinese J. Physiol.*, Proceedings, 12 (1937), 497–498. (with Wang, G. H.).

17. Spontaneous activity of the spinal tadpoles of the frog and the toad. *Science*, 92 (1940), 148. (with Wang, G. H.).

18. Development of swimming and righting reflexes in Rana Guntherii: Effects thereon of transection of central nervous system at different levels. *J. Neurophysiol*, (1941), 137–146. (with Wang, G. H.).

19. The hindbrain and the early development of behavior in frogs. *J. Neurophysiol*, (1944), 151–162. (with Wang, G. H.).

张汝亭(Ju-Ting CHANG),国立中央大学理学士(1942),本院心理学研究所助理员(1947—现在)。

朱鹤年(Ho-Nien CHU),复旦大学理学士(1926),美国芝加哥(Chicago)大学理硕士(1930),美国康奈尔(Cornell)大学哲学博士(1932),本院心理学研究所专任研究员(1930—1935)。

著作目录:

1. The cell masses of the diencephalon of the opossum–Didelphis Virginiana. *Monographs of the National Research Institute of Psychology, Academia Sinica*, 2 (1932).

2. The Fiber Connections of the diencephalon of the opossum–Didelphis Virginiana. *Monographs of the National Research Institute of Psychology. Academia Sinica*, 3 (1932).

3. On the Central nervous system of the albino rats fed with normal and vegetarian diets. *Contrib. from the National Research Institute of Psychology, Academia Sinica*, 3 (1933).

4. On the vasomotor centers in the forebrain and midbrain. *Chinese J. Physiol.*, 11 (1937). (with Loo, Y. T.).

5. The Groaning response to mesencephalic Stimulation. *Chinese J. Physiol.*, 11 (1937). (with Loo, Y. T.).

蔡乐生(Loh–Seng TSAI),复旦大学毕业,美国芝加哥(Chicago)大学博士(1928),本院心理学研究所研究员(1931—1934),兼任研究员(1935—1936)。

著作目录:

1. The laws of minimum effort and maximum satisfaction in animal behavior. *Monographs of the National Research Institute of Psychology, Academia Sinica.*, 1 (1932).

卢于道(Yu-Tao LOO)，中央大学毕业，美国西北大学博士，本院心理学研究所研究员(1931–1940)。

著作目录：

1. Postnatal growth of the cerebral cortex. *Monographs of the National Research Institute of Psychology, Academia Sinica*, 4 (1933).

2. The cerebral cortex of a Chinese brain(Ⅰ,Ⅱ,Ⅲ). *Monographs of the National Research Institute of Psychology, Academia Sinica*, 5 (1933).

3. Postnatal myelogenesis of the cerebral cortex. *Contrib. of the National Research Institute of Psychology, Academia Sinica*, 2 (1933).

4. The cerbral cortex of a Chinese brain(Ⅳ,Ⅴ). *Monographs of National Research the Institute of Psychology, Academia Sinica*, 6 (1934).

5. The cerbral cortex of a Chinese brain(Ⅵ,Ⅶ). *Monographs of the National Research Institute of Psychology, Academia Sinica*, 8 (1935).

6. The cerbral cortex of a Chinese brain(Ⅷ,Ⅸ,Ⅹ). *Monographs of the National Research Institute of Psychology*, Academia Sinica, 9 (1935).

7. The thymo-nucleic acid in normal nerve cells. *Chinese J. Zool.*, 3 (1936), 1–16.

8. On nucleus geniculatus lateralis ventralis. *Chinese J. Zool.*,

2 (1936), 31.

9. On the vasomotor centers in the forebrain and the midbrain. *Chinese J. Physiol.*, 11 (1937), 295–300. (with Chu, Ho–Nien).

10. The groaning response to mesencephalic stimulation. *Chinese J. Physiol.*, 11 (1937), 301–304. (with Chu, Ho–Nien).

陈立(Lih CHEN),中华大学毕业,本院心理学研究所兼任副研究员(1935),副研究员(1937—1940)。

著作目录:

1. Periodicity in oscillation. *Brit. J. Psychol.*, 25 (1935), 382.

2. Report on an investigation of the atmospheric conditions in Dah Sun city mill, Nantungchow, Kiangsu. (1938).

邬振甫(Chen–Fu WU),国立清华大学学士,本院心理学研究所助理员(1931—1937)。

著作目录:

1. Personal tempo and speed in some rate tests. *J. Testing*, 1 (1934), (Chinese).

2. The effects of unilateral labyrinthectomy in the albino rat. *Chinese J. Physiol.*, 10 (1936), 571–598. (with Tang, Y.).

3. The effects of central compensation in labyrinthectomized rats. *Chinese J. Physiol.*, 12 (1937), 117–124. (with Tang, Y.).

朱亮威(Liang–Wei CHU),北平协和医学院、本院心理学研究所练习助理员(1936),助理员(1937—1939)。

著作目录:

1. The diffuse vasotatic reflex. *Chinese J. Physiol.*, 12 (1937), 37–50. (with Hsu Fong–Yen).

2. Vasomotor responses of the kidney. *Chinese J. Physiol.*, 12 (1937), 109–116. (with Hsu Fong–Yen).

3. The effect of adrenaline on vasomotor reflexes. *Quarterly J. Experi. Physiol.*, 27 (1937), 307–317. (with Hsu Fong–Yen).

诸相尧(Hsiang–Yao CHU),军医学校毕业(1936),本院心理学研究所进修员(1941)。

著作目录:

1. Ciliary movement and circulation of cerebrospinal fluid within brain ventricles in larval and adult anurans. *Amer. J. Physiol.*, 2 (1942).

"南京稀见文献丛刊"
已出书目

15.《金陵百咏・金陵杂兴・金陵杂咏・金陵百咏（外一种）》

(宋)曾极；(宋)苏泂；(清)王友亮；(清)汤濂

16.《献花岩志・牛首山志・栖霞小志・覆舟山小志》

(明)陈沂；(明)盛时泰；(明)盛时泰；(民国)汪闓

17.《金陵世纪・金陵选胜・金陵览古》

(明)陈沂；(明)孙应岳；(清)余宾硕

18.《后湖志》 (明)赵官等

19.《金陵旧事・凤凰台记事》 (明)焦竑；(明)马生龙

20.《金陵琐事・续金陵琐事・二续金陵琐事》 (明)周晖

21.《客座赘语》 (明)顾起元

22–24.《金陵梵刹志》 (明)葛寅亮

25.《金陵玄观志》 (明)葛寅亮

26.《留都见闻录・金陵待征录》 (明)吴应箕；(清)金鳌

27.《板桥杂记・续板桥杂记・板桥杂记补》

(明末清初)余怀；(清)珠泉居士；(清末民初)金嗣芬

28.《建康古今记》 (清)顾炎武

29.《随园食单・白门食谱・冶城蔬谱・续冶城蔬谱》

(清)袁枚；(民国)张通之；(清末民初)龚乃保；(民国)王孝煃

30.《钟山书院志》 (清)汤椿年

31.《莫愁湖志》 (清)马士图

32.《金陵览胜诗考》 (清)周宝偀

33.《秣陵集》 (清)陈文述

34.《摄山志》 (清)陈毅

35.《抚夷日记》 (清)张喜

36. 《白下琐言》　　　　　　　　　　　　　　　　　　　　（清）甘熙

37. 《灵谷禅林志》　　　　　　　　　（清）甘熙、谢元福，（民国）佚名

38. 《承恩寺缘起碑板录·律门祖庭汇志·扫叶楼集·金陵乌龙潭放生池古迹考》

　　　　（清）释鹰巢；（清末民初）释辅仁；（民国）潘宗鼎；（民国）检斋居士

39. 《教谕公稀龄撮记·可园备忘录·凤叟八十年经历图记》

　　　　　　　　　　（清）陈元恒，（清末民初）陈作霖；（清末民初）陈作霖，

　　　　　　　　　　　　　（民国）陈祖同、陈诒绂；（清末民初）陈作仪

40-42. 《南京愚园文献十一种》　　　　（清）胡恩燮，（民国）胡光国 等

　　　　《白下愚园集》　　　　　　　（清）胡恩燮等，（民国）胡光国

　　　　《白下愚园续集》　　　　　　（清）张之洞等，（民国）胡光国

　　　　《白下愚园续集（补）》　　　　（清）潘宗鼎等，（民国）胡光国

　　　　《愚园宴集诗》　　　　　　　　　　　　　　　　（清）潘任 等

　　　　《白下愚园题景七十咏》　　　　（清）胡恩燮，（民国）胡光国

　　　　《愚园楹联》　　　　　　　　　　　　　　　　（民国）胡光国

　　　　《白下愚园游记》　　　　　　　　　　　　　　　（民国）吴楚

　　　　《愚园题咏》　　　　　　　　　　　　　　　　（民国）胡韵葉

　　　　《愚园诗话》　　　　　　　　　　　　　　　　（民国）胡光国

　　　　《愚园丛札》　　　　　　　　　　　　　　　　　　　佚名

　　　　《灌叟撮记》　　　　　　　　　　　　　　　　（民国）胡光国

43. 《江宁府七县地形考略·上元江宁乡土合志》　　　（清末民初）陈作霖

44-45. 《金陵琐志九种》　　　　（清末民初）陈作霖，（民国）陈诒绂

　　　　《运渎桥道小志》　　　　　　　　　　　　　（清末民初）陈作霖

　　　　《凤麓小志》　　　　　　　　　　　　　　　（清末民初）陈作霖

《东城志略》	(清末民初)陈作霖
《金陵物产风土志》	(清末民初)陈作霖
《南朝佛寺志》	(清末民初)孙文川, 陈作霖
《炳烛里谈》	(清末民初)陈作霖
《钟南淮北区域志》	(民国)陈诒绂
《石城山志》	(民国)陈诒绂
《金陵园墅志》	(民国)陈诒绂

46-47.《秦淮广纪》 (清)缪荃孙

48.《盋山志》 (清)顾云

49.《金陵关十年报告》 (清末民国)金陵关税务司

50.《金陵杂志·金陵杂志续集》 (清末民初)徐寿卿

51.《南洋劝业会游记》 (民国)商务印书馆编译所

52.《新京备乘》 (民国)陈迺勋, 杜福堃

53.《金陵岁时记·岁华忆语》 (民国)潘宗鼎;(民国)夏仁虎

54.《秦淮志》 (民国)夏仁虎

55.《雨花石子记》 (民国)王猩酋

56.《金陵胜迹志》 (民国)胡祥翰

57.《瞻园志》 (民国)胡祥翰

58.《陷京三月记》 (民国)蒋公毅

59.《总理陵园小志》 (民国)傅焕光

60.《金陵名胜写生集》 (民国)周玲荪

61.《丹凤街》 (民国)张恨水

62.《新都胜迹考》 (民国)周念行, 徐芳田

63.《金陵大报恩寺塔志》 (民国)张惠衣